21世纪物理规划教材
基础课系列

3rd edition

热力学与统计物理学习题解答（第三版）

Thermodynamics and Statistical Physics: Problems and Solutions

林宗涵 编著

北京大学出版社
PEKING UNIVERSITY PRESS

图书在版编目(CIP)数据

热力学与统计物理学习题解答 / 林宗涵编著. 3版. -- 北京 : 北京大学出版社, 2025. 3. --(21世纪物理规划教材). -- ISBN 978-7-301-36105-4

Ⅰ. O414-44

中国国家版本馆CIP数据核字第202511MC47号

书　　名 热力学与统计物理学习题解答(第三版)
RELIXUE YU TONGJI WULIXUE XITI JIEDA(DI-SAN BAN)

著作责任者 林宗涵　编著

责任编辑 顾卫宇

标准书号 ISBN 978-7-301-36105-4

出版发行 北京大学出版社

地　　址 北京市海淀区成府路205号　100871

网　　址 http://www.pup.cn　新浪微博:@北京大学出版社

电子邮箱 zpup@pup.cn

电　　话 邮购部010-62752015　发行部010-62750672
编辑部010-62752021

印 刷 者 河北博文科技印务有限公司

经 销 者 新华书店

890毫米×1240毫米　A5　7.375印张　219千字
2009年7月第1版　2020年9月第2版
2025年3月第3版　2025年3月第1次印刷

定　　价 29.00元

第三版序

第三版与第二版相比，有如下改动：

(1) 第七章新增 3 题(题 7.36,7.37,7.38)；

(2) 第八章修改 1 题(题 8.13)；

(3) 第九章新增 1 题(题 9.6).

著者对北京大学出版社为第三版的书和习题解答能及时与读者见面所做的工作深表感谢.

林宗涵

2023 年 9 月

第二版序

为配合拙著《热力学与统计物理学》第二版所作的增删，这本习题解答的书也作了相应的修订和增删：第七章新增8题；第八章新增5题；第三章删去2题；第八、十一两章各删去1题. 另外，主要参考书目也改为与第二版书一致.

感谢北京大学出版社为第二版的书和习题解答能及时与读者见面所作的努力.

编　者

2020年9月

第一版序

本书是笔者编著的《热力学与统计物理学》一书（以后在提到时将简称“原书”）的习题解答.

热力学与统计物理学的基本原理看起来都不复杂，但这些基本原理却非常普遍、深刻，应用极其广泛. 初学者往往会感到不大好掌握（特别是热力学）. 通过做习题，可以帮助学生加深对基本概念和原理的理解，因此，做习题成为学习的一个重要环节. 这里，要强调的是学生得“自己去做”，哪怕不那么顺利，碰一些钉子，走一些弯路；甚至做错了，都不要紧. 只有通过自己去“做”，才能真有收获. 我希望，这本习题解答只是读者在自己做完习题以后，去翻翻它，比较比较，看看有什么可以参考借鉴的. 如果自己还没有去做，就先去翻解答，那绝不是我的初衷. 还有，习题往往有不止一种解法，如果读者有更好的解法，或发现本书中的错误，希望能告诉我.

本书所收录的习题，热力学部分主要选自王竹溪先生的《热力学》；统计物理学部分除选自王竹溪先生的《统计物理学导论》外，还有一些选自 Kubo，Pathria 等人的书（见书末“主要参考书”栏）. 此外，还有一些习题是为了帮助学生复习而自编的.

在此，我要特别感谢同事多年的黄昀，仇韵清，张承福，夏蒙棼，李先卉，刘川，卢大海，邓卫真等教授，本书从选题到求解，都包含有他们的贡献.

最后,我还要感谢责任编辑,以及北京大学出版社周月梅女士为本书出版所付出的辛勤劳动.

林宗涵

2008 年 12 月

北京大学承泽园

目　　录

第一章　热力学的基本概念与基本规律

1.1　设三个函数 f,g,h 都是二独立变量 x,y 的函数，证明：

(i) $\left(\dfrac{\partial f}{\partial g}\right)_h=1\Big/\left(\dfrac{\partial g}{\partial f}\right)_h$；

(ii) $\left(\dfrac{\partial f}{\partial g}\right)_x=\dfrac{\partial f}{\partial y}\Big/\dfrac{\partial g}{\partial y}$；

(iii) $\left(\dfrac{\partial y}{\partial x}\right)_f=-\dfrac{\partial f}{\partial x}\Big/\dfrac{\partial f}{\partial y}$；

(iv) $\left(\dfrac{\partial f}{\partial g}\right)_h\left(\dfrac{\partial g}{\partial h}\right)_f\left(\dfrac{\partial h}{\partial f}\right)_g=-1$；

(v) $\left(\dfrac{\partial f}{\partial x}\right)_g=\dfrac{\partial f}{\partial x}+\dfrac{\partial f}{\partial y}\left(\dfrac{\partial y}{\partial x}\right)_g$.

注：$\dfrac{\partial f}{\partial x}$指$\left(\dfrac{\partial f}{\partial x}\right)_y$，$\dfrac{\partial f}{\partial y}$指$\left(\dfrac{\partial f}{\partial y}\right)_x$. 凡不指明求偏微商时的不变量的，均指原设函数关系下的偏微商.

解　(i) 由

$$\begin{cases} g=g(x,y), \\ h=h(x,y), \end{cases} \tag{1}$$

设反函数关系存在，即有

$$\begin{cases} x=x(g,h), \\ y=y(g,h). \end{cases} \tag{2}$$

代入 $f=f(x,y)$，得

$$f=f(g,h). \tag{3}$$

为了下面的证明，只需要明确这一函数关系存在就够了. 由(3)式取微分

$$\mathrm{d}f=\left(\frac{\partial f}{\partial g}\right)_h\mathrm{d}g+\left(\frac{\partial f}{\partial h}\right)_g\mathrm{d}h, \tag{4}$$

令 $\mathrm{d}h=0$,并用 $\mathrm{d}f$ 除,得

$$1=\left(\frac{\partial f}{\partial g}\right)_h\left(\frac{\partial g}{\partial f}\right)_h, \tag{5}$$

亦即

$$\left(\frac{\partial f}{\partial g}\right)_h=1\Big/\left(\frac{\partial g}{\partial f}\right)_h. \tag{6}$$

(ii) 由 $g=g(x,y)$,反解得 $y=y(x,g)$,则有

$$f=f(x,y)=f(x,y(x,g)). \tag{7}$$

按复合函数微商法则,得

$$\left(\frac{\partial f}{\partial g}\right)_x=\left(\frac{\partial f}{\partial y}\right)_x\left(\frac{\partial y}{\partial g}\right)_x. \tag{8}$$

利用(6)式,即得

$$\left(\frac{\partial f}{\partial g}\right)_x=\left(\frac{\partial f}{\partial y}\right)_x\Big/\left(\frac{\partial g}{\partial y}\right)_x. \tag{9}$$

(iii) 由 $f=f(x,y)$,取微分

$$\mathrm{d}f=\left(\frac{\partial f}{\partial x}\right)_y\mathrm{d}x+\left(\frac{\partial f}{\partial y}\right)_x\mathrm{d}y, \tag{10}$$

令 $\mathrm{d}f=0$,并用 $\mathrm{d}x$ 除,得

$$\left(\frac{\partial y}{\partial x}\right)_f=-\left(\frac{\partial f}{\partial x}\right)_y\Big/\left(\frac{\partial f}{\partial y}\right)_x. \tag{11}$$

(iv) 由(3)式 $f=f(g,h)$,利用(11)式,得

$$\left(\frac{\partial h}{\partial g}\right)_f=-\left(\frac{\partial f}{\partial g}\right)_h\Big/\left(\frac{\partial f}{\partial h}\right)_g. \tag{12}$$

再利用(6)式,即得

$$\left(\frac{\partial f}{\partial g}\right)_h\left(\frac{\partial g}{\partial h}\right)_f\left(\frac{\partial h}{\partial f}\right)_g=-1. \tag{13}$$

有一个办法帮你记公式(13):三个变量 f,g,h 之间的关系是平等的,(13)式左边三个量呈“团团转”的偏微商关系.

(v) 由(7)式 $f=f(x,y(x,g))$,按复合函数微商法则,得

$$\left(\frac{\partial f}{\partial x}\right)_g=\left(\frac{\partial f}{\partial x}\right)_y+\left(\frac{\partial f}{\partial y}\right)_x\left(\frac{\partial y}{\partial x}\right)_g. \tag{14}$$

注意,以上所有公式均与函数的具体形式无关,只需假定反函数存在.

1.2　设四个函数 f,g,h,k 都是二独立变量 x,y 的函数，并以符号$\dfrac{\partial(f,g)}{\partial(x,y)}$代表其雅可比行列式：

$$\frac{\partial(f,g)}{\partial(x,y)}\equiv\begin{vmatrix}\dfrac{\partial f}{\partial x} & \dfrac{\partial f}{\partial y}\\ \dfrac{\partial g}{\partial x} & \dfrac{\partial g}{\partial y}\end{vmatrix}=\frac{\partial f}{\partial x}\frac{\partial g}{\partial y}-\frac{\partial f}{\partial y}\frac{\partial g}{\partial x}.$$

证明：

(i) $\dfrac{\partial(f,g)}{\partial(h,k)}=\dfrac{\partial(f,g)}{\partial(x,y)}\Big/\dfrac{\partial(h,k)}{\partial(x,y)}$；

(ii) $\dfrac{\partial(f,g)}{\partial(x,y)}=1\Big/\dfrac{\partial(x,y)}{\partial(f,g)}$；

(iii) $\left(\dfrac{\partial f}{\partial g}\right)_h=\dfrac{\partial(f,h)}{\partial(g,h)}$；

(iv) $\left(\dfrac{\partial f}{\partial g}\right)_h=\dfrac{\partial(f,h)}{\partial(x,y)}\Big/\dfrac{\partial(g,h)}{\partial(x,y)}$；

(v) $\left(\dfrac{\partial f}{\partial x}\right)_g=\dfrac{\partial(f,g)}{\partial(x,y)}\Big/\dfrac{\partial g}{\partial y}$.

解　(i) 先把待证公式

$$\frac{\partial(f,g)}{\partial(h,k)}=\frac{\partial(f,g)}{\partial(x,y)}\Big/\frac{\partial(h,k)}{\partial(x,y)}\tag{1}$$

改写为

$$\frac{\partial(f,g)}{\partial(x,y)}=\frac{\partial(f,g)}{\partial(h,k)}\cdot\frac{\partial(h,k)}{\partial(x,y)}.\tag{2}$$

按题设，f,g,h,k 都是二独立变量 x,y 的函数，则反解可得

$$\begin{cases}x=x(h,k),\\ y=y(h,k).\end{cases}\tag{3}$$

于是有

$$\begin{cases}f=f(h,k),\\ g=g(h,k).\end{cases}\tag{4}$$

且存在如下的复合函数关系：

$$\begin{cases}f=f(h(x,y),k(x,y)),\\ g=g(h(x,y),k(x,y)).\end{cases}\tag{5}$$

按定义,并利用(4)式及复合函数微商法则,得

$$\frac{\partial(f,g)}{\partial(x,y)}\equiv\begin{vmatrix}\left(\frac{\partial f}{\partial x}\right)_y & \left(\frac{\partial f}{\partial y}\right)_x\\ \left(\frac{\partial g}{\partial x}\right)_y & \left(\frac{\partial g}{\partial y}\right)_x\end{vmatrix}$$

$$=\begin{vmatrix}\left(\frac{\partial f}{\partial h}\right)_k\left(\frac{\partial h}{\partial x}\right)_y+\left(\frac{\partial f}{\partial k}\right)_h\left(\frac{\partial k}{\partial x}\right)_y & \left(\frac{\partial f}{\partial h}\right)_k\left(\frac{\partial h}{\partial y}\right)_x+\left(\frac{\partial f}{\partial k}\right)_h\left(\frac{\partial k}{\partial y}\right)_x\\ \left(\frac{\partial g}{\partial h}\right)_k\left(\frac{\partial h}{\partial x}\right)_y+\left(\frac{\partial g}{\partial k}\right)_h\left(\frac{\partial k}{\partial x}\right)_y & \left(\frac{\partial g}{\partial h}\right)_k\left(\frac{\partial h}{\partial y}\right)_x+\left(\frac{\partial g}{\partial k}\right)_h\left(\frac{\partial k}{\partial y}\right)_x\end{vmatrix}$$

$$=\begin{vmatrix}\left(\frac{\partial f}{\partial h}\right)_k & \left(\frac{\partial f}{\partial k}\right)_h\\ \left(\frac{\partial g}{\partial h}\right)_k & \left(\frac{\partial g}{\partial k}\right)_h\end{vmatrix}\cdot\begin{vmatrix}\left(\frac{\partial h}{\partial x}\right)_y & \left(\frac{\partial h}{\partial y}\right)_x\\ \left(\frac{\partial k}{\partial x}\right)_y & \left(\frac{\partial k}{\partial y}\right)_x\end{vmatrix}$$

$$\equiv\frac{\partial(f,g)}{\partial(h,k)}\cdot\frac{\partial(h,k)}{\partial(x,y)},\tag{6}$$

式中 h,k 可以是 x,y 的任意函数.

(ii) 先把待证公式

$$\frac{\partial(f,g)}{\partial(x,y)}=1\Big/\frac{\partial(x,y)}{\partial(f,g)}\tag{7}$$

改写为

$$\frac{\partial(f,g)}{\partial(x,y)}\cdot\frac{\partial(x,y)}{\partial(f,g)}=1.\tag{8}$$

由(6)式,

$$\frac{\partial(f,g)}{\partial(x,y)}\cdot\frac{\partial(x,y)}{\partial(f,g)}=\frac{\partial(f,g)}{\partial(f,g)}=\begin{vmatrix}1 & 0\\ 0 & 1\end{vmatrix}=1.\tag{9}$$

(iii) 从右边开始

$$\frac{\partial(f,h)}{\partial(g,h)}=\begin{vmatrix}\left(\frac{\partial f}{\partial g}\right)_h & \left(\frac{\partial f}{\partial h}\right)_g\\ \left(\frac{\partial h}{\partial g}\right)_h & \left(\frac{\partial h}{\partial h}\right)_g\end{vmatrix}=\begin{vmatrix}\left(\frac{\partial f}{\partial g}\right)_h & \left(\frac{\partial f}{\partial h}\right)_g\\ 0 & 1\end{vmatrix}=\left(\frac{\partial f}{\partial g}\right)_h.\tag{10}$$

(iv) $$\left(\frac{\partial f}{\partial g}\right)_h=\frac{\partial(f,h)}{\partial(g,h)}=\frac{\partial(f,h)}{\partial(x,y)}\cdot\frac{\partial(x,y)}{\partial(g,h)}=\frac{\partial(f,h)}{\partial(x,y)}\Big/\frac{\partial(g,h)}{\partial(x,y)},\tag{11}$$

其中第一、二、三诸等式分别利用了公式(10),(2),(7).

$$\text{(v)}\ \left(\frac{\partial f}{\partial x}\right)_g=\frac{\partial(f,g)}{\partial(x,g)}=\frac{\partial(f,g)}{\partial(x,y)}\cdot\frac{\partial(x,y)}{\partial(x,g)}$$
$$=\frac{\partial(f,g)}{\partial(x,y)}\Big/\frac{\partial(x,g)}{\partial(x,y)}$$
$$=\frac{\partial(f,g)}{\partial(x,y)}\Big/\left(\frac{\partial g}{\partial y}\right)_x, \tag{12}$$

其中第一、二、三诸等式分别利用了公式(10),(2),(7).最后一步用到

$$\frac{\partial(f,g)}{\partial(x,y)}=\frac{\partial(g,f)}{\partial(y,x)}, \tag{13}$$

公式(13)由定义即可验证.

1.3　证明理想气体的膨胀系数 α、压强系数 β 及等温压缩系数 κ_T 分别为 $\alpha=\beta=1/T,\kappa_T=1/p$.

解　由理想气体的物态方程

$$pV=NRT, \tag{1}$$

按定义,可得

$$\alpha\equiv\frac{1}{V}\left(\frac{\partial V}{\partial T}\right)_p=\frac{1}{V}\frac{NR}{p}=\frac{1}{T}, \tag{2}$$

$$\beta\equiv\frac{1}{p}\left(\frac{\partial p}{\partial T}\right)_V=\frac{1}{p}\frac{NR}{V}=\frac{1}{T}, \tag{3}$$

$$\kappa_T\equiv-\frac{1}{V}\left(\frac{\partial V}{\partial p}\right)_T=-\frac{1}{V}\left(-\frac{NRT}{p^2}\right)=\frac{1}{p}. \tag{4}$$

1.4　证明任何一个有两个独立变量 T,p 的 p-V-T 系统,其物态方程可由实验测得的膨胀系数 α 及等温压缩系数 κ_T 根据下列积分求得:

$$\ln V=\int(\alpha\mathrm{d}T-\kappa_T\mathrm{d}p).$$

再应用这个公式和题1.3的结果,求理想气体的物态方程.

解　选 T,p 为独立变量,则物态方程可表为 $V=V(T,p)$.取全微分,有

$$\mathrm{d}V=\left(\frac{\partial V}{\partial T}\right)_p\mathrm{d}T+\left(\frac{\partial V}{\partial p}\right)_T\mathrm{d}p$$
$$=V\alpha\mathrm{d}T-V\kappa_T\mathrm{d}p, \tag{1}$$

亦即

$$\frac{\mathrm{d}V}{V}=\alpha\mathrm{d}T-\kappa_T\mathrm{d}p, \tag{2}$$

积分得

$$\ln V=\int(\alpha\mathrm{d}T-\kappa_T\mathrm{d}p). \tag{3}$$

上式对任何 p-V-T 系统均成立.

对理想气体,将题 1.3 所求得的 α 与 κ_T 代入(3)式,得

$$\ln V=\int\left(\frac{\mathrm{d}T}{T}-\frac{\mathrm{d}p}{p}\right)=\ln T-\ln p+\ln C, \tag{4}$$

其中 C 为积分常数.(4)式可写成

$$\ln pV=\ln CT, \tag{5}$$

或

$$pV=CT. \tag{6}$$

为确定积分常数 C,设为 1 mol 理想气体,令 p_0,V_0,T_0 分别代表标准状态下气体的压强、体积和温度.根据阿伏伽德罗定律

$$C=\frac{p_0V_0}{T_0}=R, \tag{7}$$

R 为气体常数.于是得

$$pV=RT. \tag{8}$$

若理想气体为 N mol,则应有 $C=p_0V_0/T_0=NR$.相应地,物态方程为

$$pV=NRT. \tag{9}$$

1.5　有一铜块处于 0℃和 1 atm 下,经测定,其膨胀系数和等温压缩系数分别为 $\alpha=4.85\times10^{-5}\ \mathrm{K}^{-1}$,$\kappa_T=7.8\times10^{-7}\ (\mathrm{atm})^{-1}$,$\alpha$ 和 κ_T 可近似当成常数.今使铜块加热至 10℃,问:

(i) 压强要增加多少 atm 才能维持铜块的体积不变?

(ii) 若压强增加 100 atm,铜块的体积改变多少?

解　(i) 由题 1.4,

$$\mathrm{d}V=V(\alpha\mathrm{d}T-\kappa_T\mathrm{d}p). \tag{1}$$

在保持体积不变的条件下,即 $\mathrm{d}V=0$,有

$$\mathrm{d}p=\frac{\alpha}{\kappa_T}\mathrm{d}T, \tag{2}$$

(2)式对于微小的 $\mathrm{d}p$ 与 $\mathrm{d}T$ 成立.若 α,κ_T 可近似当成常数,则(2)式对 p,T 的有限变化也成立(即取积分),于是有

$$\begin{aligned}\Delta p &= \frac{\alpha}{\kappa_T}\Delta T \\ &= \frac{4.85\times10^{-5}\times10}{7.8\times10^{-7}}\mathrm{atm} = 622\,\mathrm{atm}.\end{aligned}\tag{3}$$

(ii) 由(1)式,得

$$\frac{\mathrm{d}V}{V} = \alpha\mathrm{d}T - \kappa_T\mathrm{d}p.\tag{4}$$

在 α,κ_T 可当成常数的情况下,对(4)式积分,则得

$$\ln\frac{V}{V_0} = \alpha\Delta T - \kappa_T\Delta p.\tag{5}$$

令 $V=V_0+\Delta V$,V_0 为初始体积,ΔV 为改变量.因 α,κ_T 均很小,在所考虑的 $\Delta T,\Delta p$ 下,$\Delta V\ll V_0$.于是有

$$\ln\frac{V_0+\Delta V}{V_0} = \ln\left(1+\frac{\Delta V}{V_0}\right)\approx\frac{\Delta V}{V_0}.\tag{6}$$

上式已将 $\ln\left(1+\dfrac{\Delta V}{V_0}\right)$ 作泰勒展开并保留到一阶.将(6)式代入(5)式,得

$$\begin{aligned}\frac{\Delta V}{V_0}&\approx\alpha\Delta T-\kappa_T\Delta p \\ &= 4.85\times10^{-5}\times10-7.8\times10^{-7}\times100 \\ &= 4.85\times10^{-4}-7.8\times10^{-5} \\ &= 4.07\times10^{-4}.\end{aligned}\tag{7}$$

1.6　已知一理想弹性丝的物态方程为

$$\mathscr{F} = bT\left(\frac{L}{L_0}-\frac{L_0^2}{L^2}\right),$$

其中 $\mathscr{F}$ 是张力;L 是长度,L_0 是张力为零时的 L 值,L_0 只是温度 T 的函数;b 是常数.定义(线)膨胀系数为

$$\alpha\equiv\frac{1}{L}\left(\frac{\partial L}{\partial T}\right)_{\mathscr{F}},$$

等温杨氏模量为

$$Y \equiv \frac{L}{A}\left(\frac{\partial \mathscr{F}}{\partial L}\right)_T,$$

其中 A 是弹性丝的截面积. 证明:

(i) $Y=\frac{bT}{A}\left(\frac{L}{L_0}+\frac{2L_0^2}{L^2}\right)$;

(ii) $\alpha=\alpha_0-\frac{1}{T}\frac{L^3/L_0^3-1}{L^3/L_0^3+2}$,其中 $\alpha_0=\frac{1}{L_0}\frac{\mathrm{d}L_0}{\mathrm{d}T}$.

解 (i) 将

$$\mathscr{F}=bT\left(\frac{L}{L_0}-\frac{L_0^2}{L^2}\right) \tag{1}$$

代入 Y 的定义式,即得

$$Y \equiv \frac{L}{A}\left(\frac{\partial \mathscr{F}}{\partial L}\right)_T=\frac{L}{A}bT\left(\frac{1}{L_0}+\frac{2L_0^2}{L^3}\right)=\frac{bT}{A}\left(\frac{L}{L_0}+\frac{2L_0^2}{L^2}\right). \tag{2}$$

(ii) 由(1)式,在保持 $\mathscr{F}$ 不变的条件下对 T 求偏微商,得

$$0=b\left(\frac{L}{L_0}-\frac{L_0^2}{L^2}\right)+bT\left(\frac{1}{L_0}+\frac{2L_0^2}{L^3}\right)\left(\frac{\partial L}{\partial T}\right)_{\mathscr{F}}+bT\left(-\frac{L}{L_0^2}-\frac{2L_0}{L^2}\right)\frac{\mathrm{d}L_0}{\mathrm{d}T}. \tag{3}$$

利用 α 与 α_0 的定义,即得

$$\alpha=\alpha_0-\frac{1}{T}\frac{L^3/L_0^3-1}{L^3/L_0^3+2}. \tag{4}$$

1.7 满足 $pV^n=C$ 的过程称为多方过程,其中 n 和 C 是常数,n 称为多方指数. 证明:

(i) 理想气体在多方过程中对外所做的功为

$$(p_1V_1-p_2V_2)/(n-1);$$

(ii) 理想气体在多方过程中的热容 $C_{(n)}$ 为

$$C_{(n)}=\frac{n-\gamma}{n-1}C_V,$$

其中 $\gamma=C_p/C_V$;

(iii) 当 γ 为常数时,若一理想气体在某一过程中的热容是常数,则这个过程一定是多方过程.

解 (i) 令 W' 代表多方过程中气体对外所做的功. 利用多方过程方程

$$pV^n = C, \tag{1}$$

则有

$$\begin{aligned} W' &= \int_{V_1}^{V_2} p\mathrm{d}V = \int_{V_1}^{V_2} \frac{C}{V^n}\mathrm{d}V = -\frac{C}{n-1}V^{-(n-1)}\Big|_{V_1}^{V_2} \\ &= \frac{1}{n-1}\left(\frac{C}{V_1^{n-1}} - \frac{C}{V_2^{n-1}}\right) = \frac{p_1V_1 - p_2V_2}{n-1}. \end{aligned} \tag{2}$$

(ii) 按定义,气体在多方过程中的热容量可表为

$$C_{(n)} = \frac{\text{đ} Q_{(n)}}{\mathrm{d}T} = \left(\frac{\text{đ} Q}{\mathrm{d}T}\right)\Big|_{pV^n=C}, \tag{3}$$

式中用“(n)”代表多方过程,它由方程(1)决定. $\text{đ} Q_{(n)}$ 代表多方过程中吸收的微热量.

由热力学第一定律

$$\text{đ} Q = \mathrm{d}U + p\mathrm{d}V, \tag{4}$$

对理想气体,内能只是温度的函数,有

$$\mathrm{d}U = C_V \mathrm{d}T, \tag{5}$$

(4)式化为

$$\text{đ} Q = C_V\mathrm{d}T + p\mathrm{d}V. \tag{6}$$

将(6)式用于多方过程,并代入(3)式,则得

$$C_{(n)} = \frac{\text{đ} Q_{(n)}}{\mathrm{d}T} = C_V + p\left(\frac{\partial V}{\partial T}\right)_{(n)}, \tag{7}$$

其中$\left(\frac{\partial V}{\partial T}\right)_{(n)}$代表多方过程中 V 对 T 的偏微商. 对理想气体的多方过程,除满足过程方程(1)以外,还应同时满足物态方程

$$pV = NRT. \tag{8}$$

从(1)与(8)这两个方程中消去 p,即得理想气体多方过程中 V 与 T 的下列关系

$$V^{n-1} = \frac{C}{NRT}. \tag{9}$$

将(9)式对 T 求微商(用下标“(n)”特指多方过程),得

$$\left(\frac{\partial V}{\partial T}\right)_{(n)} = -\frac{1}{n-1}\frac{V}{T}. \tag{10}$$

将(10)式代入(7)式,得

$$C_{(n)} = C_V - \frac{1}{n-1}\frac{pV}{T} = C_V - \frac{NR}{n-1}. \tag{11}$$

对理想气体,

$$C_p - C_V = NR, \tag{12}$$

再利用 $\gamma \equiv C_p/C_V$,则(11)式可化为

$$C_{(n)} = \frac{n-\gamma}{n-1}C_V. \tag{13}$$

(iii) 令 $\tilde{C}$ 代表某一过程的热容,且已知 $\tilde{C}$ 为常数,于是对此过程,有

$$đQ = \tilde{C}\mathrm{d}T, \tag{14}$$

将上式代入热力学第一定律对理想气体的表达式(6),得

$$\tilde{C}\mathrm{d}T = C_V\mathrm{d}T + p\mathrm{d}V, \tag{15}$$

或

$$(\tilde{C} - C_V)\mathrm{d}T = p\mathrm{d}V. \tag{16}$$

对理想气体的物态方程(8)取微分,得

$$NR\,\mathrm{d}T = p\mathrm{d}V + V\mathrm{d}p. \tag{17}$$

由(16)与(17)式消去 $\mathrm{d}T$,并利用(12)式,可得

$$\left(1 - \frac{C_p - C_V}{\tilde{C} - C_V}\right)p\,\mathrm{d}V + V\mathrm{d}p = 0. \tag{18}$$

令

$$n \equiv 1 - \frac{C_p - C_V}{\tilde{C} - C_V} = \frac{\tilde{C} - C_p}{\tilde{C} - C_V}, \tag{19}$$

则方程(18)化为

$$n\frac{\mathrm{d}V}{V} + \frac{\mathrm{d}p}{p} = 0. \tag{20}$$

根据题设:γ 为常数,故 C_p 与 C_V 均为常数,因而 n 也是常数.将方程(20)积分,得

$$pV^n = C, \tag{21}$$

其中 C 为积分常数.上式正是理想气体多方过程的过程方程.

最后再验证一下 $\tilde{C}$ 是否就是 $C_{(n)}$.由(19)式,可得

$$\tilde{C} = \frac{n-\gamma}{n-1}C_V, \tag{22}$$

与(13)式比较,可见 $\widetilde{C}=C_{(n)}$.

1.8　抽成真空的小匣带有活门,打开活门让外面的空气冲入,当压强达到外界压强 p_0 时将活门关上.

(i) 证明小匣内的空气在没有与外界交换热量之前,它的内能 U 与原来在大气中的内能 U_0 之差为 $U-U_0=p_0V_0$,其中 V_0 是它原来在大气中的体积.

(ii) 若气体是理想气体且设 $\gamma\equiv C_p/C_V$ 可近似当作常数,求它的温度 T 与体积 V.

解　(i) 将冲入小匣的那部分气体当作"系统",周围的气体当作"外界"(这是关键的一点).由于气体冲入小匣的过程很快,且空气的导热性低,因此作为绝热过程是很好的近似.由热力学第一定律,有

$$\Delta U = U - U_0 = Q + W = W. \tag{1}$$

在气体冲入小匣的过程中,"外界"的压强维持不变,设为 p_0.故这是一等压过程.外界对系统所做的功为

$$W = p_0V_0, \tag{2}$$

其中 V_0 为冲入气体在大气中的体积.于是得

$$\Delta U = U - U_0 = p_0V_0. \tag{3}$$

(ii) 按题设,气体为理想气体,且 $\gamma=C_p/C_V$ 可近似称作常数,则 C_V 为常数,于是有

$$\Delta U = C_V(T-T_0). \tag{4}$$

当气体在匣外时,其 p_0,V_0 与 T_0 应满足物态方程,即

$$p_0V_0 = NRT_0. \tag{5}$$

由(4)与(5)式,得

$$C_V(T-T_0) = NRT_0. \tag{6}$$

又,对于理想气体,

$$C_p - C_V = NR, \tag{7}$$

于是有

$$T - T_0 = \frac{C_p - C_V}{C_V}T_0 = (\gamma-1)T_0, \tag{8}$$

即

$$T = \gamma T_0. \tag{9}$$

再利用匣内气体在达到平衡态后应满足物态方程,即

$$p_0 V = NRT, \tag{10}$$

由(10)与(5)式,得

$$\frac{V}{V_0} = \frac{T}{T_0}, \tag{11}$$

即

$$V = \gamma V_0. \tag{12}$$

因 $\gamma > 1$,表示 $T > T_0$,$V > V_0$.

1.9 一理想气体 $\gamma = C_p / C_V$ 是温度的函数,求在准静态绝热过程中 T 与 V 的关系和 T 与 p 的关系. 这些关系中用到一个函数 $F(T)$,它由下式决定:

$$\ln F(T) = \int \frac{\mathrm{d}T}{(\gamma - 1)T}.$$

解 任何 p-V-T 系统的准静态绝热过程均应满足

$$đQ = \mathrm{d}U + p\mathrm{d}V = 0. \tag{1}$$

对理想气体,有

$$\mathrm{d}U = C_V \mathrm{d}T, \tag{2}$$

$$C_p - C_V = NR, \tag{3}$$

$$pV = NRT. \tag{4}$$

一般而言,$\gamma \equiv C_p / C_V$ 是 T 的函数,即 $\gamma = \gamma(T)$(注意,公式(2)与(3)并不要求 γ 为常数).

以(T,V)为独立变量,利用(2)—(4)式,则(1)式化为

$$C_V \mathrm{d}T + \frac{NRT}{V}\mathrm{d}V = 0, \tag{5}$$

或

$$\frac{C_V}{NR}\frac{\mathrm{d}T}{T} + \frac{\mathrm{d}V}{V} = 0. \tag{6}$$

又

$$\frac{C_V}{NR} = \frac{C_V}{C_p - C_V} = \frac{1}{\gamma - 1}, \tag{7}$$

于是理想气体绝热过程的方程(6)化为

$$\frac{dT}{(\gamma-1)T}+\frac{dV}{V}=0. \tag{8}$$

令

$$\ln F(T)\equiv\int\frac{dT}{(\gamma(T)-1)T}, \tag{9}$$

则方程(8)的积分可表为

$$\ln F(T)+\ln V=C, \tag{10}$$

其中 C 为积分常数.(10)式也可写成

$$VF(T)=C', \tag{11}$$

其中 C' 为积分常数.(11)式是以(T,V)为变量的理想气体绝热过程方程.

若以(T,p)为变量,利用 $V=NRT/p$,由(11)式消去 V,则得

$$TF(T)/p=C''. \tag{12}$$

类似地,以(p,V)为变量时,得

$$VF(pV)=C'''. \tag{13}$$

其中 C''与 C'''均为积分常数.

读者很容易验证,当 γ 为常数时,(11),(12)与(13)式立即还原到理想气体绝热过程方程的熟知形式.

1.10 利用上题的结果,证明当 γ 是温度的函数时,理想气体卡诺循环的效率仍然是 $\eta=1-\frac{T_2}{T_1}$.

解 对理想气体的可逆卡诺热机,即使在 $\gamma\equiv C_p/C_V$ 是温度的函数时,其效率公式

$$\eta=1-\frac{T_2}{T_1}\frac{\ln\frac{V_3}{V_4}}{\ln\frac{V_2}{V_1}} \tag{1}$$

仍然成立(原书公式(1.8.10),请读者验证).以上各量的定义与原书§1.8相同.

今在 $\gamma=\gamma(T)$ 的情况下,由题1.9,对可逆绝热过程,其过程方程为

$$VF(T)=\text{常数}. \tag{2}$$

将(2)式用到卡诺循环的两个绝热过程,得

$$V_2F(T_1)=V_3F(T_2),\tag{3}$$

$$V_1F(T_1)=V_4F(T_2).\tag{4}$$

上两式相除,得

$$\frac{V_2}{V_1}=\frac{V_3}{V_4},\tag{5}$$

代入(1)式,即得

$$\eta=1-\frac{T_2}{T_1}.\tag{6}$$

1.11　10 A 的电流通过一个 25 Ω 电阻器,历时 1 秒.

(i) 若电阻器保持室温 27℃不变,求电阻器的熵增加值;

(ii) 电阻器被一绝热壳包起来,其初温为 27℃,电阻器的质量为 10 g,定压比热为 $c_p=0.84\ \mathrm{J\cdot g^{-1}\cdot K^{-1}}$,求电阻器的熵增加值.

解　(i) 按题设可以认为电阻器是置放在大气之中,故过程为等压过程. 又知温度保持不变,由此电阻器的状态未发生改变,故 $\Delta S=0$.

(ii) 首先确定末态的温度 T. 按题设电阻器被一绝热壳包起来,电流产生的焦耳热将全部被电阻器吸收,使其温度由初始的 T_0 升至末态 T. 注意这是等压过程,热力学第一定律可表达为

$$\Delta H=Q_p,\tag{1}$$

式中 Q_p 为等压过程中电阻器所吸收的热量,ΔH 为电阻器焓的增加值.

$$Q_p=I^2R\Delta t,\tag{2}$$

其中 I 为电流,R 为电阻,Δt 为通过电流的时间间隔. 又

$$\Delta H=Mc_p(T-T_0),\tag{3}$$

其中 M 和 c_p 分别代表电阻器的质量和定压比热. 将(2),(3)式代入(1)式,得

$$\Delta T=T-T_0=\frac{I^2R\Delta t}{Mc_p}=\frac{10^2\times25\times1}{10\times0.84}\mathrm{K}=298\ \mathrm{K},\tag{4}$$

亦即

$$T=T_0+\Delta T=(300+298)\ \mathrm{K}=598\ \mathrm{K}.\tag{5}$$

现在来计算电阻器的熵增加值 ΔS. 可引从初态(T_0,p)到末态$(T,$

p)的一个可逆等压过程来计算(过程本身是不可逆的,但根据熵是态函数,可引联结初终态的可逆过程来计算),于是得

$$\Delta S=\int_{T_0}^{T} Mc_p \frac{\mathrm{d}T}{T}=Mc_p\ln\frac{T}{T_0} \tag{6}$$

$$=10\times 0.84\times\ln\frac{598}{300}\,\mathrm{J\cdot K^{-1}}=5.8\,\mathrm{J\cdot K^{-1}}.$$

1.12　质量为 m_1、温度为 T_1 的水与质量为 m_2、温度为 T_2 的水在保持压强不变下混合,设水的定压比热 c_p 可近似看成常数.证明熵增加为

$$c_p\left\{(m_1+m_2)\ln\frac{m_1T_1+m_2T_2}{m_1+m_2}-m_1\ln T_1-m_2\ln T_2\right\},$$

当 $m_1=m_2=m$ 时简化为

$$mc_p\ln\frac{(T_1+T_2)^2}{4T_1T_2}.$$

解　本题所讨论的不同温度水的混合是一个不可逆过程.但因初、终态均为平衡态,根据熵是态函数,可以引联结初、终态的可逆过程来计算熵变.注意到初、终态压强相等,引可逆等压过程是方便的.

令 S_1 与 S_2 分别代表初始温度为 T_1 与 T_2 的两部分水的熵,则总熵及熵变为

$$S=S_1+S_2, \tag{1}$$

$$\Delta S=\Delta S_1+\Delta S_2. \tag{2}$$

令 T_f 代表混合并达到平衡后的终态的温度.对于所引的可逆等压过程,有

$$\Delta S_1=\int_{T_1}^{T_\mathrm{f}} m_1c_p\frac{\mathrm{d}T}{T}=m_1c_p\ln\frac{T_\mathrm{f}}{T_1}, \tag{3}$$

$$\Delta S_2=\int_{T_2}^{T_\mathrm{f}} m_2c_p\frac{\mathrm{d}T}{T}=m_2c_p\ln\frac{T_\mathrm{f}}{T_2}. \tag{4}$$

现在需要确定终态温度 T_f.注意到所考虑的是等压过程,且系统不从外界吸收热量,故系统的总焓不变,即

$$\Delta H=Q_p=0, \tag{5}$$

其中 H 为系统的总焓(注意不能用 $\Delta U=0$!).令 H_1 与 H_2 分别代表初始温度为 T_1 与 T_2 的两部分水的焓,总焓的变化为

$$\Delta H = \Delta H_1 + \Delta H_2$$
$$= m_1 c_p (T_f - T_1) + m_2 c_p (T_f - T_2) = 0. \tag{6}$$

以上第二步用到 c_p 为常数的近似. 由(6)式,得

$$T_f = \frac{m_1 T_1 + m_2 T_2}{m_1 + m_2}. \tag{7}$$

利用(7),(3),(4)式,最后得

$$\Delta S = m_1 c_p \ln \frac{m_1 T_1 + m_2 T_2}{(m_1 + m_2) T_1} + m_2 c_p \ln \frac{m_1 T_1 + m_2 T_2}{(m_1 + m_2) T_2}. \tag{8}$$

1.13 物体的初温 T_1 高于热源的温度 T_2,令一热机工作于物体和热源之间,直到物体温度降低到 T_2 为止. 若热机从物体吸收的热量为 Q,试根据熵增加原理证明,此热机所能输出的最大功为

$$W_{\max} = Q - T_2 (S_1 - S_2),$$

其中 $S_1 - S_2$ 是物体熵的减少值.

解 将物体、热源和热机当作一个大的系统,该系统可以对外界做功,但无热量交换,故该系统是绝热系统. 由熵增加原理,有

$$\Delta S \geqslant 0, \tag{1}$$

$$\Delta S = \Delta S_{\text{物体}} + \Delta S_{\text{热源}} + \Delta S_{\text{热机}}, \tag{2}$$

$$\Delta S_{\text{热机}} = 0 (\text{循环过程}), \tag{3}$$

$$\Delta S_{\text{物体}} = S_2 - S_1. \tag{4}$$

在计算热源的熵改变时,由于热源很大,吸收有限热量不会改变热源的温度,且可以把变化看成是可逆的,于是有

$$\Delta S_{\text{热源}} = \frac{Q_2}{T_2}, \tag{5}$$

其中 Q_2 为热源吸收的热量(亦即热机向热源放出的热量),T_2 应为热源的温度. 于是(2)式化为

$$\Delta S = (S_2 - S_1) + \frac{Q_2}{T_2} \geqslant 0, \tag{6}$$

或

$$Q_2 \geqslant T_2 (S_1 - S_2). \tag{7}$$

又由热力学第一定律,系统对外所做的功为(由热机完成的)

$$W = Q - Q_2, \tag{8}$$

由(7)式,则有

$$W \leqslant Q - T_2(S_1 - S_2), \tag{9}$$

热机能输出的最大功为

$$W_{\max} = Q - T_2(S_1 - S_2), \tag{10}$$

其中$(S_1 - S_2)$为物体熵的减少值.

1.14　有两个相同的物体,初始温度均为 T_1. 令一致冷机工作于此两物体之间,使其中的一个物体温度降低到 T_2. 设过程在定压下进行,且物体的 C_p 可当作常数;降温过程中物体也没有相变发生. 试根据熵增加原理证明,此过程所需的最小功为

$$W_{\min} = C_p\left(\frac{T_1^2}{T_2} + T_2 - 2T_1\right).$$

解　按题设,经致冷机工作后,一个物体的温度降至 T_2(以下称为物体 2),另一个物体(称为物体 1)的温度将变化到 T'(必定是升高的).

首先由熵增加原理确定物体 1 的终态温度(对不可逆过程只能确定 T'的范围). 注意到题设为等压过程,初、终态均为平衡态,故可引联结初、终态的可逆等压过程来计算两物体的熵变. 它们分别是

$$\Delta S_1 = \int_{T_1}^{T'} C_p \frac{\mathrm{d}T}{T} = C_p \ln \frac{T'}{T_1}, \tag{1}$$

$$\Delta S_2 = \int_{T_1}^{T_2} C_p \frac{\mathrm{d}T}{T} = C_p \ln \frac{T_2}{T_1}, \tag{2}$$

其中已用到 C_p 为常数.

将物体 1、物体 2 和热机看成一个大系统,该大系统与外界是绝热的,故大系统的熵变为

$$\Delta S = \Delta S_1 + \Delta S_2 + \Delta S_{\text{热机}}, \tag{3}$$

$$\Delta S_{\text{热机}} = 0, \quad (\text{循环过程}) \tag{4}$$

故有

$$\Delta S = \Delta S_1 + \Delta S_2 = C_p \ln \frac{T' T_2}{T_1^2}. \tag{5}$$

根据熵增加原理,有

$$\Delta S \geqslant 0, \tag{6}$$

故得

$$\frac{T'T_2}{T_1^2} \geqslant 1, \tag{7}$$

或

$$T' \geqslant \frac{T_1^2}{T_2}, \tag{8}$$

其中等式对可逆过程(可逆致冷机);“>”对不可逆过程.对不可逆过程,(8)式只给出 T' 的范围,只有对可逆过程才能给出确定的 T' 值.

令 Q_1 为致冷机给物体 1 的热量,Q_2 为致冷机从物体 2 吸收的热量,W 为驱动致冷机所消耗的功.根据热力学第一定律,

$$W = Q_1 - Q_2, \tag{9}$$

对等压过程

$$Q_1 = \Delta H_1 = C_p(T' - T_1), \tag{10}$$

$$-Q_2 = \Delta H_2 = C_p(T_2 - T_1), \tag{11}$$

(11)式中 $-Q_2$ 代表物体 2 从致冷机吸收的热量.于是

$$W = C_p(T' + T_2 - 2T_1). \tag{12}$$

利用(7)式,得

$$W \geqslant C_p\left(\frac{T_1^2}{T_2} + T_2 - 2T_1\right), \tag{13}$$

所需的最小功为

$$W_{\min} = C_p\left(\frac{T_1^2}{T_2} + T_2 - 2T_1\right). \tag{14}$$

对于不可逆过程,$T' > T_1^2/T_2$,故需消耗比可逆过程更多的功才能使物体 2 温度降至 T_2.同时,物体 1 会获得更多的热量而达到更高的终温 T'.

第二章　均匀系的平衡性质

2.1　(i) 证明：$\dfrac{\partial(T,S)}{\partial(p,V)}=\dfrac{\partial T}{\partial p}\dfrac{\partial S}{\partial V}-\dfrac{\partial T}{\partial V}\dfrac{\partial S}{\partial p}=1.$

(ii) 根据雅可比行列式的性质，由上式得

$$\frac{\partial(T,S)}{\partial(x,y)}=\frac{\partial(p,V)}{\partial(x,y)},$$

其中 x,y 为任意两个独立变量. 由此导出麦克斯韦关系.

解　(i) $\dfrac{\partial(T,S)}{\partial(p,V)}=\dfrac{\partial(T,S)}{\partial(T,V)}\cdot\dfrac{\partial(T,V)}{\partial(p,V)}$

$$=\left(\frac{\partial S}{\partial V}\right)_T\left(\frac{\partial T}{\partial p}\right)_V. \tag{1}$$

以上第一步用到题 1.2(i)，第二步用到题 1.2(iii). 由麦克斯韦关系

$$\left(\frac{\partial S}{\partial V}\right)_T=\left(\frac{\partial p}{\partial T}\right)_V, \tag{2}$$

(2)式代入(1)式，得

$$\frac{\partial(T,S)}{\partial(p,V)}=\left(\frac{\partial p}{\partial T}\right)_V\left(\frac{\partial T}{\partial p}\right)_V=1. \tag{3}$$

(ii) $\dfrac{\partial(T,S)}{\partial(p,V)}=\dfrac{\partial(T,S)}{\partial(x,y)}\cdot\dfrac{\partial(x,y)}{\partial(p,V)}$

$$=\frac{\partial(T,S)}{\partial(x,y)}\Big/\frac{\partial(p,V)}{\partial(x,y)}, \tag{4}$$

第二步用到题 1.2(ii). 再利用公式(3)，则(4)式化为

$$\frac{\partial(T,S)}{\partial(x,y)}=\frac{\partial(p,V)}{\partial(x,y)}. \tag{5}$$

令 $x=V,y=S$，由(5)式

$$\left.\begin{aligned}\frac{\partial(T,S)}{\partial(V,S)}&=\left(\frac{\partial T}{\partial V}\right)_S,\\ \frac{\partial(p,V)}{\partial(V,S)}&=-\left(\frac{\partial p}{\partial S}\right)_V,\end{aligned}\right\}\Rightarrow\left(\frac{\partial T}{\partial V}\right)_S=-\left(\frac{\partial p}{\partial S}\right)_V. \tag{6}$$

令 $x=p, y=S$，由(5)式

$$\left.\begin{aligned}\frac{\partial(T,S)}{\partial(p,S)}&=\left(\frac{\partial T}{\partial p}\right)_S,\\ \frac{\partial(p,V)}{\partial(p,S)}&=\left(\frac{\partial V}{\partial S}\right)_p,\end{aligned}\right\}\Rightarrow\left(\frac{\partial T}{\partial p}\right)_S=\left(\frac{\partial V}{\partial S}\right)_p. \tag{7}$$

令 $x=T, y=V$，由(5)式

$$\left.\begin{aligned}\frac{\partial(T,S)}{\partial(T,V)}&=\left(\frac{\partial S}{\partial V}\right)_T,\\ \frac{\partial(p,V)}{\partial(T,V)}&=\left(\frac{\partial p}{\partial T}\right)_V,\end{aligned}\right\}\Rightarrow\left(\frac{\partial S}{\partial V}\right)_T=\left(\frac{\partial p}{\partial T}\right)_V. \tag{8}$$

令 $x=T, y=p$，由(5)式

$$\left.\begin{aligned}\frac{\partial(T,S)}{\partial(T,p)}&=\left(\frac{\partial S}{\partial p}\right)_T,\\ \frac{\partial(p,V)}{\partial(T,p)}&=-\left(\frac{\partial V}{\partial T}\right)_p,\end{aligned}\right\}\Rightarrow\left(\frac{\partial S}{\partial p}\right)_T=-\left(\frac{\partial V}{\partial T}\right)_p. \tag{9}$$

2.2　证明下列关系：

(i) $\left(\frac{\partial U}{\partial p}\right)_V=-T\left(\frac{\partial V}{\partial T}\right)_S$；

(ii) $\left(\frac{\partial U}{\partial V}\right)_p=T\left(\frac{\partial p}{\partial T}\right)_S-p$；

(iii) $\left(\frac{\partial T}{\partial V}\right)_U=p\left(\frac{\partial T}{\partial U}\right)_V-T\left(\frac{\partial p}{\partial U}\right)_V$；

(iv) $\left(\frac{\partial T}{\partial p}\right)_H=T\left(\frac{\partial V}{\partial H}\right)_p-V\left(\frac{\partial T}{\partial H}\right)_p$；

(v) $\left(\frac{\partial T}{\partial S}\right)_H=\frac{T}{C_p}-\frac{T^2}{V}\left(\frac{\partial V}{\partial H}\right)_p$.

解　此处提供一种证法，读者可尝试不同的证法.

(i) 待证公式为

$$\left(\frac{\partial U}{\partial p}\right)_V=-T\left(\frac{\partial V}{\partial T}\right)_S, \tag{1}$$

由热力学基本微分方程

$$\mathrm{d}U=T\mathrm{d}S-p\mathrm{d}V, \tag{2}$$

得麦克斯韦关系

$$\left(\frac{\partial T}{\partial V}\right)_S=-\left(\frac{\partial p}{\partial S}\right)_V, \tag{3}$$

颠倒一下,即得

$$\left(\frac{\partial V}{\partial T}\right)_S=-\left(\frac{\partial S}{\partial p}\right)_V. \tag{4}$$

又

$$\begin{aligned}-\left(\frac{\partial S}{\partial p}\right)_V&=-\frac{\partial(S,V)}{\partial(p,V)}\\&=-\frac{\partial(S,V)}{\partial(U,V)}\cdot\frac{\partial(U,V)}{\partial(p,V)}\\&=-\left(\frac{\partial S}{\partial U}\right)_V\left(\frac{\partial U}{\partial p}\right)_V=-\frac{1}{T}\left(\frac{\partial U}{\partial p}\right)_V.\end{aligned} \tag{5}$$

由(4),(5)式得

$$\left(\frac{\partial U}{\partial p}\right)_V=-T\left(\frac{\partial V}{\partial T}\right)_S. \tag{6}$$

(ii) 由热力学基本微分方程(2)对 V 求偏微商,得

$$\left(\frac{\partial U}{\partial V}\right)_p=T\left(\frac{\partial S}{\partial V}\right)_p-p. \tag{7}$$

又由

$$\mathrm{d}H=T\mathrm{d}S+V\mathrm{d}p, \tag{8}$$

得麦克斯韦关系

$$\left(\frac{\partial T}{\partial p}\right)_S=\left(\frac{\partial V}{\partial S}\right)_p, \tag{9}$$

颠倒一下,得

$$\left(\frac{\partial p}{\partial T}\right)_S=\left(\frac{\partial S}{\partial V}\right)_p. \tag{10}$$

将(10)式代入(7)式,即得

$$\left(\frac{\partial U}{\partial V}\right)_p=T\left(\frac{\partial p}{\partial T}\right)_S-p. \tag{11}$$

(iii) 注意到待证公式是以(U,V)为独立变量,故最好将热力学基本微分方程改写为

$$\mathrm{d}S=\frac{1}{T}\mathrm{d}U+\frac{p}{T}\mathrm{d}V, \tag{12}$$

相应的麦克斯韦关系为

$$\left(\frac{\partial\left(\frac{1}{T}\right)}{\partial V}\right)_U = \left(\frac{\partial\left(\frac{p}{T}\right)}{\partial U}\right)_V, \tag{13}$$

亦即

$$-\frac{1}{T^2}\left(\frac{\partial T}{\partial V}\right)_U = \frac{1}{T}\left(\frac{\partial p}{\partial U}\right)_V - \frac{p}{T^2}\left(\frac{\partial T}{\partial U}\right)_V. \tag{14}$$

用$(-T^2)$乘两边，得

$$\left(\frac{\partial T}{\partial V}\right)_U = p\left(\frac{\partial T}{\partial U}\right)_V - T\left(\frac{\partial p}{\partial U}\right)_V. \tag{15}$$

(iv) 注意到待证公式是以(H,p)为独立变量，故最好将热力学基本微分方程的另一形式

$$\mathrm{d}H = T\mathrm{d}S + V\mathrm{d}p \tag{16}$$

改写为

$$\mathrm{d}S = \frac{1}{T}\mathrm{d}H - \frac{V}{T}\mathrm{d}p, \tag{17}$$

相应的麦克斯韦关系为

$$\left(\frac{\partial\left(\frac{1}{T}\right)}{\partial p}\right)_H = -\left(\frac{\partial\left(\frac{V}{T}\right)}{\partial H}\right)_p, \tag{18}$$

即有

$$-\frac{1}{T^2}\left(\frac{\partial T}{\partial p}\right)_H = -\frac{1}{T}\left(\frac{\partial V}{\partial H}\right)_p + \frac{V}{T^2}\left(\frac{\partial T}{\partial H}\right)_p. \tag{19}$$

用$(-T^2)$乘两边，即得

$$\left(\frac{\partial T}{\partial p}\right)_H = T\left(\frac{\partial V}{\partial H}\right)_p - V\left(\frac{\partial T}{\partial H}\right)_p. \tag{20}$$

(v)
$$\begin{aligned}\left(\frac{\partial T}{\partial S}\right)_H &= \frac{\partial(T,H)}{\partial(S,H)} = \frac{\partial(T,H)}{\partial(S,p)}\cdot\frac{\partial(S,p)}{\partial(S,H)} \\ &= \left[\left(\frac{\partial T}{\partial S}\right)_p\left(\frac{\partial H}{\partial p}\right)_S - \left(\frac{\partial T}{\partial p}\right)_S\left(\frac{\partial H}{\partial S}\right)_p\right]\left(\frac{\partial p}{\partial H}\right)_S \\ &= \frac{T}{C_p} + \left(\frac{\partial T}{\partial p}\right)_S\left(\frac{\partial p}{\partial S}\right)_H. \end{aligned} \tag{21}$$

现在想办法变第二项. 由(16)式，得

$$\left(\frac{\partial p}{\partial S}\right)_H = -\frac{T}{V}. \tag{22}$$

又由麦克斯韦关系

$$\left(\frac{\partial T}{\partial p}\right)_S = \left(\frac{\partial V}{\partial S}\right)_p, \tag{23}$$

上式右方可进一步变化为

$$\begin{aligned}\left(\frac{\partial V}{\partial S}\right)_p &= \left(\frac{\partial V}{\partial H}\right)_p \left(\frac{\partial H}{\partial S}\right)_p \\ &= T\left(\frac{\partial V}{\partial H}\right)_p.\end{aligned} \tag{24}$$

第二步再次用到(16)式.(24)式代入(23)式,得

$$\left(\frac{\partial T}{\partial p}\right)_S = T\left(\frac{\partial V}{\partial H}\right)_p. \tag{25}$$

将(22)与(25)式代入(21)式,即得

$$\left(\frac{\partial T}{\partial S}\right)_H = \frac{T}{C_p} - \frac{T^2}{V}\left(\frac{\partial V}{\partial H}\right)_p. \tag{26}$$

2.3　对 p-V-T 系统,证明

$$\frac{\kappa_T}{\kappa_S} = \frac{C_p}{C_V},$$

其中

$$\kappa_T \equiv -\frac{1}{V}\left(\frac{\partial V}{\partial p}\right)_T, \quad \kappa_S \equiv -\frac{1}{V}\left(\frac{\partial V}{\partial p}\right)_S$$

分别代表等温与绝热压缩系数.

解

$$\frac{\kappa_T}{\kappa_S} \equiv \frac{-\frac{1}{V}\left(\frac{\partial V}{\partial p}\right)_T}{-\frac{1}{V}\left(\frac{\partial V}{\partial p}\right)_S} = \frac{\left(\frac{\partial V}{\partial p}\right)_T}{\left(\frac{\partial V}{\partial p}\right)_S}. \tag{1}$$

由

$$\left(\frac{\partial V}{\partial p}\right)_T = -\left(\frac{\partial V}{\partial T}\right)_p \left(\frac{\partial T}{\partial p}\right)_V, \tag{2}$$

$$\left(\frac{\partial V}{\partial p}\right)_S = -\left(\frac{\partial V}{\partial S}\right)_p \left(\frac{\partial S}{\partial p}\right)_V, \tag{3}$$

将(2),(3)式代入(1)式,得

$$\frac{\kappa_T}{\kappa_S}=\frac{\left(\frac{\partial V}{\partial T}\right)_p\left(\frac{\partial T}{\partial p}\right)_V}{\left(\frac{\partial V}{\partial S}\right)_p\left(\frac{\partial S}{\partial p}\right)_V}=\frac{\left(\frac{\partial S}{\partial V}\right)_p\left(\frac{\partial V}{\partial T}\right)_p}{\left(\frac{\partial S}{\partial p}\right)_V\left(\frac{\partial p}{\partial T}\right)_V}$$

$$=\frac{\left(\frac{\partial S}{\partial T}\right)_p}{\left(\frac{\partial S}{\partial T}\right)_V}=\frac{C_p/T}{C_V/T}=\frac{C_p}{C_V}. \tag{4}$$

以上第二个等式用到

$$\frac{1}{\left(\frac{\partial V}{\partial S}\right)_p}=\left(\frac{\partial S}{\partial V}\right)_p,\quad \left(\frac{\partial T}{\partial p}\right)_V=\frac{1}{\left(\frac{\partial p}{\partial T}\right)_V}. \tag{5}$$

另一证法是从右边往左边去证:

$$\frac{C_p}{C_V}=\frac{T\left(\frac{\partial S}{\partial T}\right)_p}{T\left(\frac{\partial S}{\partial T}\right)_V}=\frac{\left(\frac{\partial S}{\partial T}\right)_p}{\left(\frac{\partial S}{\partial T}\right)_V}=\frac{\left(\frac{\partial S}{\partial V}\right)_p\left(\frac{\partial V}{\partial T}\right)_p}{\left(\frac{\partial S}{\partial p}\right)_V\left(\frac{\partial p}{\partial T}\right)_V} \tag{6}$$

$$=\left[-\left(\frac{\partial p}{\partial V}\right)_S\right]\left[-\left(\frac{\partial V}{\partial p}\right)_T\right]$$

$$=\left[-\frac{1}{V}\left(\frac{\partial V}{\partial p}\right)_T\right]\Big/\left[-\frac{1}{V}\left(\frac{\partial V}{\partial p}\right)_S\right]$$

$$=\frac{\kappa_T}{\kappa_S}. \tag{7}$$

2.4 设一物体的物态方程具有下列形式

$$p=f(V)T,$$

证明其内能与体积无关.

解 对任何 p-V-T 系统,热力学基本微分方程为

$$\mathrm{d}U=T\mathrm{d}S-p\mathrm{d}V, \tag{1}$$

于是有

$$\left(\frac{\partial U}{\partial V}\right)_T=T\left(\frac{\partial S}{\partial V}\right)_T-p$$

$$=T\left(\frac{\partial p}{\partial T}\right)_V-p. \tag{2}$$

以上第二个等式用到麦克斯韦关系

$$\left(\frac{\partial S}{\partial V}\right)_T = \left(\frac{\partial p}{\partial T}\right)_V. \tag{3}$$

根据题设,该物体的物态方程为

$$p = f(V)T, \tag{4}$$

则有

$$T\left(\frac{\partial p}{\partial T}\right)_V = Tf(V) = p. \tag{5}$$

(5)式代入(2)式,即得

$$\left(\frac{\partial U}{\partial V}\right)_T = 0. \tag{6}$$

由此可见,只要 p 与 T 成线性关系,内能必与 V 无关.理想气体的物态方程是(4)式的一种特殊形式.

2.5 (i) 证明

$$\left(\frac{\partial C_V}{\partial V}\right)_T = T\left(\frac{\partial^2 p}{\partial T^2}\right)_V; \quad \left(\frac{\partial C_p}{\partial p}\right)_T = -T\left(\frac{\partial^2 V}{\partial T^2}\right)_p.$$

并由此导出

$$C_V = C_{V_0} + T\int_{V_0}^{V}\left(\frac{\partial^2 p}{\partial T^2}\right)_V \mathrm{d}V,$$

$$C_p = C_{p_0} - T\int_{p_0}^{p}\left(\frac{\partial^2 V}{\partial T^2}\right)_p \mathrm{d}p.$$

其中 C_{V_0} 与 C_{p_0} 分别代表体积为 V_0 时的定容热容与压强为 p_0 时的定压热容,它们都只是温度的函数.

(ii) 根据以上 C_V,C_p 两式证明,理想气体的 C_V 与 C_p 只是温度的函数.

(iii) 证明范德瓦耳斯气体的 C_V 只是温度的函数,与体积无关.

解 (i) 由

$$C_V = T\left(\frac{\partial S}{\partial T}\right)_V, \tag{1}$$

对 V 求偏微商,得

$$\left(\frac{\partial C_V}{\partial V}\right)_T = T\frac{\partial^2 S}{\partial V\partial T} = T\frac{\partial^2 S}{\partial T\partial V} = T\left(\frac{\partial}{\partial T}\left(\frac{\partial p}{\partial T}\right)_V\right)_V = T\left(\frac{\partial^2 p}{\partial T^2}\right)_V. \tag{2}$$

以上第三个等式用到麦克斯韦关系

$$\left(\frac{\partial S}{\partial V}\right)_T=\left(\frac{\partial p}{\partial T}\right)_V. \tag{3}$$

注意到 C_V 是两个独立变量的函数. 若选(T,V)为独立变量,确定$C_V(T,V)$的一般做法是按下列公式

$$C_V(T,V)-C_V(T_0,V_0)=\int_{(T_0,V_0)}^{(T,V)}\left\{\left(\frac{\partial C_V}{\partial T}\right)_V \mathrm{d}T+\left(\frac{\partial C_V}{\partial V}\right)_T \mathrm{d}V\right\}. \tag{4}$$

其中的积分是沿 T-V 状态空间中从(T_0,V_0)到(T,V)的任意路径完成的. 比较简单的做法是把积分路径选成如下的两段直线:

(Ⅰ):$(T_0,V_0)\to(T,V_0)$ (等容过程);

(Ⅱ):$(T,V_0)\to(T,V)$ (等温过程).

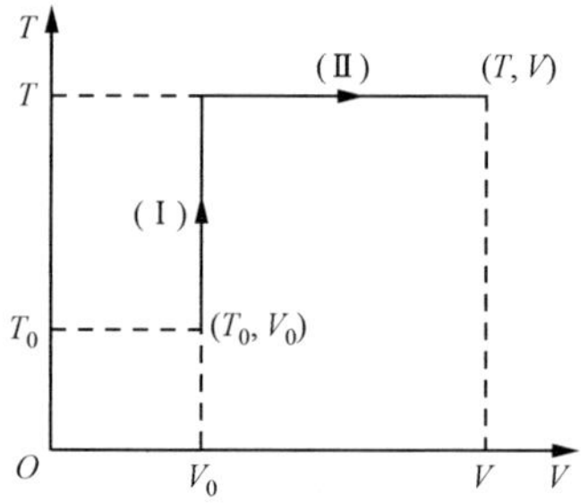

题 2.5 图

则(4)式化为

$$C_V(T,V)-C_V(T_0,V_0)=\underset{(\mathrm{I})}{\int_{T_0}^{T}}\left(\frac{\partial C_V}{\partial T}\right)_V \mathrm{d}T+\underset{(\mathrm{II})}{\int_{V_0}^{V}}\left(\frac{\partial C_V}{\partial V}\right)_T \mathrm{d}V. \tag{5}$$

令

$$C_{V_0}(T)\equiv\int_{T_0}^{T}\left(\frac{\partial C_V}{\partial T}\right)_V \mathrm{d}T+C_V(T_0,V_0), \tag{6}$$

其中积分是在固定体积 $V=V_0$ 下完成的(省去了(Ⅰ)的标记). 利用(2)式,则(5)式可表为

$$C_V(T,V)=C_{V_0}(T)+T\int_{V_0}^{V}\left(\frac{\partial^2 p}{\partial T^2}\right)_V \mathrm{d}V. \tag{7}$$

上式中的积分是在固定温度为 T 下完成的(标记(Ⅱ)已省去). 由(7)式可以看出,要确定任意(T,V)下的 $C_V(T,V)$,只需知道某固定

体积 $V=V_0$ 下的定容热容 $C_{V_0}(T)$（注意它是 T 的函数），以及物态方程. 这将使实验测量的工作量减少.

类似地，由

$$C_p = T\left(\frac{\partial S}{\partial T}\right)_p, \tag{8}$$

得

$$\left(\frac{\partial C_p}{\partial p}\right)_T = T\frac{\partial^2 S}{\partial p\partial T} = T\frac{\partial^2 S}{\partial T\partial p} = -T\left(\frac{\partial}{\partial T}\left(\frac{\partial V}{\partial T}\right)_p\right)_p = -T\left(\frac{\partial^2 V}{\partial T^2}\right)_p. \tag{9}$$

以上第三个等式用到麦克斯韦关系

$$\left(\frac{\partial S}{\partial p}\right)_T = -\left(\frac{\partial V}{\partial T}\right)_p. \tag{10}$$

选 T-p 空间的等压过程（$p=p_0$）与等温过程为积分路径，最后可得

$$C_p(T,p) = C_{p_0}(T) - T\int_{p_0}^{p}\left(\frac{\partial^2 V}{\partial T^2}\right)_p \mathrm{d}p. \tag{11}$$

其中 $C_{p_0}(T)$ 代表保持压强固定为 p_0 时的定压热容，它只是 T 的函数. 第二项的积分是在保持温度固定为 T 下完成的.

注意公式(2)，(7)以及(9)，(11)对任何 p-V-T 系统均成立.

(ii) 对理想气体，由物态方程

$$pV = NRT, \tag{12}$$

当 V 固定时，p 是 T 的线性函数；当 p 固定时，V 是 T 的线性函数，故有

$$\left(\frac{\partial^2 p}{\partial T^2}\right)_V = 0, \tag{13}$$

$$\left(\frac{\partial^2 V}{\partial T^2}\right)_p = 0. \tag{14}$$

由(2)与(9)式，得

$$\left(\frac{\partial C_V}{\partial V}\right)_T = 0, \tag{15}$$

$$\left(\frac{\partial C_p}{\partial p}\right)_T = 0. \tag{16}$$

亦即理想气体的 C_V 与 C_p 都只是温度的函数.

(iii) 范德瓦耳斯气体的物态方程为

$$\left(p+\frac{N^2a}{V^2}\right)(V-Nb)=NRT. \tag{17}$$

V 固定时,p 是 T 的线性函数,故有

$$\left(\frac{\partial^2 p}{\partial T^2}\right)_V=0. \tag{18}$$

由公式(2),即得

$$\left(\frac{\partial C_V}{\partial V}\right)_T=0. \tag{19}$$

表明范德瓦耳斯气体的 C_V 只是温度的函数,与体积无关. 顺便指出,当 $V\to\infty$时,范德瓦耳斯气体趋于理想气体. 既然范德瓦耳斯气体的 C_V 与 V 无关,就有任意体积时的 C_V 与 $V\to\infty$时的 C_V 相同. 也就是说,范德瓦耳斯气体的 C_V 与理想气体的定容热容(记为 C_V^0)相等,即

$$C_V=C_V^0. \tag{20}$$

2.6 由测量一气体的膨胀系数与等温压缩系数得

$$\left(\frac{\partial v}{\partial T}\right)_p=\frac{R}{p}+\frac{a}{T^2},\quad \left(\frac{\partial v}{\partial p}\right)_T=-Tf(p),$$

其中 v 为摩尔体积,a 为常数,$f(p)$是压强的函数. 又已知在低压下 1 mol 该气体的定压比热 $c_p=\frac{5}{2}R$. 证明:

(i) $f(p)=\frac{R}{p^2}$;

(ii) 物态方程为 $pv=RT-\frac{ap}{T}$;

(iii) $c_p=\frac{5}{2}R+\frac{2ap}{T^2}$.

解 (i) 由题设

$$\left(\frac{\partial v}{\partial p}\right)_T=-Tf(p), \tag{1}$$

在 p 不变下对 T 求偏微商,得

$$\frac{\partial^2 v}{\partial T\partial p}=-f(p). \tag{2}$$

又由题设的另一关系

$$\left(\frac{\partial v}{\partial T}\right)_p=\frac{R}{p}+\frac{a}{T^2},\tag{3}$$

在 T 不变下对 p 求偏微商，得

$$\frac{\partial^2 v}{\partial p\partial T}=-\frac{R}{p^2}.\tag{4}$$

因(2)式与(4)式相等，即得

$$f(p)=\frac{R}{p^2}.\tag{5}$$

(ii) 将(5)式代入(1)式，得

$$\left(\frac{\partial v}{\partial p}\right)_T=-\frac{RT}{p^2},\tag{6}$$

在保持 T 不变下，对(6)式积分(注意，(6)式是偏微分方程)，得

$$v=\frac{RT}{p}+v_0(T).\tag{7}$$

注意 $v_0(T)$是 T 的待定函数. 将(7)式对 T 求偏微商

$$\left(\frac{\partial v}{\partial T}\right)_p=\frac{R}{p}+v_0'(T),\tag{8}$$

其中 $v_0'\equiv\frac{\mathrm{d}v_0(T)}{\mathrm{d}T}$. 将(8)式与(3)式比较，得

$$v_0'(T)=\frac{a}{T^2}.\tag{9}$$

(9)式是常微分方程，求积分，得

$$v_0(T)=-\frac{a}{T}+C,\tag{10}$$

C 为积分常数. (10)式代入(7)式，得

$$v=\frac{RT}{p}-\frac{a}{T}+C,\tag{11}$$

积分常数 C 可以利用极限条件来确定. 我们知道，实际气体的分子之间存在相互作用，因而气体的内能应包含分子运动的平均动能与分子之间的平均相互作用能. 如果平均动能远远大于平均相互作用能，则分子之间的相互作用可以忽略，这就是理想气体. 上述物理分析可以用数学上取极限的方法来描述，在原书 1.3.2 小节曾介绍过，即在保持温度一定的条件下令 $p\to 0$ 或 $V\to\infty$. 实际上还可以用另一

种极限来描述,即在保持 p 一定的条件下令 $T\to\infty$,按此极限,在(11)式中,右边第二项可以略去,且有

$$v\to\frac{RT}{p},\tag{12}$$

于是得

$$C=0.\tag{13}$$

最后,物态方程(11)式化为

$$pv=RT-\frac{ap}{T}.\tag{14}$$

(iii) 由(14)式,得

$$\left(\frac{\partial^2 v}{\partial T^2}\right)_p=-\frac{2a}{T^3}.\tag{15}$$

再利用题 2.5(i)的公式(用小写的 c_p,v 代表 1 mol 物质)

$$c_p=c_{p_0}-T\int_{p_0}^{p}\left(\frac{\partial^2 v}{\partial T^2}\right)_p\mathrm{d}p,\tag{16}$$

将(15)式代入(16)式,得

$$c_p=c_{p_0}-T\int_{p_0}^{p}\left(-\frac{2a}{T^3}\right)\mathrm{d}p=c_{p_0}+\frac{2a}{T^2}(p-p_0),\tag{17}$$

其中 c_{p_0} 代表 $p=p_0$ 下的定压比热.

取极限,令 $p_0\to 0$,并引入符号

$$c_p^0\equiv\lim_{p_0\to 0}c_{p_0},\tag{18}$$

由于压强趋于零时气体趋于理想气体,故 c_p^0 为理想气体的定压比热. 已知 $c_p^0=\frac{5}{2}R$,于是(17)式在 $p_0\to 0$ 的极限下化为

$$c_p=\frac{5}{2}R+\frac{2ap}{T^2}.\tag{19}$$

2.7 一弹簧在恒温下的张力 X 与其伸长 x 成正比,即 $X=Ax$,比例系数 A 是温度的函数. 忽略弹簧的热膨胀,当 x 增加 $\mathrm{d}x$ 时,外力所做的微功为 $\mathrm{d}W=X\mathrm{d}x$. 试证明弹簧的自由能、熵和内能的表达式为

$$F(T,x)=F(T,0)+\frac{1}{2}Ax^2,$$

$$S(T,x)=S(T,0)-\frac{x^2}{2}\frac{\mathrm{d}A}{\mathrm{d}T},$$

$$U(T,x)=U(T,0)+\frac{1}{2}\left(A-T\frac{\mathrm{d}A}{\mathrm{d}T}\right)x^2.$$

解　对题设的弹簧,其热力学基本微分方程为

$$\mathrm{d}U=T\mathrm{d}S+X\mathrm{d}x. \tag{1}$$

作勒让德变换,将自然变量由(S,x)变到(T,x),则(1)式化为

$$\mathrm{d}F=-S\mathrm{d}T+X\mathrm{d}x, \tag{2}$$

其中$F\equiv U-TS$为自由能.由(2)式得

$$\left(\frac{\partial F}{\partial x}\right)_T=X=Ax. \tag{3}$$

在固定温度下将上式积分,注意到A只是T的函数,得

$$F(T,x)=F(T,0)+\frac{1}{2}Ax^2, \tag{4}$$

其中$F(T,0)$是$x=0$时(亦即伸长为零时)的自由能.由(4)式出发,可得弹簧的熵S与内能U:

$$S(T,x)=-\left(\frac{\partial F}{\partial T}\right)_x=S(T,0)-\frac{1}{2}\frac{\mathrm{d}A}{\mathrm{d}T}x^2, \tag{5}$$

$$S(T,0)=-\frac{\partial F(T,0)}{\partial T}, \tag{6}$$

$$U(T,x)=F+TS=U(T,0)+\frac{1}{2}\left(A-T\frac{\mathrm{d}A}{\mathrm{d}T}\right)x^2, \tag{7}$$

$$U(T,0)=F(T,0)+TS(T,0), \tag{8}$$

$S(T,0)$与$U(T,0)$分别代表无伸长时弹簧的熵与内能.以上的$F(T,0)$(因而$S(T,0)$与$U(T,0)$)并未确定.要确定$F(T,0)$,必须知道有关热容的知识.

2.8　计算以热辐射为工作物质的可逆卡诺循环的效率.

解　卡诺热机的效率为

$$\eta=\frac{W}{Q_1}=\frac{Q_1-|Q_2|}{Q_1}=1-\frac{|Q_2|}{Q_1}, \tag{1}$$

式中各量的符号以及卡诺循环过程均与原书§1.8的相同.Q_1与Q_2分别代表两个等温过程热机的工作物质(即热辐射)从热源所吸收的热量.因$Q_2<0$(即放热过程),故(1)式中用$|Q_2|$

表示.

利用热辐射的熵的公式(见原书(2.4.16)式)

$$S = \frac{4}{3}aT^3V, \tag{2}$$

对高温 T_1 的等温吸热过程,所吸收的热量 Q_1 为

$$Q_1 = T_1\Delta S = T_1 \frac{4}{3}aT_1^3(V_2 - V_1). \tag{3}$$

同理,对低温 T_2 的等温吸热过程(实为放热),有

$$Q_2 = T_2\Delta S = T_2 \frac{4}{3}aT_2^3(V_4 - V_3). \tag{4}$$

故有

$$\frac{|Q_2|}{Q_1} = \left(\frac{T_2}{T_1}\right)^4 \frac{V_3 - V_4}{V_2 - V_1}. \tag{5}$$

利用两个可逆绝热过程熵不变,得

$$T_1^3V_2 = T_2^3V_3, \tag{6}$$

$$T_1^3V_1 = T_2^3V_4. \tag{7}$$

(6),(7)两式相减,得

$$V_3 - V_4 = \left(\frac{T_1}{T_2}\right)^3(V_2 - V_1), \tag{8}$$

代入(5)式,得

$$\frac{|Q_2|}{Q_1} = \left(\frac{T_2}{T_1}\right)^4\left(\frac{T_1}{T_2}\right)^3 = \frac{T_2}{T_1}, \tag{9}$$

最后得

$$\eta = 1 - \frac{T_2}{T_1}. \tag{10}$$

本题是"可逆卡诺热机的效率与工作物质的性质无关"的又一佐证.

2.9 一橡皮带遵从物态方程 $X=A(L)T$,其中 X 为张力,L 为长度,$A(L)$为 L 的函数,且 $A(L)>0$.

(i) 证明这种橡皮带的内能只是温度的函数;

(ii) 证明在等温条件下,其熵随长度增加而减少;

(iii) 把橡皮带绝热拉长,问其温度是升高还是降低?

(iv) 在保持张力不变下使橡皮带升高温度,问它将伸长还是

缩短？

提示：(iii)、(iv)的证明需用到平衡的稳定条件 $C_L = T\left(\frac{\partial S}{\partial T}\right)_L > 0$；$\left(\frac{\partial L}{\partial X}\right)_T > 0$(详见原书§3.4).

解　(i) 橡皮带的热力学基本微分方程为

$$dU = TdS + XdL, \tag{1}$$

由(1)式得

$$\left(\frac{\partial U}{\partial L}\right)_T = T\left(\frac{\partial S}{\partial L}\right)_T + X. \tag{2}$$

为求 $\left(\frac{\partial S}{\partial L}\right)_T$，对(1)式作勒让德变换，将变量由$(S,L)$变为$(T,L)$，

$$d(U - TS) = -SdT + XdL, \tag{3}$$

相应的麦克斯韦关系为

$$\left(\frac{\partial S}{\partial L}\right)_T = -\left(\frac{\partial X}{\partial T}\right)_L. \tag{4}$$

由橡皮带的物态方程

$$X = A(L)T, \tag{5}$$

将(5)式代入(4)式，得

$$\left(\frac{\partial S}{\partial L}\right)_T = -A(L). \tag{6}$$

将(6)式代入(2)式，得

$$\left(\frac{\partial U}{\partial L}\right)_T = -TA(L) + X = 0. \tag{7}$$

上式即证明了该橡皮带的内能只是温度的函数，与 L 无关.

顺便说一下，本题还可以用类比的方法来证明. 题 2.4 所讨论的 p-V-T 系统，其物态方程为 $p = f(V)T$，已证明其内能只是 T 的函数，与 V 无关. 今橡皮带为 X-L-T 系统，它与 p-V-T 系统有如下的对应关系：

$$\begin{cases} X \longleftrightarrow -p, \\ L \longleftrightarrow V. \end{cases} \tag{8}$$

两个系统的物态方程具有共同的性质：张力 X 或压强 p 是温度 T 的线性函数，从而证明 U 只是 T 的函数. 读者不难根据对应关系

(8),将(2)—(7)诸式与题 2.4 p-V-T 系统的相应诸公式对比,找出它们之间的一一对应关系.

(ii) 由(6)式,又 $A(L)>0$,故得

$$\left(\frac{\partial S}{\partial L}\right)_T=-A(L)<0. \tag{9}$$

上式表明在等温条件下,橡皮带的熵随长度增加而减少. 由 $đQ=TdS$,熵减少表示在等温拉长橡皮带时,橡皮带将放热. 这与等温压缩理想气体过程是放热的相似.

这里简单说明一下(9)式结果的微观意义. 根据统计物理学,熵代表系统的混乱度或无序度(详见原书 §7.4). 对于橡皮带,它的熵可以分为两部分:一部分是与分子无规热运动相联系的(常称为"热熵");另一部分是与分子的空间位形有关的(常称为"位形熵"). 橡胶是由长的链状的大分子构成,当拉伸橡皮带时,长的链状分子会排列得更有序,因而其位形熵减少. 等温拉伸时,橡皮带的热熵不变,而位形熵减少,导致熵减少.

(iii) 假定绝热拉长是缓慢进行的,可以近似当作可逆过程. 今需考查 $\left(\frac{\partial T}{\partial L}\right)_S$ 的符号.

$$\left(\frac{\partial T}{\partial L}\right)_S=-\left(\frac{\partial T}{\partial S}\right)_L\left(\frac{\partial S}{\partial L}\right)_T, \tag{10}$$

令 C_L 代表定长(度)热容,

$$C_L=T\left(\frac{\partial S}{\partial T}\right)_L, \tag{11}$$

再利用(6)式,则(10)式可表为

$$\left(\frac{\partial T}{\partial L}\right)_S=\frac{T}{C_L}A(L)>0, \tag{12}$$

上式">0"用到了 $C_L>0$. $C_L>0$ 是平衡稳定性的要求(证明见原书 §3.4). (12)式表明,在绝热条件下,拉长橡皮带,其温度将升高.

"可逆绝热拉长橡皮带,其熵不变"可以这样理解:一方面拉长橡皮带,其位形熵将减少;另一方面,温度升高,使热熵增大. 对可逆绝热过程,这两部分正好相抵消,得以维持熵不变.

(iv) 应考查 $\left(\frac{\partial L}{\partial T}\right)_X$ 的符号.

$$\left(\frac{\partial L}{\partial T}\right)_X = -\left(\frac{\partial L}{\partial X}\right)_T\left(\frac{\partial X}{\partial T}\right)_L$$
$$= -A(L)\left(\frac{\partial L}{\partial X}\right)_T, \tag{13}$$

第二步已利用了物态方程(5).已知 $A(L)>0$,另外,根据平衡的稳定条件(见下面另注),

$$\left(\frac{\partial L}{\partial X}\right)_T > 0, \tag{14}$$

则有

$$\left(\frac{\partial L}{\partial T}\right)_X < 0. \tag{15}$$

表明在张力不变下,橡皮带随温度升高将缩短.

注　平衡的稳定条件(14)可以由原书§3.4的理论证明.§3.4讨论的是 p-V-T 系统.在那里证明了 $\kappa_T \equiv -\frac{1}{V}\left(\frac{\partial V}{\partial p}\right)_T > 0$,亦即

$$\left(\frac{\partial V}{\partial p}\right)_T < 0, \tag{16}$$

根据对应关系(8),对 X-L-T 系统,与(16)式对应的关系为

$$-\left(\frac{\partial L}{\partial X}\right)_T < 0, \tag{17}$$

亦即

$$\left(\frac{\partial L}{\partial X}\right)_T > 0. \tag{18}$$

2.10　一均匀各向同性的顺磁固体,设其体积变化可以忽略,并取单位体积:

(i) 证明

$$\chi_T/\chi_S = C_{\mathscr{H}}/C_{\mathscr{M}},$$

其中 $\chi_T = \left(\frac{\partial \mathscr{M}}{\partial \mathscr{H}}\right)_T$ 与 $\chi_S = \left(\frac{\partial \mathscr{M}}{\partial \mathscr{H}}\right)_S$ 分别代表等温与绝热磁化率.

(ii) 计算 $C_{\mathscr{H}} - C_{\mathscr{M}}$.

(iii) 在完成(i)、(ii)计算后,对(i)、(ii)的结论,还可以试一下用类比的办法,从 p-V-T 系统的相应公式

$$\frac{\kappa_T}{\kappa_S} = \frac{C_p}{C_V},\quad C_p - C_V = T\left(\frac{\partial p}{\partial T}\right)_V\left(\frac{\partial V}{\partial T}\right)_p,$$

按对应关系

$$-p\longleftrightarrow\mathscr{H},$$
$$V\longleftrightarrow\mu_0\mathscr{M}$$

得到.上述对应关系可以从 p-V-T 系统的热力学基本微分方程

$$\mathrm{d}U=T\mathrm{d}S-p\mathrm{d}V$$

与顺磁固体(在上述简化条件下)的基本微分方程

$$\mathrm{d}U=T\mathrm{d}S+\mu_0\mathscr{H}\mathrm{d}\mathscr{M}$$

的比较中看出.

解 (i) 可以仿照题 2.3 的证明方法,例如,从右边往左边证:

$$\frac{C_{\mathscr{H}}}{C_{\mathscr{M}}}=\frac{T\left(\frac{\partial S}{\partial T}\right)_{\mathscr{H}}}{T\left(\frac{\partial S}{\partial T}\right)_{\mathscr{M}}}=\frac{\left(\frac{\partial S}{\partial T}\right)_{\mathscr{H}}}{\left(\frac{\partial S}{\partial T}\right)_{\mathscr{M}}}=\frac{-\left(\frac{\partial S}{\partial\mathscr{H}}\right)_T\left(\frac{\partial\mathscr{H}}{\partial T}\right)_S}{-\left(\frac{\partial S}{\partial\mathscr{M}}\right)_T\left(\frac{\partial\mathscr{M}}{\partial T}\right)_S},\tag{1}$$

利用

$$\left(\frac{\partial\mathscr{H}}{\partial T}\right)_S=1\Big/\left(\frac{\partial T}{\partial\mathscr{H}}\right)_S,\quad 1\Big/\left(\frac{\partial S}{\partial\mathscr{M}}\right)_T=\left(\frac{\partial\mathscr{M}}{\partial S}\right)_T,\tag{2}$$

则(1)式化为

$$\frac{C_{\mathscr{H}}}{C_{\mathscr{M}}}=\frac{\left(\frac{\partial\mathscr{M}}{\partial S}\right)_T\left(\frac{\partial S}{\partial\mathscr{H}}\right)_T}{\left(\frac{\partial\mathscr{M}}{\partial T}\right)_S\left(\frac{\partial T}{\partial\mathscr{H}}\right)_S}=\frac{\left(\frac{\partial\mathscr{M}}{\partial\mathscr{H}}\right)_T}{\left(\frac{\partial\mathscr{M}}{\partial\mathscr{H}}\right)_S}=\frac{\chi_T}{\chi_S}.\tag{3}$$

(ii) $$C_{\mathscr{H}}-C_{\mathscr{M}}=T\left[\left(\frac{\partial S}{\partial T}\right)_{\mathscr{H}}-\left(\frac{\partial S}{\partial T}\right)_{\mathscr{M}}\right].\tag{4}$$

利用复合函数微商公式[看成 $S(T,\mathscr{M}(T,\mathscr{H}))$]

$$\left(\frac{\partial S}{\partial T}\right)_{\mathscr{H}}=\left(\frac{\partial S}{\partial T}\right)_{\mathscr{M}}+\left(\frac{\partial S}{\partial\mathscr{M}}\right)_T\left(\frac{\partial\mathscr{M}}{\partial T}\right)_{\mathscr{H}},\tag{5}$$

代入(4)式,得

$$C_{\mathscr{H}}-C_{\mathscr{M}}=T\left(\frac{\partial S}{\partial\mathscr{M}}\right)_T\left(\frac{\partial\mathscr{M}}{\partial T}\right)_{\mathscr{H}}.\tag{6}$$

对各向同性顺磁固体,忽略体积变化,并取单位体积,其热力学基本微分方程为

$$\mathrm{d}U=T\mathrm{d}S+\mu_0\mathscr{H}\mathrm{d}\mathscr{M}.\tag{7}$$

作勒让德变换,将变量 S 变为 T,

$$d(U-TS)=-SdT+\mu_0\mathscr{H}d\mathscr{M},\tag{8}$$

其麦克斯韦关系为

$$\left(\frac{\partial S}{\partial \mathscr{M}}\right)_T=-\mu_0\left(\frac{\partial \mathscr{H}}{\partial T}\right)_{\mathscr{M}}.\tag{9}$$

代入(6)式，得

$$C_{\mathscr{H}}-C_{\mathscr{M}}=-\mu_0 T\left(\frac{\partial \mathscr{H}}{\partial T}\right)_{\mathscr{M}}\left(\frac{\partial \mathscr{M}}{\partial T}\right)_{\mathscr{H}}.\tag{10}$$

(iii) 流体系统(p-V-T 系统)与各向同性顺磁固体系统(忽略体积变化并取单位体积，以下用 $\mathscr{H}$-$\mathscr{M}$-T 系统表示)的热力学类比：

p-V-T 系统	$\mathscr{H}$-$\mathscr{M}$-T 系统
$-p$	$\mathscr{H}$
V	$\mu_0\mathscr{M}$
T	T
$dU=TdS-pdV$	$dU=TdS+\mu_0\mathscr{H}d\mathscr{M}$
$C_V=T\left(\frac{\partial S}{\partial T}\right)_V$	$C_{\mathscr{M}}=T\left(\frac{\partial S}{\partial T}\right)_{\mathscr{M}}$
$C_p=T\left(\frac{\partial S}{\partial T}\right)_p$	$C_{\mathscr{H}}=T\left(\frac{\partial S}{\partial T}\right)_{\mathscr{H}}$
$\kappa_T=-\frac{1}{V}\left(\frac{\partial V}{\partial p}\right)_T$	$\chi_T=\left(\frac{\partial \mathscr{M}}{\partial \mathscr{H}}\right)_T$
$\kappa_S=-\frac{1}{V}\left(\frac{\partial V}{\partial p}\right)_S$	$\chi_S=\left(\frac{\partial \mathscr{M}}{\partial \mathscr{H}}\right)_S$
$\frac{\kappa_T}{\kappa_S}=\frac{C_p}{C_V}$	$\frac{\chi_T}{\chi_S}=\frac{C_{\mathscr{H}}}{C_{\mathscr{M}}}$
$C_p-C_V=T\left(\frac{\partial p}{\partial T}\right)_V\left(\frac{\partial V}{\partial T}\right)_p$	$C_{\mathscr{H}}-C_{\mathscr{M}}=-\mu_0 T\left(\frac{\partial \mathscr{H}}{\partial T}\right)_{\mathscr{M}}\left(\frac{\partial \mathscr{M}}{\partial T}\right)_{\mathscr{H}}$

读者还可以把其他系统(如橡皮带)也作类似的比较.

2.11　一均匀各向同性的顺磁固体，忽略体积变化，并取单位体积. 已知：(a) 它满足居里定律，即 $\mathscr{M}=\frac{C}{T}\mathscr{H}$($C$ 为正常数)；(b) $C_0\equiv$

$C_{\mathscr{M}}|_{\mathscr{M}=0}=b/T^2$($b$ 为正常数,T 不太低时).

(i) 证明$\left(\frac{\partial C_{\mathscr{M}}}{\partial \mathscr{M}}\right)_T=0$,亦即 $C_{\mathscr{M}}$ 与 $\mathscr{M}$ 无关;

(ii) 求 $C_{\mathscr{H}}-C_{\mathscr{M}}$;

(iii) 求以($T,\mathscr{H}$)为独立变量的熵的表达式;

(iv) 求以($\mathscr{H},\mathscr{M}$)为变量的可逆绝热过程方程;

(v) 求等温磁化过程(磁场从 $0\to\mathscr{H}_0$)吸收的热量;

(vi) 求绝热去磁过程(磁场从 $\mathscr{H}_0\to 0$)的温度变化;

(vii) 计算以此顺磁固体为工作物质的可逆卡诺循环的效率.

解　(i) 由

$$C_{\mathscr{M}}=T\left(\frac{\partial S}{\partial T}\right)_{\mathscr{M}},\tag{1}$$

则有

$$\left(\frac{\partial C_{\mathscr{M}}}{\partial \mathscr{M}}\right)_T=T\frac{\partial^2 S}{\partial \mathscr{M}\partial T}=T\frac{\partial^2 S}{\partial T\partial \mathscr{M}}.\tag{2}$$

对各向同性顺磁固体,忽略体积变化并取单位体积,其热力学基本微分方程为

$$\mathrm{d}U=T\mathrm{d}S+\mu_0\mathscr{H}\mathrm{d}\mathscr{M}.\tag{3}$$

作勒让德变换,将变量 S 变为 T,

$$\mathrm{d}(U-TS)=-S\mathrm{d}T+\mu_0\mathscr{H}\mathrm{d}\mathscr{M},\tag{4}$$

相应的麦克斯韦关系为

$$\left(\frac{\partial S}{\partial \mathscr{M}}\right)_T=-\mu_0\left(\frac{\partial \mathscr{H}}{\partial T}\right)_{\mathscr{M}}.\tag{5}$$

将(5)式代入(2)式,得

$$\left(\frac{\partial C_{\mathscr{M}}}{\partial \mathscr{M}}\right)_T=-\mu_0T\left(\frac{\partial^2 \mathscr{H}}{\partial T^2}\right)_{\mathscr{M}}.\tag{6}$$

由居里定律(即顺磁固体的物态方程)

$$\mathscr{M}=\frac{C}{T}\mathscr{H},\tag{7}$$

或

$$\mathscr{H}=\frac{\mathscr{M}}{C}T,\tag{8}$$

由于在保持 $\mathscr{M}$ 不变的条件下,$\mathscr{H}$ 是 T 的线性函数,故

$$\left(\frac{\partial^2 \mathscr{H}}{\partial T^2}\right)_{\mathscr{M}} = 0. \tag{9}$$

代入(6)式,即得

$$\left(\frac{\partial C_{\mathscr{M}}}{\partial \mathscr{M}}\right)_T = 0. \tag{10}$$

表明 $C_{\mathscr{M}}$ 只是 T 的函数,与 $\mathscr{M}$ 无关.

读者可将本题(i)与题 2.4 及题 2.9(i)进行比较.

(ii) 由题 2.10 所求得的公式

$$C_{\mathscr{H}} - C_{\mathscr{M}} = -\mu_0 T\left(\frac{\partial \mathscr{H}}{\partial T}\right)_{\mathscr{M}}\left(\frac{\partial \mathscr{M}}{\partial T}\right)_{\mathscr{H}}, \tag{11}$$

利用物态方程(7)式,得

$$\left(\frac{\partial \mathscr{H}}{\partial T}\right)_{\mathscr{M}} = \frac{\mathscr{M}}{C} = \frac{\mathscr{H}}{T}, \tag{12}$$

$$\left(\frac{\partial \mathscr{M}}{\partial T}\right)_{\mathscr{H}} = -\frac{C\mathscr{H}}{T^2}. \tag{13}$$

将(12),(13)式代入(11)式,得

$$C_{\mathscr{H}} - C_{\mathscr{M}} = \mu_0 C\frac{\mathscr{H}^2}{T^2}. \tag{14}$$

(iii) 以$(T,\mathscr{H})$为独立变量

$$\mathrm{d}S = \left(\frac{\partial S}{\partial T}\right)_{\mathscr{H}}\mathrm{d}T + \left(\frac{\partial S}{\partial \mathscr{H}}\right)_T \mathrm{d}\mathscr{H}, \tag{15}$$

进一步需求出$\left(\frac{\partial S}{\partial T}\right)_{\mathscr{H}}$与$\left(\frac{\partial S}{\partial \mathscr{H}}\right)_T$.

由 $C_{\mathscr{H}} = T\left(\frac{\partial S}{\partial T}\right)_{\mathscr{H}}$,有

$$\left(\frac{\partial S}{\partial T}\right)_{\mathscr{H}} = \frac{C_{\mathscr{H}}}{T}, \tag{16}$$

由公式(14)

$$C_{\mathscr{H}} = C_{\mathscr{M}} + \mu_0 C\frac{\mathscr{H}^2}{T^2}, \tag{17}$$

又由(10)式,$C_{\mathscr{M}}$ 与 $\mathscr{M}$ 无关,只是 T 的函数,再按题设,得

$$C_{\mathscr{M}} = C_{\mathscr{M}}\big|_{\mathscr{M}=0} = b/T^2, \tag{18}$$

代入(17)式,得

$$C_{\mathscr{H}} = \frac{b+\mu_0 C\mathscr{H}^2}{T^2}. \tag{19}$$

现在来求$\left(\frac{\partial S}{\partial \mathscr{H}}\right)_T$. 将热力学基本微分方程(3)由变量$(S, \mathscr{M})$变换到$(T, \mathscr{H})$,即有

$$\mathrm{d}(U - TS - \mu_0 \mathscr{H}\mathscr{M}) = -S\mathrm{d}T - \mu_0 \mathscr{M}\mathrm{d}\mathscr{H}, \tag{20}$$

相应的麦克斯韦关系为

$$\left(\frac{\partial S}{\partial \mathscr{H}}\right)_T = \mu_0 \left(\frac{\partial \mathscr{M}}{\partial T}\right)_{\mathscr{H}}. \tag{21}$$

利用(7)式,即得

$$\left(\frac{\partial S}{\partial \mathscr{H}}\right)_T = -\frac{\mu_0 C\mathscr{H}}{T^2}. \tag{22}$$

将(16),(19),(22)式代入(15)式,得

$$\begin{aligned} \mathrm{d}S &= \frac{b+\mu_0 C\mathscr{H}^2}{T^3}\mathrm{d}T - \frac{\mu_0 C\mathscr{H}}{T^2}\mathrm{d}\mathscr{H} \\ &= -\mathrm{d}\left(\frac{b+\mu_0 C\mathscr{H}^2}{2T^2}\right). \end{aligned} \tag{23}$$

积分得

$$S(T, \mathscr{H}) = -\frac{1}{2T^2}(b+\mu_0 C\mathscr{H}^2) + S_0, \tag{24}$$

其中 S_0 为积分常数.

(iv) 对可逆绝热过程,系统的熵不变,即 $S=$常数. 由(24)式,即有

$$\frac{1}{T^2}(b+\mu_0 C\mathscr{H}^2) = \text{常数}, \tag{25}$$

利用物态方程(7),从(25)式中消去 T,得

$$\frac{\mathscr{M}^2}{\mathscr{H}^2}(b+\mu_0 C\mathscr{H}^2) = \text{常数}, \tag{26}$$

或

$$\mathscr{M} = A\frac{\mathscr{H}}{\sqrt{b+\mu_0 C\mathscr{H}^2}}, \tag{27}$$

其中 A 为常数. 上式就是以$(\mathscr{H}, \mathscr{M})$为变量表达的可逆绝热过程的过程方程,而(25)式是以$(T, \mathscr{H})$为变量的表达形式.

(v) 令 Q_T 代表顺磁固体在可逆等温磁化过程(磁场从 0 变到 $\mathscr{H}_0$)所吸收的热量,利用公式(24),得

$$Q_T = T\Delta S = T[S(T,\mathscr{H}_0) - S(T,0)] = -\frac{\mu_0 C}{2T^2}\mathscr{H}_0^2. \qquad (28)$$

由上式可见,$Q_T<0$,表明等温磁化为放热过程.

(vi) 将(25)式改写为

$$T \propto \sqrt{b + \mu_0 C\mathscr{H}^2}. \qquad (29)$$

令 $T_1, T_2; \mathscr{H}_1, \mathscr{H}_2$ 分别代表可逆绝热过程初态、终态的温度与磁场强度. 由(29)式,得

$$\frac{T_2}{T_1} = \left(\frac{b + \mu_0 C\mathscr{H}_2^2}{b + \mu_0 C\mathscr{H}_1^2}\right)^{1/2}. \qquad (30)$$

令 $\mathscr{H}_1 = \mathscr{H}_0, \mathscr{H}_2 = 0$,得

$$\frac{T_2}{T_1} = \left(\frac{b}{b + \mu_0 C\mathscr{H}_0^2}\right)^{1/2}. \qquad (31)$$

(31)式表明,$T_2<T_1$,亦即可逆绝热去磁将使顺磁介质的温度降低.

$$\Delta T = T_2 - T_1 = -T_1\left(1 - \sqrt{\frac{b}{b + \mu_0 C\mathscr{H}_0^2}}\right). \qquad (32)$$

(vii) 设以顺磁固体为工作物质的卡诺热机经历如下的可逆卡诺循环:

(a) 减小磁场的等温(T_1)过程(从$(T_1,\mathscr{H}_1)\to(T_1,\mathscr{H}_2)$,$\mathscr{H}_1>\mathscr{H}_2$),吸热 Q_1;

(b) 绝热降温(从$(T_1,\mathscr{H}_2)\to(T_2,\mathscr{H}_3)$);

(c) 增大磁场的等温(T_2)过程(从$(T_2,\mathscr{H}_3)\to(T_2,\mathscr{H}_4)$,$\mathscr{H}_4>\mathscr{H}_3$),吸热 Q_2($Q_2<0$,实为放热);

(d) 绝热升温,返回初态(从$(T_2,\mathscr{H}_4)\to(T_1,\mathscr{H}_1)$).

卡诺热机的效率为

$$\eta = \frac{W}{Q_1} = \frac{Q_1 - |Q_2|}{Q_1} = 1 - \frac{|Q_2|}{Q_1}, \qquad (33)$$

利用公式(24),得

$$\begin{aligned} Q_1 &= T_1\Delta S = T_1[S(T_1,\mathscr{H}_2) - S(T_1,\mathscr{H}_1)] \\ &= T_1\left\{-\frac{1}{2T_1^2}(b + \mu_0 C\mathscr{H}_2^2) + \frac{1}{2T_1^2}(b + \mu_0 C\mathscr{H}_1^2)\right\} \end{aligned}$$

$$= \frac{\mu_0 C}{2T_1}(\mathscr{H}_1^2 - \mathscr{H}_2^2), \tag{34}$$

$$Q_2 = T_2 \Delta S = T_2 [S(T_2, \mathscr{H}_4) - S(T_2, \mathscr{H}_3)]$$

$$= -\frac{\mu_0 C}{2T_2}(\mathscr{H}_4^2 - \mathscr{H}_3^2), \tag{35}$$

$$\frac{|Q_2|}{Q_1} = \frac{T_1}{T_2} \frac{(\mathscr{H}_4^2 - \mathscr{H}_3^2)}{(\mathscr{H}_1^2 - \mathscr{H}_2^2)}. \tag{36}$$

对可逆卡诺循环中的两个绝热过程,应用公式(24),得

$$\frac{1}{T_1^2}(b + \mu_0 C \mathscr{H}_1^2) = \frac{1}{T_2^2}(b + \mu_0 C \mathscr{H}_4^2), \tag{37}$$

$$\frac{1}{T_1^2}(b + \mu_0 C \mathscr{H}_2^2) = \frac{1}{T_2^2}(b + \mu_0 C \mathscr{H}_3^2). \tag{38}$$

将上两式相减,得

$$\frac{1}{T_1^2}(\mathscr{H}_1^2 - \mathscr{H}_2^2) = \frac{1}{T_2^2}(\mathscr{H}_4^2 - \mathscr{H}_3^2), \tag{39}$$

代入(36)式,即得

$$\frac{|Q_2|}{Q_1} = \frac{T_1}{T_2} \cdot \frac{T_2^2}{T_1^2} = \frac{T_2}{T_1}, \tag{40}$$

最后得

$$\eta = 1 - \frac{T_2}{T_1}. \tag{41}$$

本题是“可逆卡诺热机的效率与工作物质无关”的又一佐证.

2.12 设一物体系统具有下列性质:

(a) 在保持温度 T_0 不变下,体积由 V_0 可逆膨胀到 V 时系统对外所做的功为

$$W = RT_0 \ln \frac{V}{V_0};$$

(b) 系统的熵为

$$S = R\left(\frac{V_0}{V}\right)\left(\frac{T}{T_0}\right)^{\alpha},$$

其中 V_0, T_0, α 为常数,R 为气体常数.

求:(i) 系统的自由能;

(ii) 物态方程;

(iii) $T \neq T_0$ 时从 $V_1 \rightarrow V_2$ 的任意等温过程系统对外所做的功.

解　(i) 利用自由能与熵之间的关系

$$\left(\frac{\partial F}{\partial T}\right)_V = -S(T,V). \tag{1}$$

(1)式为偏微分方程,在保持 V 不变的条件下对 T 求积分,得

$$F(T,V) = -\int S(T,V)\mathrm{d}T + f(V), \tag{2}$$

其中 $f(V)$ 为待定的 V 的函数. 由题设

$$S = R\left(\frac{V_0}{V}\right)\left(\frac{T}{T_0}\right)^{\alpha}, \tag{3}$$

代入(2)式,积分得

$$F(T,V) = -\frac{RT_0}{\alpha+1}\left(\frac{V_0}{V}\right)\left(\frac{T}{T_0}\right)^{\alpha+1} + f(V). \tag{4}$$

为了定 $f(V)$,利用所给的功 W 的公式

$$W = RT_0 \ln\frac{V}{V_0}, \tag{5}$$

上式代表在保持 $T=T_0$ 的等温条件下,从 V_0 可逆膨胀到 V 时系统对外所做的功. 按自由能的性质,有

$$\Delta F = F(T_0,V) - F(T_0,V_0) = -W = -RT_0\ln\frac{V}{V_0}. \tag{6}$$

将(4)式代入(6)式,得

$$-\frac{RT_0}{\alpha+1}\frac{V_0}{V} + f(V) + \frac{RT_0}{\alpha+1} - f(V_0) = -RT_0\ln\frac{V}{V_0},$$

即得

$$f(V) = -\frac{RT_0}{\alpha+1}\left(1-\frac{V_0}{V}\right) - RT_0\ln\frac{V}{V_0} + f(V_0). \tag{7}$$

其中 $f(V_0)$ 为任意可加常数,它不影响自由能的性质.

将(7)式代入(4)式,最后得

$$F(T,V) = -\frac{RT_0}{\alpha+1}\frac{V_0}{V}\left[\left(\frac{T}{T_0}\right)^{\alpha+1} - 1\right] - RT_0\ln\frac{V}{V_0} + F_0. \tag{8}$$

其中已令

$$F_0 = f(V_0) - \frac{RT_0}{\alpha+1}. \tag{9}$$

(ii) 由(8)式直接微商,即得

$$p = -\left(\frac{\partial F}{\partial V}\right)_T = \frac{RT_0}{V}\left\{1 - \frac{1}{\alpha+1}\frac{V_0}{V}\left[\left(\frac{T}{T_0}\right)^{\alpha+1} - 1\right]\right\}. \quad (10)$$

(iii) 温度 $T \neq T_0$ 时,从 $V_1 \to V_2$ 的任意等温过程,系统对外所做的功为

$$W = -\Delta F = -(F(T, V_2) - F(T, V_1)), \quad (11)$$

利用(8)式,得

$$W = -\Delta F = RT_0 \ln\frac{V_2}{V_1} - \frac{RT_0}{\alpha+1}\left(\frac{V_0}{V_2} - \frac{V_0}{V_1}\right) + \frac{RT_0}{\alpha+1}\left(\frac{T}{T_0}\right)^{\alpha+1}\left(\frac{V_0}{V_2} - \frac{V_0}{V_1}\right). \quad (12)$$

第三章　相变的热力学理论

3.1　利用无穷小的变动，导出下列各平衡判据（假设总粒子数不变，且 $S>0$）：

(i) 在 U 及 V 不变的情形下，平衡态的 S 极大；

(ii) 在 S 及 V 不变的情形下，平衡态的 U 极小；

(iii) 在 S 及 U 不变的情形下，平衡态的 V 极小；

(iv) 在 H 及 p 不变的情形下，平衡态的 S 极大；

(v) 在 S 及 p 不变的情形下，平衡态的 H 极小；

(vi) 在 T 及 V 不变的情形下，平衡态的 F 极小；

(vii) 在 F 及 T 不变的情形下，平衡态的 V 极小；

(viii) 在 T 及 p 不变的情形下，平衡态的 G 极小.

解　(i) 由热力学第一定律

$$dU = đQ + đW, \tag{1}$$

对 p-V-T 系统，

$$đW = -p_e dV, \tag{2}$$

其中 p_e 代表外界对系统作用的压强. 由热力学第二定律

$$đQ \leqslant T_e dS, \tag{3}$$

其中 T_e 为热源温度. 将(2)，(3)式代入(1)式，得

$$dU \leqslant T_e dS - p_e dV. \tag{4}$$

由(4)式，在 U 及 V 不变的情形下，注意到 $T_e>0$，有

$$dS \geqslant 0. \tag{5}$$

如果开始时系统不处于平衡态，则系统将发生变化，向着熵增加的方向进行，直到熵达到极大值，系统就不能再变化了. 由此得出：一个物体系在 U 及 V 不变的情形下，平衡态的 S 极大.

(ii) 由(4)式，在 S 及 V 不变的情形下，有

$$dU \leqslant 0. \tag{6}$$

表明在 S 及 V 不变的情形下,平衡态的 U 极小.

(iii) 由(4)式,在 S 及 U 不变的情形下,有

$$dV \leqslant 0. \tag{7}$$

表明在 S 及 U 不变的情形下,平衡态的 V 极小.

(iv) 令 p 代表系统自身的压强,且设 $p_e = p$,则(4)式化为

$$dH \leqslant T_e dS + V dp, \tag{8}$$

其中 $H \equiv U + pV$ 为系统的焓. 由(8)式,在 H 及 p 不变的情形下,有

$$dS \geqslant 0. \tag{9}$$

表明在 H 及 p 不变的情形下,平衡态的熵极大.

(v) 由(8)式,在 S 及 p 不变的情形下,有

$$dH \leqslant 0. \tag{10}$$

表明在 S 及 p 不变的情形下,平衡态的 H 极小.

(vi) 令 T 代表系统自身的温度,且设 $T_e = T$,则(4)式化为

$$dF \leqslant - S dT - p_e dV, \tag{11}$$

其中 $F \equiv U - TS$ 为系统的自由能. 由(11)式,在 T 及 V 不变的情形下,有

$$dF \leqslant 0. \tag{12}$$

表明在 T 及 V 不变的情形下,平衡态的 F 极小.

(vii) 由(11)式,在 F 及 T 不变的情形下,有

$$dV \leqslant 0. \tag{13}$$

表明在 F 及 T 不变的情形下,平衡态的 V 极小.

(viii) 设 $T_e = T, p_e = p$,则(4)式化为

$$dG \leqslant - S dT + V dp, \tag{14}$$

其中 $G \equiv U - TS + pV$ 为系统的吉布斯函数. 由(14)式,在 T 及 p 不变的情形下,有

$$dG \leqslant 0. \tag{15}$$

表明在 T 及 p 不变的情形下,平衡态的 G 极小.

3.2　用内能判据导出热、力学和相变平衡条件.

解　内能判据的数学表达形式为

$$\begin{cases}\delta U = 0, \quad \delta^2 U > 0, \\ \delta S = 0, \quad \delta V = 0, \quad \delta N = 0.\end{cases} \tag{1}$$

对于推导平衡条件而言,只涉及 $\delta U=0$,不必考查 $\delta^2 U>0$.

为简化,设系统由两个均匀部分(或子系统)组成,分别代表两个相,相互接触,彼此之间可以发生能量与物质的交换,而且两个系统的体积也可以改变,但保持总的 S,V 及 N 不变. 令 $U_1,U_2;S_1,S_2;V_1,V_2;N_1,N_2$ 分别代表两个子系统的内能、熵、体积和摩尔数. 对整个系统,有

$$U = U_1 + U_2, \tag{2a}$$

$$S = S_1 + S_2, \quad V = V_1 + V_2, \quad N = N_1 + N_2. \tag{2b}$$

于是有

$$\begin{aligned}\delta U &= \sum_{\alpha=1,2} \delta U_\alpha \\ &= \sum_\alpha (T_\alpha \delta S_\alpha - p_\alpha \delta V_\alpha + \mu_\alpha \delta N_\alpha),\end{aligned} \tag{3}$$

由约束条件(2b),得

$$\delta S_2 = -\delta S_1, \quad \delta V_2 = -\delta V_1, \quad \delta N_2 = -\delta N_1. \tag{4}$$

利用(4)式,则(3)式化为

$$\delta U = (T_1 - T_2)\delta S_1 - (p_1 - p_2)\delta V_1 + (\mu_1 - \mu_2)\delta N_1. \tag{5}$$

根据内能判据,内能取极小的必要条件为 $\delta U=0$. 由于(5)式中的 $\delta S_1,\delta V_1$ 和 δN_1 均可独立改变,故得平衡条件

$$\begin{cases} T_1 = T_2, \\ p_1 = p_2, \\ \mu_1 = \mu_2. \end{cases} \tag{6}$$

3.3　从原书不等式(3.4.16)出发,选 T 和 p 为独立变量,导出稳定条件:

$$c_p > 0, \quad \frac{c_p}{T}\left(\frac{\partial v}{\partial p}\right)_T + \left(\frac{\partial v}{\partial T}\right)_p^2 < 0.$$

解　原书(3.4.16)式为

$$\delta T \delta s - \delta p \delta v > 0. \tag{1}$$

选 T,p 为独立变量,将 δs 用 δT 与 δp 展开,有

$$\delta s=\left(\frac{\partial s}{\partial T}\right)_p\delta T+\left(\frac{\partial s}{\partial p}\right)_T\delta p=\frac{c_p}{T}\delta T-\left(\frac{\partial v}{\partial T}\right)_p\delta p, \tag{2}$$

其中已用到麦克斯韦关系

$$\left(\frac{\partial s}{\partial p}\right)_T=-\left(\frac{\partial v}{\partial T}\right)_p. \tag{3}$$

同理将 δv 展开,有

$$\delta v=\left(\frac{\partial v}{\partial T}\right)_p\delta T+\left(\frac{\partial v}{\partial p}\right)_T\delta p. \tag{4}$$

将(2)与(4)式代入(1)式,得

$$\frac{c_p}{T}(\delta T)^2-2\left(\frac{\partial v}{\partial T}\right)_p\delta T\delta p-\left(\frac{\partial v}{\partial p}\right)_T(\delta p)^2>0. \tag{5}$$

上式中包含 $\delta T\delta p$ 的交叉项,这与原书(3.4.18)式不同.进一步推导需要利用关于恒正二次齐次式系数满足的必要充分条件的一个定理(定理的证明请参看主要参考书目[1],283—284 页).

定理 给定二次齐次式

$$\xi=\sum_{i,j=1}^{n}a_{ij}x_ix_j\quad (a_{ij}=a_{ji}). \tag{6}$$

要 ξ 是恒正的,就是说,对于任意的正的或负的 x_i,恒有 $\xi\geqslant 0$,而 $\xi=0$ 只有在全体 $x_i=0$ 时才可能,则系数 a_{ij} 必须而且只须满足下列条件

$$a_{11}>0,\quad \begin{vmatrix}a_{11}&a_{12}\\a_{21}&a_{22}\end{vmatrix}>0,\quad \cdots,\quad \begin{vmatrix}a_{11}&a_{12}&\cdots&a_{1n}\\a_{21}&a_{22}&\cdots&a_{2n}\\\vdots&\vdots&&\vdots\\a_{n1}&a_{n2}&\cdots&a_{nn}\end{vmatrix}>0. \tag{7}$$

现将上述定理应用于(5)式,即得

$$\frac{c_p}{T}>0, \tag{8}$$

$$\begin{vmatrix}\dfrac{c_p}{T}&-\left(\dfrac{\partial v}{\partial T}\right)_p\\-\left(\dfrac{\partial v}{\partial T}\right)_p&-\left(\dfrac{\partial v}{\partial p}\right)_T\end{vmatrix}>0. \tag{9}$$

由(8)式与(9)式,得

$$c_p > 0, \tag{10}$$

$$\frac{c_p}{T}\left(\frac{\partial v}{\partial p}\right)_T + \left(\frac{\partial v}{\partial T}\right)_p^2 < 0. \tag{11}$$

3.4　证明：

(i) $\left(\frac{\partial \mu}{\partial T}\right)_{V,N} = -\left(\frac{\partial S}{\partial N}\right)_{T,V}$；

(ii) $\left(\frac{\partial \mu}{\partial p}\right)_{T,N} = \left(\frac{\partial V}{\partial N}\right)_{T,p}$；

(iii) $\left(\frac{\partial U}{\partial N}\right)_{T,V} - \mu = -T\left(\frac{\partial \mu}{\partial T}\right)_{V,N}$.

解　(i) 由粒子数可变系统的热力学基本微分方程

$$\mathrm{d}U = T\mathrm{d}S - p\mathrm{d}V + \mu\mathrm{d}N, \tag{1}$$

作勒让德变换，将变量由 S 变换到 T，又由定义 $F \equiv U - TS$，得

$$\mathrm{d}(U - TS) = \mathrm{d}F = -S\mathrm{d}T - p\mathrm{d}V + \mu\mathrm{d}N, \tag{2}$$

即得麦克斯韦关系

$$\left(\frac{\partial \mu}{\partial T}\right)_{V,N} = -\left(\frac{\partial S}{\partial N}\right)_{T,V}. \tag{3}$$

(ii) 由(2)式，作勒让德变换，将变量 V 变换到 p，又由 $G \equiv U - TS + pV = F + pV$，得

$$\mathrm{d}(F + pV) = \mathrm{d}G = -S\mathrm{d}T + V\mathrm{d}p + \mu\mathrm{d}N, \tag{4}$$

即得麦克斯韦关系

$$\left(\frac{\partial \mu}{\partial p}\right)_{T,N} = \left(\frac{\partial V}{\partial N}\right)_{T,p}. \tag{5}$$

(iii) 由(1)式，在保持 T,V 不变下对 N 求偏微商，得

$$\begin{aligned}\left(\frac{\partial U}{\partial N}\right)_{T,V} &= T\left(\frac{\partial S}{\partial N}\right)_{T,V} + \mu \\ &= -T\left(\frac{\partial \mu}{\partial T}\right)_{V,N} + \mu,\end{aligned} \tag{6}$$

以上第二步用到公式(3).(6)式可改为

$$\left(\frac{\partial U}{\partial N}\right)_{T,V} - \mu = -T\left(\frac{\partial \mu}{\partial T}\right)_{V,N}. \tag{7}$$

3.5　令 c_β^α 为 α 相的**两相平衡比热**，其定义为：在保持 α 相与 β 相两相平衡的情形下，1 mol（或 1 g）α 相物质温度升高 1 K 所吸收

的热量.

(i) 根据上述定义,证明:

$$c_\beta^\alpha = c_p^\alpha - \frac{\lambda_{\alpha\beta}}{v^\alpha - v^\beta}\left(\frac{\partial v^\alpha}{\partial T}\right)_p,$$

及

$$c_\alpha^\beta = c_p^\beta - \frac{\lambda_{\alpha\beta}}{v^\alpha - v^\beta}\left(\frac{\partial v^\beta}{\partial T}\right)_p.$$

(ii) 证明:

$$\frac{\mathrm{d}\lambda_{\alpha\beta}}{\mathrm{d}T} = \frac{\lambda_{\alpha\beta}}{T} + c_\beta^\alpha - c_\alpha^\beta.$$

(iii) 若 α 相是蒸气,并设可近似当作理想气体;β 相是液相. 证明上述 c_β^α 的公式可以简化为

$$c_\beta^\alpha = c_p^\alpha - \frac{\lambda_{\alpha\beta}}{T}.$$

由上式可以说明饱和蒸气的两相平衡比热 c_β^α 在什么条件下是负的. 为此,设 α 相为水蒸气,β 相为水,$T=373.15\ \mathrm{K}$,$p=1\ \mathrm{atm}$. 测量的数据为($1\ \mathrm{cal}=4.18\ \mathrm{J}$)

$$v^\alpha = 1673\ \mathrm{cm^3\cdot g^{-1}},\quad \lambda_{\alpha\beta} = 539.14\ \mathrm{cal\cdot g^{-1}},$$

$$c_p^\alpha = 0.4620\ \mathrm{cal\cdot (g\cdot K)^{-1}},\quad c_p^\beta = 1.0072\ \mathrm{cal\cdot (g\cdot K)^{-1}},$$

$$\left(\frac{\partial v^\alpha}{\partial T}\right)_p = 4.813\ \mathrm{cm^3\cdot K^{-1}},\quad \left(\frac{\partial v^\beta}{\partial T}\right)_p = 0.000\,784\ \mathrm{cm^3\cdot K^{-1}}.$$

利用本题(i)的公式($v^\beta \ll v^\alpha$,可略)及以上数据计算得

$$\begin{aligned} c_\beta^\alpha &= (0.4620 - 1.5520)\ \mathrm{cal\cdot (g\cdot K)^{-1}} \\ &= -1.090\ \mathrm{cal\cdot (g\cdot K)^{-1}}, \\ c_\alpha^\beta &= (1.0072 - 0.000\,253)\ \mathrm{cal\cdot (g\cdot K)^{-1}} \\ &= 1.0069\ \mathrm{cal\cdot (g\cdot K)^{-1}}. \end{aligned}$$

水的两相平衡比热 c_α^β 与水的定压比热 c_p^β 相差很小,可以认为近似相等;但水蒸气的两相平衡比热 c_β^α 与它的定压比热 c_p^α 相差很大,c_β^α 变为负的了. 这个事实可以用来设计云室. 当饱和蒸气作绝热膨胀时,它的温度降低,由于饱和蒸气的两相平衡比热是负的,它在绝热膨胀后变为过饱和状态. 在有微尘时水蒸气以微尘为凝结核而成雾.

解　(i) 令 c_β^α 代表 α 相的两相平衡比热,它可以表为

$$c_\beta^\alpha = T\left(\frac{\partial s^\alpha}{\partial T}\right)\bigg|_{\alpha\text{-}\beta\text{平衡}}, \tag{1}$$

上式中 s^α 对 T 的偏微商是在保持 α 相与 β 相平衡的条件下完成的. 由于在保持 α-β 两相平衡时,$p=p(T)$,故有 $s^\alpha=s^\alpha(T,p(T))$. 于是(1)式可进一步写成

$$c_\beta^\alpha = T\left[\left(\frac{\partial s^\alpha}{\partial T}\right)_p + \left(\frac{\partial s^\alpha}{\partial p}\right)_T \frac{\mathrm{d}p}{\mathrm{d}T}\right]. \tag{2}$$

利用对 α 相的麦克斯韦关系

$$\left(\frac{\partial s^\alpha}{\partial p}\right)_T = -\left(\frac{\partial v^\alpha}{\partial T}\right)_p, \tag{3}$$

及克拉珀龙方程

$$\frac{\mathrm{d}p}{\mathrm{d}T} = \frac{\lambda_{\alpha\beta}}{T(v^\alpha - v^\beta)}, \tag{4}$$

则(2)式化为

$$c_\beta^\alpha = c_p^\alpha - \frac{\lambda_{\alpha\beta}}{v^\alpha - v^\beta}\left(\frac{\partial v^\alpha}{\partial T}\right)_p. \tag{5}$$

同理得

$$c_\alpha^\beta = c_p^\beta - \frac{\lambda_{\beta\alpha}}{v^\beta - v^\alpha}\left(\frac{\partial v^\beta}{\partial T}\right)_p = c_p^\beta - \frac{\lambda_{\alpha\beta}}{v^\alpha - v^\beta}\left(\frac{\partial v^\beta}{\partial T}\right)_p. \tag{6}$$

(ii) 由相变潜热的公式

$$\lambda_{\alpha\beta} = T(s^\alpha - s^\beta), \tag{7}$$

在保持 α-β 两相平衡的条件下,$s^\alpha=s^\alpha(T,p(T))$,$s^\beta=s^\beta(T,p(T))$,故 $\lambda_{\alpha\beta}$ 只是单变量 T 的函数. 将 $\lambda_{\alpha\beta}$ 对 T 求微商,得

$$\begin{aligned}\frac{\mathrm{d}\lambda_{\alpha\beta}}{\mathrm{d}T} &= (s^\alpha - s^\beta) + T\left(\frac{\partial s^\alpha}{\partial T}\right)\bigg|_{\alpha\text{-}\beta\text{平衡}} - T\left(\frac{\partial s^\beta}{\partial T}\right)\bigg|_{\alpha\text{-}\beta\text{平衡}} \\ &= \frac{\lambda_{\alpha\beta}}{T} + c_\beta^\alpha - c_\alpha^\beta.\end{aligned} \tag{8}$$

(iii) 若 α 相是蒸气,并设可近似当作理想气体;β 相是液相,则有

$$v^\alpha \gg v^\beta, \tag{9}$$

$$pv^\alpha = RT. \tag{10}$$

由(10)式得

$$\left(\frac{\partial v^{\alpha}}{\partial T}\right)_p = \frac{R}{p}. \tag{11}$$

于是(5)式化为

$$c_{\beta}^{\alpha} \approx c_p^{\alpha} - \frac{\lambda_{\alpha\beta}}{v^{\alpha}}\frac{R}{p} = c_p^{\alpha} - \frac{\lambda_{\alpha\beta}}{T}. \tag{12}$$

*$\mathbf{3.6}$ 利用下面的可逆循环过程：

(a) 在 T,p 下由 α 相转变为 β 相；

(b) 在保持 β 相与 α 相平衡的情形下，由 T,p 变为 $T+\mathrm{d}T$, $p+\mathrm{d}p$；

(c) 在 $T+\mathrm{d}T,p+\mathrm{d}p$ 下由 β 相转变为 α 相；

(d) 在保持 α 相与 β 相平衡的情形下，由 $T+\mathrm{d}T,p+\mathrm{d}p$ 回到 T,p 态.

计算每一步内能的改变和熵的改变，使整个循环过程的改变为零，即 $\sum\Delta U=0$ 和 $\sum\Delta S=0$，导出 $\mathrm{d}p/\mathrm{d}T$ 及 $\mathrm{d}\lambda/\mathrm{d}T$ 的公式：

$$\frac{\mathrm{d}p}{\mathrm{d}T} = \frac{\lambda_{\alpha\beta}}{T(v^{\alpha}-v^{\beta})},$$

$$\frac{\mathrm{d}\lambda_{\alpha\beta}}{\mathrm{d}T} = \frac{\lambda_{\alpha\beta}}{T} + C_{\beta}^{\alpha} - C_{\alpha}^{\beta}.$$

解 为了便于理解题中所设的可逆循环过程，我们以 p-v 空间气液相变为例，画出如图所示的循环过程. 为了看得清楚，已将该图放大了(实际上，(a)与(c)相距为 $\mathrm{d}p$，是微量).

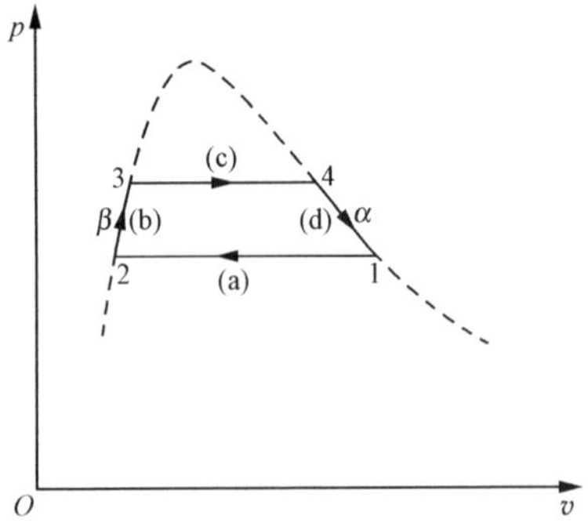

题 3.6 图

先用 $\sum \Delta S=0$，(a)—(d)各步的 ΔS 计算如下：

过程(a)是从 α 相到 β 相的相变，并保持温度为 T，压强为 p 不变：

$$\Delta S_{\mathrm{a}}=\frac{\lambda_{\beta\alpha}}{T}=-\frac{\lambda_{\alpha\beta}}{T}. \tag{1}$$

过程(b)是在保持 α-β 两相平衡的条件下，β 相的物质温度从 T 升高到 $T+\mathrm{d}T$：

$$\Delta S_{\mathrm{b}}=\int_{T}^{T+\mathrm{d}T} C_{\alpha}^{\beta}\frac{\mathrm{d}T}{T}\approx C_{\alpha}^{\beta}\frac{\mathrm{d}T}{T}\quad(\text{因 } \mathrm{d}T \text{ 是微量}). \tag{2}$$

类似(a)可计算 ΔS_{c}，需注意该相变过程保持温度于 $T+\mathrm{d}T$ 不变：

$$\begin{aligned}\Delta S_{\mathrm{c}}&=\frac{\lambda_{\alpha\beta}(T+\mathrm{d}T)}{T+\mathrm{d}T}\\&\approx\frac{1}{T}\left[\lambda_{\alpha\beta}(T)+\frac{\mathrm{d}\lambda_{\alpha\beta}}{\mathrm{d}T}\mathrm{d}T\right]\left(1-\frac{\mathrm{d}T}{T}\right)\\&\approx\frac{1}{T}\left(\lambda_{\alpha\beta}+\frac{\mathrm{d}\lambda_{\alpha\beta}}{\mathrm{d}T}\mathrm{d}T-\frac{\lambda_{\alpha\beta}}{T}\mathrm{d}T\right).\end{aligned} \tag{3}$$

以上第二步分别对 $\lambda_{\alpha\beta}(T+\mathrm{d}T)$ 及 $\left(1+\dfrac{\mathrm{d}T}{T}\right)^{-1}$ 作了泰勒展开，并只保留到一阶小量. 第三步只保留到一阶小量.

类似(b)，对(d)有

$$\Delta S_{\mathrm{d}}=\int_{T+\mathrm{d}T}^{T} C_{\beta}^{\alpha}\frac{\mathrm{d}T}{T}\approx -C_{\beta}^{\alpha}\frac{\mathrm{d}T}{T}. \tag{4}$$

其中积分是在保持 α-β 两相平衡的条件下，α 相的物质从 $T+\mathrm{d}T$ 降温至 T 的熵改变.

由于熵是态函数，经上述可逆循环过程，应有 $\sum \Delta S=0$，即

$$\Delta S_{\mathrm{a}}+\Delta S_{\mathrm{b}}+\Delta S_{\mathrm{c}}+\Delta S_{\mathrm{d}}=0, \tag{5}$$

将(1)—(4)式代入(5)式，得

$$-\frac{\lambda_{\alpha\beta}}{T}+C_{\alpha}^{\beta}\frac{\mathrm{d}T}{T}+\frac{1}{T}\left(\lambda_{\alpha\beta}+\frac{\mathrm{d}\lambda_{\alpha\beta}}{\mathrm{d}T}\mathrm{d}T-\frac{\lambda_{\alpha\beta}}{T}\mathrm{d}T\right)-C_{\beta}^{\alpha}\frac{\mathrm{d}T}{T}=0. \tag{6}$$

整理后，得

$$\frac{\mathrm{d}\lambda_{\alpha\beta}}{\mathrm{d}T}=\frac{\lambda_{\alpha\beta}}{T}+C_{\beta}^{\alpha}-C_{\alpha}^{\beta}. \tag{7}$$

现在利用内能是态函数,对循环过程有 $\sum \Delta U=0$,(a)—(d)各步相应的 ΔU 计算如下:

$$\Delta U_{\mathrm{a}}=Q_{\mathrm{a}}+W_{\mathrm{a}}\approx \lambda_{\beta\alpha}(T)-p(v^{\beta}-v^{\alpha}), \tag{8}$$

$$\Delta U_{\mathrm{b}}=Q_{\mathrm{b}}+W_{\mathrm{b}}\approx C_{\alpha}^{\beta}\mathrm{d}T \quad (W_{\mathrm{b}}\approx -\mathrm{d}p\mathrm{d}v^{\alpha}\approx 0), \tag{9}$$

$$\begin{aligned}\Delta U_{\mathrm{c}}&=Q_{\mathrm{c}}+W_{\mathrm{c}}\approx \lambda_{\alpha\beta}(T+\mathrm{d}T)-(p+\mathrm{d}p)(v^{\alpha}-v^{\beta})\\&\approx \lambda_{\alpha\beta}(T)+\frac{\mathrm{d}\lambda_{\alpha\beta}}{\mathrm{d}T}\mathrm{d}T-(p+\mathrm{d}p)(v^{\alpha}-v^{\beta}),\end{aligned} \tag{10}$$

$$\Delta U_{\mathrm{d}}=Q_{\mathrm{d}}+W_{\mathrm{d}}\approx -C_{\beta}^{\alpha}\mathrm{d}T \quad (W_{\mathrm{d}}\approx \mathrm{d}p\mathrm{d}v^{\beta}\approx 0). \tag{11}$$

由 $\sum \Delta U=0$,即

$$\Delta U_{\mathrm{a}}+\Delta U_{\mathrm{b}}+\Delta U_{\mathrm{c}}+\Delta U_{\mathrm{d}}=0, \tag{12}$$

将(8)—(11)式代入上式,得

$$\frac{\mathrm{d}\lambda_{\alpha\beta}}{\mathrm{d}T}=C_{\beta}^{\alpha}-C_{\alpha}^{\beta}+(v^{\alpha}-v^{\beta})\frac{\mathrm{d}p}{\mathrm{d}T}. \tag{13}$$

利用(7)式,上式化为

$$\frac{\mathrm{d}p}{\mathrm{d}T}=\frac{\lambda_{\alpha\beta}}{T(v^{\alpha}-v^{\beta})}. \tag{14}$$

可逆循环过程方法的关键在于设计一个可逆循环过程,通过对循环过程的公式 $\sum \Delta S=0$ 及 $\sum \Delta U=0$,把待求的热力学量计算出来. 原则上并不一定选可逆卡诺循环,本题就是一例.

还应指出,虽然为了便于理解,用了题图中气液相变的循环过程,但计算本身并不限于气液相变.

3.7 两相平衡共存系统的 C_p,α 和 κ_T 都是无穷大,试说明之.

解 由

$$C_p=T\left(\frac{\partial S}{\partial T}\right)_p, \tag{1}$$

$$\alpha=\frac{1}{V}\left(\frac{\partial V}{\partial T}\right)_p, \tag{2}$$

$$\kappa_T=-\frac{1}{V}\left(\frac{\partial V}{\partial p}\right)_T \tag{3}$$

诸式可以看出,在两相平衡时,强度量 T 与 p 保持不变,但此时两相物质的数量可以改变:物质从一相转变到另一相(一相物质的减少必

为另一相物质的增加)，亦即系统的 S 与 V 可以改变.

从(1)—(3)式可以看出，分子发生有限大小的改变，而分母不变. 因而 C_p，α，κ_T 均趋于无穷大.

以上是对一级相变而言的(对二级相变，在相变点处 S 与 V 是连续的，上述诸量在相变点的行为将不同，详见原书§3.9).

3.8 证明范德瓦耳斯气体在 $T<T_c$ 的 p-v 等温线上的极小点 M 与极大点 N 的轨迹为

$$pv^3 = a(v-2b).$$

解 由范德瓦耳斯方程

$$\left(p+\frac{a}{v^2}\right)(v-b) = RT, \tag{1}$$

或

$$p = \frac{RT}{v-b} - \frac{a}{v^2}, \tag{2}$$

等温线的极大点与极小点均满足

$$\left(\frac{\partial p}{\partial v}\right)_T = 0. \tag{3}$$

将(2)式代入(3)式，得

$$-\frac{RT}{(v-b)^2} + \frac{2a}{v^3} = 0, \tag{4}$$

或

$$\frac{RT}{v-b} = \frac{2a}{v^3}(v-b). \tag{5}$$

再利用物态方程(2)，从(5)式中消去 T，得

$$\left(p+\frac{a}{v^2}\right) = \frac{2a}{v^3}(v-b), \tag{6}$$

经简单运算，得

$$pv^3 = a(v-2b). \tag{7}$$

第四章　多元系的复相平衡与化学平衡　热力学第三定律

4.1　若把 U 作为独立变量 $T,V,N_1,\cdots,N_k$ 的函数，证明：

(i) $u_i=\left(\frac{\partial U}{\partial N_i}\right)_{T,V,\{N_{j\neq i}\}}+v_i\left(\frac{\partial U}{\partial V}\right)_{T,\{N_i\}}$，

其中 u_i 及 v_i 为偏摩尔内能及偏摩尔体积，即

$$u_i=\left(\frac{\partial U}{\partial N_i}\right)_{T,p,\{N_{j\neq i}\}},\quad v_i=\left(\frac{\partial V}{\partial N_i}\right)_{T,p,\{N_{j\neq i}\}}.$$

(ii) 此时欧拉定理为

$$U=\sum N_i\left(\frac{\partial U}{\partial N_i}\right)_{T,V,\{N_{j\neq i}\}}+V\left(\frac{\partial U}{\partial V}\right)_{T,\{N_i\}}.$$

解　(i) 若把 U 作为独立变量 $T,V,N_1,\cdots,N_k$ 的函数，即

$$U=U(T,V,N_1,\cdots,N_k). \tag{1}$$

注意到偏摩尔量是以 $T,p,N_1,\cdots,N_k$ 为独立变量定义的. 利用物态方程的下列表达形式

$$V=V(T,p,N_1,\cdots,N_k), \tag{2}$$

则 U 可表为如下的复合函数形式

$$U=U(T,V(T,p,N_1,\cdots,N_k),N_1,\cdots,N_k). \tag{3}$$

按偏摩尔内能定义，有

$$\begin{aligned}u_i&\equiv\left(\frac{\partial U}{\partial N_i}\right)_{T,p,\{N_{j\neq i}\}}\\&=\left(\frac{\partial U}{\partial N_i}\right)_{T,V,\{N_{j\neq i}\}}+\left(\frac{\partial U}{\partial V}\right)_{T,\{N_i\}}\left(\frac{\partial V}{\partial N_i}\right)_{T,p,\{N_{j\neq i}\}}\\&=\left(\frac{\partial U}{\partial N_i}\right)_{T,V,\{N_{j\neq i}\}}+v_i\left(\frac{\partial U}{\partial V}\right)_{T,\{N_i\}}.\end{aligned} \tag{4}$$

以上第二步用到复合函数微商法则，第三步用到偏摩尔体积的定

义式

$$v_i \equiv \left(\frac{\partial V}{\partial N_i}\right)_{T,p,\{N_{j\neq i}\}}. \tag{5}$$

(ii) 由于 $U=U(T,V,N_1,\cdots,N_k)$ 中，$U,V,N_1,\cdots,N_k$ 均为广延量，故有

$$U(T,\lambda V,\lambda N_1,\cdots,\lambda N_k) = \lambda U(T,V,N_1,\cdots,N_k). \tag{6}$$

将上式两边对 λ 求偏微商，然后令 $\lambda=1$，即得

$$V\left(\frac{\partial U}{\partial V}\right)_{T,\{N_i\}} + \sum_i N_i\left(\frac{\partial U}{\partial N_i}\right)_{T,V,\{N_{j\neq i}\}} = U(T,V,N_1,\cdots,N_k). \tag{7}$$

4.2 证明 $\mu_i(T,p,N_1,\cdots,N_k)$是 $N_1,\cdots,N_k$ 的零次齐次函数，并导出

$$\sum_j N_j\left(\frac{\partial \mu_i}{\partial N_j}\right)_{T,p,\{N_{l\neq j}\}} = 0 \quad 及 \quad \sum_j N_j\left(\frac{\partial \mu_j}{\partial N_i}\right)_{T,p,\{N_{l\neq i}\}} = 0.$$

其中$\{N_{l\neq i}\}\equiv(N_1,\cdots,N_{l-1},N_{l+1},\cdots,N_k)$.

解 由于 G 是 $T,p,N_1,\cdots,N_k$ 的一次齐次函数，即有

$$G(T,p,\lambda N_1,\cdots,\lambda N_k) = \lambda G(T,p,N_1,\cdots,N_k). \tag{1}$$

利用欧拉定理，上式左方与右方分别可表为

$$G(T,p,\lambda N_1,\cdots,\lambda N_k) = \sum_i \lambda N_i \mu_i(T,p,\lambda N_1,\cdots,\lambda N_k), \tag{2}$$

$$\lambda G(T,p,N_1,\cdots,N_k) = \lambda\sum_i N_i\mu_i(T,p,N_1,\cdots,N_k). \tag{3}$$

将(2),(3)式代入(1)式，消去因子 λ，则得

$$\sum_i N_i\mu_i(T,p,\lambda N_1,\cdots,\lambda N_k) = \sum_i N_i\mu_i(T,p,N_1,\cdots,N_k). \tag{4}$$

由于 $N_1,\cdots,N_k$ 为独立变量，上式成立必须求和中每一项均相等，即

$$\mu_i(T,p,\lambda N_1,\cdots,\lambda N_k) = \mu_i(T,p,N_1,\cdots,N_k) \quad (i=1,2,\cdots,k). \tag{5}$$

根据定义，上式即表示 $\mu_i(T,p,N_1,\cdots,N_k)$是 $N_1,\cdots,N_k$ 的零次齐次函数.

对(5)式，应用欧拉定理，得

$$\sum_j N_j\left(\frac{\partial \mu_i}{\partial N_j}\right)_{T,p,\{N_{l\neq j}\}} = 0 \quad (i=1,2,\cdots,k). \tag{6}$$

注意到

$$\begin{aligned}\left(\frac{\partial\mu_i}{\partial N_j}\right)_{T,p,\{N_{l\neq j}\}} &= \frac{\partial}{\partial N_j}\bigg|_{T,p,\{N_{l\neq j}\}}\left(\frac{\partial G}{\partial N_i}\right)_{T,p,\{N_{l\neq i}\}}\\ &= \frac{\partial}{\partial N_i}\bigg|_{T,p,\{N_{l\neq i}\}}\left(\frac{\partial G}{\partial N_j}\right)_{T,p,\{N_{l\neq j}\}}\\ &= \left(\frac{\partial\mu_j}{\partial N_i}\right)_{T,p,\{N_{l\neq i}\}},\end{aligned} \tag{7}$$

以上第二步利用了二次微商可交换次序：

$$\frac{\partial^2}{\partial N_j\partial N_i} = \frac{\partial^2}{\partial N_i\partial N_j}. \tag{8}$$

于是(6)式又可表为

$$\sum_j N_j\left(\frac{\partial\mu_j}{\partial N_i}\right)_{T,p,\{N_{l\neq i}\}} = 0 \quad (i = 1,2,\cdots,k). \tag{9}$$

4.3 证明对多元均匀系，$\Xi \equiv G - F$ 所相应的热力学基本方程为

$$\mathrm{d}\Xi = S\mathrm{d}T + p\mathrm{d}V + \sum_i N_i\mathrm{d}\mu_i,$$

并证明 Ξ 是以 $T,V,\mu_1,\cdots,\mu_k$ 为独立变量的特性函数.

解 由 $T,V,N_1,\cdots,N_k$ 为自然变量的热力学基本微分方程

$$\mathrm{d}F = -S\mathrm{d}T - p\mathrm{d}V + \sum_i \mu_i\mathrm{d}N_i \tag{1}$$

出发，作勒让德变换，将变量 $\{N_i\}$ 变换到 $\{\mu_i\}$，得

$$\mathrm{d}\Big(F - \sum_i \mu_i N_i\Big) = \mathrm{d}(F - G) = -S\mathrm{d}T - p\mathrm{d}V - \sum_i N_i\mathrm{d}\mu_i. \tag{2}$$

由定义 $\Xi \equiv G - F$，故(2)式用 Ξ 表达的形式为

$$\mathrm{d}\Xi = S\mathrm{d}T + p\mathrm{d}V + \sum_i N_i\mathrm{d}\mu_i. \tag{3}$$

现在来证明 $\Xi = \Xi(T,V,N_1,\cdots,N_k)$ 是特性函数. 由(3)式，有

$$S = \left(\frac{\partial\Xi}{\partial T}\right)_{V,\{\mu_i\}} = S(T,V,\mu_1,\cdots,\mu_k), \tag{4}$$

$$p = \left(\frac{\partial\Xi}{\partial V}\right)_{T,\{\mu_i\}} = p(T,V,\mu_1,\cdots,\mu_k), \tag{5}$$

$$N_1=\left(\frac{\partial \Xi}{\partial \mu_1}\right)_{T,V,\{\mu_j\neq 1\}}=N_1(T,V,\mu_1,\cdots,\mu_k),\tag{6.1}$$

$$\vdots \qquad\qquad \vdots$$

$$N_k=\left(\frac{\partial \Xi}{\partial \mu_k}\right)_{T,V,\{\mu_{j\neq k}\}}=N_k(T,V,\mu_1,\cdots,\mu_k).\tag{6.k}$$

由(6.1)—(6.k)式这 k 个函数关系,可以确定 $\mu_1,\cdots,\mu_k$ 作为 $T,V,N_1,\cdots,N_k$ 的函数,即可表为

$$\mu_1=\mu_1(T,V,N_1,\cdots,N_k),\tag{7.1}$$

$$\vdots \qquad\qquad \vdots$$

$$\mu_k=\mu_k(T,V,N_1,\cdots,N_k).\tag{7.k}$$

将(7.1)—(7.k)式代入(4)与(5)式,即确定了 S 与 p 作为 $T,V,N_1,\cdots,N_k$ 的函数.

又由(7.1)—(7.k)式,得

$$G=\sum_i N_i\mu_i,\quad \Rightarrow\quad G=G(T,V,N_1,\cdots,N_k),\tag{8}$$

最后,由(4),(5)及(8)式,得

$$U=G+TS-pV,\quad \Rightarrow\quad U=U(T,V,N_1,\cdots,N_k).\tag{9}$$

于是,三个基本热力学函数(物态方程、内能及熵)作为 $T,V,N_1,\cdots,N_k$ 的函数均已确定,从而 $\Xi=\Xi(T,V,N_1,\cdots,N_k)$是特性函数得证.

4.4 由混合理想气体的吉布斯函数 G 的公式(4.5.9),求出 F 作为 $T,V,N_1,\cdots,N_k$ 的函数:

$$F=\sum_i N_iRT\left\{\varphi_i(T)-1+\ln\frac{N_iRT}{V}\right\}.$$

解 以 $T,p,N_1,\cdots,N_k$ 为独立变量的热力学基本微分方程为

$$\mathrm{d}G=-S\mathrm{d}T+V\mathrm{d}p+\sum_i\mu_i\mathrm{d}N_i.\tag{1}$$

又已知混合理想气体的吉布斯函数为

$$G=\sum_i N_iRT\{\varphi_i(T)+\ln(x_ip)\},\tag{2}$$

由(1),(2)式得

$$V=\left(\frac{\partial G}{\partial p}\right)_{T,\{N_i\}}=\sum_i N_iRT\frac{1}{p},$$

或

$$pV = \left(\sum_i N_i\right)RT = NRT \quad \left(N = \sum_i N_i\right). \tag{3}$$

由(2),(3)式得

$$F = G - pV = \sum_i N_i RT\{\varphi_i(T) - 1 + \ln(x_i p)\}. \tag{4}$$

因

$$x_i p = \frac{N_i}{N} \cdot \frac{NRT}{V} = \frac{N_i RT}{V}, \tag{5}$$

于是(4)式化为

$$F = \sum_i N_i RT\left\{\varphi_i(T) - 1 + \ln\frac{N_i RT}{V}\right\}. \tag{6}$$

4.5 隔板将一绝热容器分成体积为 V_1 与 V_2 的两部分,分别装有 N_1 mol 与 N_2 mol 的理想气体. 设两边气体的温度同为 T,压强分别为 p_1 与 p_2($p_1 \neq p_2$). 今将隔板抽去.

(i) 求气体混合达到平衡后的压强;

(ii) 如果两种气体是不同的,计算混合后的熵变;

(iii) 如果两种气体是相同的,计算混合后的熵变.

解 (i) 把两部分气体看成一个系统,气体的混合过程中既不从外界吸热,外界也没有做功,即过程满足

$$\begin{cases} Q = 0, \\ W = 0, \end{cases} \tag{1}$$

因而系统的内能不变,即

$$\Delta U = 0. \tag{2}$$

又初态为两部分理想气体,终态为混合理想气体,总内能都只是 T 的函数,故由(2)式,即得

$$\Delta T = 0. \tag{3}$$

亦即混合过程完成后,终态的温度与初态温度相等.(无需管中间过程. 当 $p_1 \neq p_2$ 时,中间过程是非平衡态,温度是不均匀的,整个系统没有统一的温度.)

终态为混合理想气体,其物态方程为

$$p = \frac{N_1 + N_2}{V}RT \quad (V = V_1 + V_2). \tag{4}$$

用初态下两部分气体的压强 p_1 与 p_2 表达,(4)式可写成

$$\begin{aligned} p &= \frac{N_1RT}{V}+\frac{N_2RT}{V} \\ &= \frac{V_1}{V}\frac{N_1RT}{V_1}+\frac{V_2}{V}\frac{N_2RT}{V_2} \\ &= \frac{N_1}{V}p_1+\frac{N_2}{V}p_2. \end{aligned} \tag{5}$$

若 $p_1=p_2$,则 $p=p_1=p_2$,即混合后的压强与初态的相同;若 $p_1\neq p_2$,一般而言 p 与 p_1,p_2 均不相等.

(ii) 令 S_i 代表混合前初态的熵,它是两部分化学纯理想气体的熵之和.利用原书公式(2.5.16),得

$$S_i=S_1+S_2=\sum_{j=1,2}N_j\left\{\int c_{p_j}\frac{dT}{T}-R\ln p_j+s_{j0}\right\}. \tag{6}$$

终态为混合理想气体,由原书公式(4.5.11),终态的熵 S_f 为

$$S_f=\sum_{j=1,2}N_j\left\{\int c_{p_j}\frac{dT}{T}-R\ln(x_jp)+s_{j0}\right\}. \tag{7}$$

于是有

$$\Delta S=S_f-S_i=N_1R\ln\frac{p_1}{x_1p}+N_2R\ln\frac{p_2}{x_2p}, \tag{8}$$

$$x_jp=\frac{N_j}{N}p=\frac{N_j}{N}\frac{NRT}{V}=\frac{V_j}{V}\frac{N_jRT}{V_j}=\frac{V_j}{V}p_j, \tag{9}$$

即有

$$x_1p=\frac{V_1}{V}p_1,\quad x_2p=\frac{V_2}{V}p_2, \tag{10}$$

或

$$\frac{p_1}{x_1p}=\frac{V}{V_1}=\frac{V_1+V_2}{V_1},\quad \frac{p_2}{x_2p}=\frac{V}{V_2}=\frac{V_1+V_2}{V_2}. \tag{11}$$

将(11)式代入(8)式,得

$$\Delta S=N_1R\ln\frac{V_1+V_2}{V_1}+N_2R\ln\frac{V_1+V_2}{V_2}. \tag{12}$$

(iii) 对于两种气体是相同的情形,初态的熵为

$$S_i=N_1\left\{\int c_p\frac{dT}{T}-R\ln p_1+s_{10}\right\}+N_2\left\{\int c_p\frac{dT}{T}-R\ln p_2+s_{20}\right\}, \tag{13}$$

其中 $c_p \equiv c_{p_1} = c_{p_2}$. 今终态的熵是压强为 p 的化学纯理想气体,形式上可表为

$$S_{\mathrm{f}} = N_1\left\{\int c_p \frac{\mathrm{d}T}{T} - R\ln p + s_{10}\right\} + N_2\left\{\int c_p \frac{\mathrm{d}T}{T} - R\ln p + s_{20}\right\}. \tag{14}$$

于是

$$\Delta S = S_{\mathrm{f}} - S_{\mathrm{i}} = N_1 R\ln\frac{p_1}{p} + N_2 R\ln\frac{p_2}{p}. \tag{15}$$

由(10)式,

$$\frac{N_1}{N}p = \frac{V_1}{V}p_1, \quad \frac{N_2}{N}p = \frac{V_2}{V}p_2, \tag{16}$$

亦即

$$\frac{p_1}{p} = \frac{V}{N}\frac{N_1}{V_1}, \quad \frac{p_2}{p} = \frac{V}{N}\frac{N_2}{V_2}. \tag{17}$$

将(17)式代入(15)式,得

$$\begin{aligned}\Delta S &= N_1 R\ln\left(\frac{V}{N}\cdot\frac{N_1}{V_1}\right) + N_2 R\ln\left(\frac{V}{N}\cdot\frac{N_2}{V_2}\right)\\ &= (N_1 + N_2)R\ln\frac{V_1 + V_2}{N_1 + N_2} - N_1 R\ln\frac{V_1}{N_1} - N_2 R\ln\frac{V_2}{N_2}.\end{aligned} \tag{18}$$

若初态 $p_1 = p_2$,则 $p = p_1 = p_2$,由(15)式,即得

$$\Delta S = 0. \tag{19}$$

这是预料之中的结果.因为对同一种气体,且 $p_1 = p_2$,在热力学定义下,隔板抽开并未发生任何变化,故 $\Delta S = 0$.这与(12)式两种气体混合后熵增加完全不同.

4.6 对于理想气体的化学反应 $\sum_i \nu_i \mathrm{A}_i = 0$,用分压表达的质量作用定律为 $\prod_i p_i^{\nu_i} = K_p$.试由此出发,

(i) 导出用组元的摩尔浓度 $c_i = N_i/V$ 表达的质量作用定律的形式

$$\prod_i c_i^{\nu_i} = K_c, \quad K_c \equiv (RT)^{-\nu}K_p \quad \left(\nu = \sum_i \nu_i\right),$$

其中 K_c 称为**定容平衡恒量**,它只是温度的函数;

(ii) 导出用组元的摩尔分数 $x_i = N_i/N$ 表达的质量作用定律的形式

$$\prod_i x_i^{\nu_i} = K, \quad K \equiv p^{-\nu} K_p \quad \left(\nu = \sum_i \nu_i\right),$$

其中 K 称为**平衡恒量**. 一般而言, K 是温度与压强的函数.

通常 $K_p \neq K_c \neq K$, 但对 $\nu = \sum_i \nu_i = 0$ 的化学反应, 上述三个平衡恒量相等, 即

$$K_p = K_c = K,$$

并且仅是温度的函数.

解　(i) 由

$$\prod_i p_i^{\nu_i} = K_p, \tag{1}$$

将分压 p_i 用摩尔浓度 c_i 表达,

$$p_i = x_i p = \frac{N_i}{N} p = \frac{N_i}{V} \frac{pV}{N} = c_i RT. \tag{2}$$

(2)式代入(1)式, 得

$$\prod_i p_i^{\nu_i} = (RT)^{\sum_i \nu_i} \prod_i c_i^{\nu_i} = K_p. \tag{3}$$

令 $\nu = \sum_i \nu_i$, 则(3)式化为

$$\prod_i c_i^{\nu_i} = (RT)^{-\nu} K_p \equiv K_c, \tag{4}$$

K_c 称为定容平衡恒量. 因 K_p 只是温度的函数, 由 K_c 的定义可以看出, K_c 也只是温度的函数.

(ii) 将 $p_i = x_i p$ 代入(1)式,

$$\prod_i p_i^{\nu_i} = p^{\sum_i \nu_i} \prod_i x^{\nu_i} = p^{\nu} \prod_i x_i^{\nu_i} = K_p, \tag{5}$$

或

$$\prod_i x_i^{\nu_i} = p^{-\nu} K_p \equiv K, \tag{6}$$

K 称为平衡恒量. 一般而言, K 是 T 与 p 的函数. 只有对

$$\nu = \sum_i \nu_i = 0 \tag{7}$$

的化学反应, 亦即分子总数不变的化学反应, 才有

$$K_p = K_c = K. \tag{8}$$

即对 $\nu = 0$ 的化学反应, 三种平衡恒量相等, 并且仅是 T 的函数.

4.7 碘化氢的分解反应为

$$H_2 + I_2 - 2HI = 0,$$

实验测得该反应的平衡恒量 K 用下式表示

$$\lg K = -\frac{540.4}{T} + 0.503\lg T - 2.350,$$

设在最初未发生分解时,除有 N_0 mol 的 HI 外,还同时有 αN_0 mol 的 H_2(这个问题称为有多余氢存在下 HI 的分解问题),又设 I_2 不分解. 试比较 $\alpha=0$ 与 $\alpha=1$ 两种情形在 $T=500$ K,1000 K,1500 K 时的分解度 ξ.

解 对 HI 分解反应

$$H_2 + I_2 - 2HI = 0, \tag{1}$$

有

$$A_1 = H_2,\quad A_2 = I_2,\quad A_3 = HI,$$
$$\nu_1 = 1,\quad \nu_2 = 1,\quad \nu_3 = -2.$$

令 ξ 代表 HI 分解反应的反应度,其定义为

$$\xi \equiv \frac{\text{反应达到平衡时已分解的 HI 的摩尔数}}{\text{初始 HI 的摩尔数}}. \tag{2}$$

已知 N_0 为初始时 HI 的摩尔数,则当反应达到平衡时,

$$\begin{cases} \text{已分解 HI 的摩尔数为} & \xi N_0, \\ \text{生成物 } H_2 \text{ 的摩尔数为} & N_1 = \dfrac{1}{2}\xi N_0 + \alpha N_0, \\ \text{生成物 } I_2 \text{ 的摩尔数为} & N_2 = \dfrac{1}{2}\xi N_0, \\ \text{反应物 HI 的摩尔数为} & N_3 = (1-\xi)N_0. \end{cases} \tag{3}$$

反应达到平衡时总摩尔数为

$$\begin{aligned} N &= N_1 + N_2 + N_3 \\ &= \left(\frac{\xi}{2} + \alpha\right)N_0 + \frac{1}{2}\xi N_0 + (1-\xi)N_0 \\ &= (1+\alpha)N_0, \end{aligned} \tag{4}$$

相应的各组元的摩尔分数为

$$x_1 = \frac{N_1}{N} = \frac{\frac{1}{2}\xi + \alpha}{1+\alpha},\quad x_2 = \frac{N_2}{N} = \frac{\frac{1}{2}\xi}{1+\alpha},\quad x_3 = \frac{N_3}{N} = \frac{1-\xi}{1+\alpha}. \tag{5}$$

对 HI 的分解反应,有

$$\nu = \sum_i \nu_i = 0. \tag{6}$$

按题 4.6,用 x_i 表达的质量作用定律为

$$\frac{x_1 x_2}{x_3^2} = K. \tag{7}$$

将(5)式代入(7)式,得

$$\frac{\left(\frac{1}{2}\xi + \alpha\right)\frac{1}{2}\xi}{(1-\xi)^2} = K, \tag{8}$$

整理后,得确定 ξ 的二次方程

$$(1-4K)\xi^2 + (2\alpha + 8K)\xi - 4K = 0. \tag{9}$$

解得

$$\xi = \frac{1}{2(1-4K)}\left\{-(2\alpha+8K) \pm \sqrt{(2\alpha+8K)^2 + 16K(1-4K)}\right\}. \tag{10}$$

因为 ξ 不可能为负,故上式中的"±"必须选"+".最后得

$$\xi = \frac{1}{2(1-4K)}\left\{-(2\alpha+8K) + \sqrt{(2\alpha+8K)^2 + 16K(1-4K)}\right\}. \tag{11}$$

若 $\alpha=0$,则有

$$\xi = \frac{1}{2(1-4K)}\left\{-8K + \sqrt{16K}\right\}. \tag{12}$$

若 $\alpha=1$,则有

$$\xi = \frac{1}{2(1-4K)}\left\{-(2+8K) + \sqrt{4+48K}\right\}. \tag{13}$$

以下是根据本题所给平衡恒量 K 的公式数值计算的结果:

	$\alpha=0$			$\alpha=1$		
T/K	500	1000	1500	500	1000	1500
ξ	0.155	0.290	0.357	0.0158	0.0696	0.115

4.8 在某些星体的大气层中存在下列金属蒸气的热电离过程:

$$A \rightleftharpoons A^+ + e^-,$$

其中 A,A^+ 与 e^- 分别代表中性原子、正离子和电子.设这三种组元构成的气体可以当作混合理想气体.又已知上述反应相应的定压平衡恒量可表为

$$K_p = CT^{5/2} e^{-W/RT},$$

其中 C 为常数,W 为电离能,R 为气体常数.试求电离度 α 与温度 T 及总压强 p 的关系.

电离度 α 的定义为:

$$\alpha \equiv \frac{\text{反应达到平衡时已电离原子 A 的摩尔数}}{\text{初始时原子 A 的摩尔数}}.$$

注:由于 $A \longrightarrow A^+ + e$(也称为一次电离)的电离能远小于二次电离 $A^+ \longrightarrow A^{++} + e$ 及更高次电离的电离能,作为近似,可以忽略二次及高次电离过程.

解　将热电离过程写成标准的反应方程的形式

$$A^+ + e^- - A = 0, \tag{1}$$

相应有

$$\begin{cases} A_1 = A^+, \quad A_2 = e^-, \quad A_3 = A, \\ \nu_1 = 1, \quad \nu_2 = 1, \quad \nu_3 = -1. \end{cases} \tag{2}$$

令 α 代表电离度,则反应达到平衡时各组元的摩尔数分别为

$$\begin{cases} N_1 = \alpha N_0, \\ N_2 = \alpha N_0, \\ N_3 = (1-\alpha) N_0. \end{cases} \tag{3}$$

于是有

$$N = N_1 + N_2 + N_3 = (1+\alpha) N_0, \tag{4}$$

$$x_1 = x_2 = \frac{\alpha N_0}{(1+\alpha) N_0} = \frac{\alpha}{1+\alpha}, \quad x_3 = \frac{(1-\alpha) N_0}{(1+\alpha) N_0} = \frac{1-\alpha}{1+\alpha}. \tag{5}$$

将(5)式代入质量作用定律

$$\frac{(x_1 p)(x_2 p)}{x_3 p} = K_p, \tag{6}$$

得

$$\frac{\alpha^2}{1-\alpha^2} = K_p / p, \tag{7}$$

解得

$$\alpha=\left(\frac{K_p}{p+K_p}\right)^{\frac{1}{2}}. \tag{8}$$

将已知的

$$K_p=CT^{5/2}\mathrm{e}^{-W/RT} \tag{9}$$

代入(8)式，最后得

$$\alpha=\left(\frac{CT^{5/2}\mathrm{e}^{-W/RT}}{p+CT^{5/2}\mathrm{e}^{-W/RT}}\right)^{\frac{1}{2}}. \tag{10}$$

*4.9　令 $Q=-\Delta H$ 代表等温等压下化学反应过程所放出的热量，由

$$\left(\frac{\partial Q}{\partial T}\right)_p=-\frac{\partial}{\partial T}\Delta H=-\Delta\left(\frac{\partial H}{\partial T}\right)_p=-\Delta C_p,$$

求积分即得

$$Q=Q_0-\int_0^T\Delta C_p\mathrm{d}T.$$

(i) 利用原书公式(4.7.6)

$$Q=A-T\frac{\partial A}{\partial T}=-T^2\frac{\partial}{\partial T}\frac{A}{T},$$

在保持压强不变下求积分，证明

$$A=Q_0-T\int_0^T\frac{Q-Q_0}{T^2}\mathrm{d}T.$$

(ii) 已知在 $T\approx0$ 时，非金属固体有 $C_p=\alpha T^3$，金属固体有 $C_p=\beta T$(α,β 为常数). 试证明 Q 与 A 两个量与 T 构成的函数关系曲线在 $T\approx0$ 时位于公共水平切线不同的两侧，数学上就是要证明在 $T\approx0$ 时有

$$\frac{\partial Q}{\partial T}\approx-b\frac{\partial A}{\partial T},$$

其中 b 为正常数.

解　(i) 为了便于引用，将上面给出的两个公式编号：

$$\left(\frac{\partial Q}{\partial T}\right)_p=-\Delta C_p, \tag{1}$$

$$Q=Q_0-\int_0^T\Delta C_p\mathrm{d}T. \tag{2}$$

(2)式中的积分是在保持 p 不变下完成的,Q_0 是 Q 在 $T\to 0$ 时的值,或简记为

$$Q_0 \equiv Q(T=0,p)=Q_0(p). \tag{3}$$

Q_0 只是 p 的函数.

由原书公式(4.7.6)

$$Q=A-T\frac{\partial A}{\partial T}=-T^2\frac{\partial}{\partial T}\frac{A}{T}, \tag{4}$$

其中 $A\equiv -\Delta G$ 称为化学亲和势.(4)式可改写为

$$\frac{\partial}{\partial T}\frac{A}{T}=-\frac{Q}{T^2}. \tag{5}$$

注意上式左方是在 p 不变下的偏微商,在同样条件下求积分,得

$$\frac{A}{T}=-\int\frac{Q}{T^2}\mathrm{d}T. \tag{6}$$

将(2)式代入上式,得

$$\begin{aligned}\frac{A}{T}&=-\int\frac{Q_0}{T^2}\mathrm{d}T-\int\frac{\mathrm{d}T}{T^2}\left\{-\int_0^T\Delta C_p\mathrm{d}T'\right\}\\&=\frac{Q_0}{T}-\int_0^T\frac{Q-Q_0}{T^2}\mathrm{d}T+C.\end{aligned} \tag{7}$$

以上第二步再次用到(2)式,并将积分改成定积分,因此出现积分常数 C. 由于 Q_0 是 Q 在 $T\to 0$ 时的极限,(7)式第二项的积分在下端是收敛的. 为了确定积分常数 C,取 $T\to 0$ 极限,则(7)式第二项变为零,得

$$C=\lim_{T\to 0}\frac{A-Q_0}{T}. \tag{8}$$

由原书公式(4.7.8)

$$A_0\equiv\lim_{T\to 0}A=Q_0\equiv\lim_{T\to 0}Q. \tag{9}$$

(8)式是 $\frac{0}{0}$ 的不定式,应用微分学求不定式的洛毕达法则,得

$$C=\lim_{T\to 0}\frac{\partial A}{\partial T}\equiv\left(\frac{\partial A}{\partial T}\right)_0=0. \tag{10}$$

最后一步用到相切假设. 于是(7)式最后可表为

$$A=Q_0-T\int_0^T\frac{Q-Q_0}{T^2}\mathrm{d}T. \tag{11}$$

(ii) 按题设,在 $T\approx 0$ 时,

$$C_p = \alpha T^3 \quad (\text{非金属固体}), \tag{12a}$$

$$C_p = \beta T \quad (\text{金属固体}). \tag{12b}$$

由此,在 $T\approx 0$ 时,在等温等压下固相化学反应所引起的 ΔC_p 可以表为

$$\Delta C_p = \alpha' T^3 \quad (\text{非金属固体}), \tag{13a}$$

$$\Delta C_p = \beta' T \quad (\text{金属固体}), \tag{13b}$$

其中 α',β' 为常数.将(13a),(13b)式代入(2)式,积分得

$$Q = Q_0 - \frac{1}{4}\alpha' T^4 \quad (\text{非金属固体}), \tag{14a}$$

$$Q = Q_0 - \frac{1}{2}\beta' T^2 \quad (\text{金属固体}). \tag{14b}$$

将(14a),(14b)式代入(11)式,积分得

$$A = Q_0 + \frac{\alpha'}{12} T^4 \quad (\text{非金属固体}), \tag{15a}$$

$$A = Q_0 + \frac{\beta'}{2} T^2 \quad (\text{金属固体}). \tag{15b}$$

由(14a)与(15a)式,当 $T\approx 0$ 时,对非金属固体,有

$$\begin{cases} \dfrac{\partial Q}{\partial T} = -\alpha' T^3, \\ \dfrac{\partial A}{\partial T} = \dfrac{\alpha'}{3} T^3. \end{cases} \tag{16}$$

得

$$\frac{\partial Q}{\partial T} = -3\frac{\partial A}{\partial T} \quad (\text{非金属固体}). \tag{17}$$

同理,由(14b)与(15b)式,当 $T\approx 0$ 时,对金属固体,有

$$\begin{cases} \dfrac{\partial Q}{\partial T} = -\beta' T, \\ \dfrac{\partial A}{\partial T} = \beta' T. \end{cases} \tag{18}$$

得

$$\frac{\partial Q}{\partial T} = -\frac{\partial A}{\partial T} \quad (\text{金属固体}). \tag{19}$$

(17)与(19)式可统一表为：在 $T\approx 0$ 时

$$\frac{\partial Q}{\partial T}=-b\frac{\partial A}{\partial T}\quad (b>0,\text{常数}). \tag{20}$$

4.10 大多数宏观系统的熵在 $T\to 0$ 时以幂律形式趋于零，即熵在 $T\to 0$ 时可以表达为 $S=aT^n(n>0)$，其中 a 是体积 V 或压强 p 的函数. 试根据能斯特定理，证明：

(i) 当 $T\to 0$ 时，C_V，C_p，$\left(\frac{\partial V}{\partial T}\right)_p$，$\left(\frac{\partial p}{\partial T}\right)_V$ 均以与 S 相同的幂次 n 趋于零.

(ii) 当 $T\to 0$ 时 $\left(\frac{\partial V}{\partial p}\right)_T$ 趋于有限值.

(iii) C_p-C_V 以比 n 更高的幂次趋于零.

(iv) $\left(\frac{\partial T}{\partial p}\right)_S$ 随 $T\to 0$ 而趋于零. 由此可知，当 $T\to 0$ 时，要使温度发生有限改变所需的压强变化为无穷大.

解 (i) 大多数宏观系统，在 $T\to 0$ 时，其熵具有

$$S=aT^n\quad (n>0) \tag{1}$$

的幂律行为，其中 a 是 V 或 p 的函数，与 T 无关. 于是有

$$C_V=T\left(\frac{\partial S}{\partial T}\right)_V=aT^n, \tag{2}$$

$$C_p=T\left(\frac{\partial S}{\partial T}\right)_p=aT^n. \tag{3}$$

又由麦克斯韦关系，并利用(1)式，得

$$\left(\frac{\partial V}{\partial T}\right)_p=-\left(\frac{\partial S}{\partial p}\right)_T=-\frac{\partial a}{\partial p}T^n, \tag{4}$$

$$\left(\frac{\partial p}{\partial T}\right)_V=\left(\frac{\partial S}{\partial V}\right)_T=\frac{\partial a}{\partial V}T^n. \tag{5}$$

由(2)—(4)式可见，当 $T\to 0$ 时，C_V，C_p，$\left(\frac{\partial V}{\partial T}\right)_p$，$\left(\frac{\partial p}{\partial T}\right)_V$ 均以与 S 相同的幂次 n 趋于零.

(ii) $$\left(\frac{\partial V}{\partial p}\right)_T=-\left(\frac{\partial V}{\partial T}\right)_p\left(\frac{\partial T}{\partial p}\right)_V=-\left(\frac{\partial V}{\partial T}\right)_p\Big/\left(\frac{\partial p}{\partial T}\right)_V, \tag{6}$$

当 $T\to 0$ 时，利用(4)及(5)式，则得

$$\left(\frac{\partial V}{\partial p}\right)_T \sim \frac{T^n}{T^n} \sim O(1). \tag{7}$$

亦即$\left(\frac{\partial V}{\partial p}\right)_T$在 $T\to 0$ 时趋于有限值.

(iii) 由原书公式(2.1.25)

$$C_p - C_V = T\left(\frac{\partial p}{\partial T}\right)_V \left(\frac{\partial V}{\partial T}\right)_p, \tag{8}$$

当 $T\to 0$ 时,利用(4)及(5)式,得

$$C_p - C_V \sim T(T^n)(T^n) \sim T^{2n+1}. \tag{9}$$

表明当 $T\to 0$ 时,$C_p - C_V$ 是以比 n 更高的幂次$(2n+1)$趋于零.

(iv) $$\left(\frac{\partial T}{\partial p}\right)_S = -\left(\frac{\partial T}{\partial S}\right)_p \left(\frac{\partial S}{\partial p}\right)_T = \frac{T}{C_p}\left(\frac{\partial V}{\partial T}\right)_p, \tag{10}$$

利用(3)与(4)式,当 $T\to 0$ 时,

$$\left(\frac{\partial T}{\partial p}\right)_S \sim \frac{T}{T^n}T^n \sim T \to 0. \tag{11}$$

由此可见,当 $T\to 0$ 时,在绝热条件下要使温度发生有限的变化,需要无穷大的压强变化,这实际上是不可能的.

4.11 设在一定压强 p 下,由固相转变到液相的相变温度为 T',相变潜热为 $\lambda' = T'(s'-s)$,s' 是 1 mol 液体的熵. 证明在 $T > T'$ 时 1 mol 液体的绝对熵为

$$s' = \int_{T'}^{T} c_p' \frac{\mathrm{d}T}{T} + \frac{\lambda'}{T'} + \int_0^{T'} c_p \frac{\mathrm{d}T}{T},$$

其中 c_p' 与 c_p 分别代表 1 mol 物质在液相与固相的定压比热,积分是在固定压强 p 下计算的.

解 先考虑 1 mol 固体,由

$$c_p = T\left(\frac{\partial s}{\partial T}\right)_p, \tag{1}$$

在保持压强不变下积分,得

$$s(T,p) = \int_{\substack{0\\(p)}}^{T} c_p \frac{\mathrm{d}T}{T}. \tag{2}$$

上式中"(p)"代表积分时保持 p 不变. (2)式的积分下限已取为零,这是根据 $T\to 0$ 时 $c_p \to 0$ 的实验事实. (2)式所表达的是固体的绝

对熵.

一般而言,(2)式只能用于固体,不能用于液体和气体,因为在一定的压强下,液体和气体只能存在于较高的温度范围,不能接近绝对零度(也有例外,如液 He 和冷原子气体,参看原书 4.7.1 小节及 § 7.17. 这里不讨论这些例外情形).

现在来计算液体的熵. 设在一定的压强 p 下,由固体转变到液体的温度为 T',相变潜热为 λ',则对 $T>T'$,液体的熵为

$$s'(T,p)-s'(T',p)=\int_{\substack{T'\\(p)}}^{T} c_p' \frac{\mathrm{d}T}{T}, \tag{3}$$

其中 c_p' 为液体的定压比热. 又

$$\lambda' = T'[s'(T',p)-s(T',p)], \tag{4}$$

则得

$$\begin{aligned} s'(T',p) &= \frac{\lambda'}{T'}+s(T',p) \\ &= \frac{\lambda'}{T'}+\int_0^T c_p \frac{\mathrm{d}T}{T}. \end{aligned} \tag{5}$$

以上第二步用到公式(2). 将(5)式代入(3)式,最后得

$$s'(T,p)=\int_{\substack{T'\\(p)}}^{T} c_p' \frac{\mathrm{d}T}{T}+\frac{\lambda'}{T'}+\int_{\substack{0\\(p)}}^{T'} c_p \frac{\mathrm{d}T}{T}. \tag{6}$$

(6)式所表达的是液体的绝对熵.

第五章 非平衡态热力学(线性理论)简介

*5.1 证明原书公式(5.3.15)式与(N1),(N2),(N3)诸式(见原书163页注)相等.

解 为便于引用,先把原书(5.3.15)式及5.3.1小节注之(N1),(N2),(N3)式重写于下:

$$
\begin{cases}
T\theta = \boldsymbol{J}\cdot\left(\vec{\mathscr{E}} + T\nabla\dfrac{\zeta}{T}\right) + \boldsymbol{J}_q\cdot\left(-\dfrac{\nabla T}{T}\right), & (1)\\
T\theta = \boldsymbol{J}\cdot(\vec{\mathscr{E}} + \nabla\zeta) + \boldsymbol{J}_s\cdot(-\nabla T), & (2)\\
T\theta = -\boldsymbol{J}_n\cdot\nabla\tilde{\mu} + \boldsymbol{J}_s\cdot(-\nabla T), & (3)\\
T\theta = -\boldsymbol{J}_n\cdot\left(\nabla\tilde{\mu} - \dfrac{\mu}{T}\nabla T\right) + \boldsymbol{J}_q\cdot\left(-\dfrac{\nabla T}{T}\right). & (4)
\end{cases}
$$

其中 $\boldsymbol{J}$,$\boldsymbol{J}_q$,$\boldsymbol{J}_s$ 与 $\boldsymbol{J}_n$ 分别代表电流密度、热流密度、熵流密度与粒子流密度.其他各量关系如下:

$$\vec{\mathscr{E}} = -\nabla\Phi, \tag{5}$$

$$\zeta = \mu/e, \tag{6}$$

$$\tilde{\mu} = \mu - e\Phi, \tag{7}$$

$$\boldsymbol{J} = -e\boldsymbol{J}_n, \tag{8}$$

$$\boldsymbol{J}_q = T\boldsymbol{J}_s + \mu\boldsymbol{J}_n = T\boldsymbol{J}_s - \zeta\boldsymbol{J}, \tag{9}$$

$$\boldsymbol{J}_s = \frac{1}{T}(\boldsymbol{J}_q - \mu\boldsymbol{J}_n) = \frac{1}{T}(\boldsymbol{J}_q + \zeta\boldsymbol{J}). \tag{10}$$

首先从(1)式出发,证明(1)式与(2)式相等:

$$
\begin{aligned}
T\theta &= \boldsymbol{J}\cdot\left(\vec{\mathscr{E}} + T\nabla\frac{\zeta}{T}\right) + \boldsymbol{J}_q\cdot\left(-\frac{\nabla T}{T}\right)\\
&= \boldsymbol{J}\cdot\left(\vec{\mathscr{E}} + \nabla\zeta - \zeta\frac{\nabla T}{T}\right) + \boldsymbol{J}_q\cdot\left(-\frac{\nabla T}{T}\right)\\
&= \boldsymbol{J}\cdot(\vec{\mathscr{E}} + \nabla\zeta) + (\boldsymbol{J}_q + \zeta\boldsymbol{J})\cdot\left(-\frac{\nabla T}{T}\right)
\end{aligned}
$$

$$= \boldsymbol{J}\cdot(\vec{\mathscr{E}}+\nabla\zeta)+\boldsymbol{J}_s\cdot(-\nabla T).$$

以上第四步用到公式(10).

其次从(2)式出发,证明(2)式与(3)式相等,只需注意到

$$\begin{aligned}\boldsymbol{J}\cdot(\vec{\mathscr{E}}+\nabla\zeta) &= (-e\boldsymbol{J}_n)\cdot\left(-\nabla\Phi+\frac{\nabla\mu}{e}\right)\\ &= -\boldsymbol{J}_n\cdot(\nabla\mu-e\nabla\Phi)\\ &= -\boldsymbol{J}_n\cdot\nabla\tilde{\mu}.\end{aligned} \tag{11}$$

最后,从(3)式出发,证明(3)式与(4)式相等:

$$\begin{aligned}T\theta &= -\boldsymbol{J}_n\cdot\nabla\tilde{\mu}+\boldsymbol{J}_s\cdot(-\nabla T)\\ &= -\boldsymbol{J}_n\cdot\nabla\tilde{\mu}+T\boldsymbol{J}_s\cdot\left(-\frac{\nabla T}{T}\right)\\ &= -\boldsymbol{J}_n\cdot\nabla\tilde{\mu}+(\boldsymbol{J}_q-\mu\boldsymbol{J}_n)\cdot\left(-\frac{\nabla T}{T}\right)\\ &= -\boldsymbol{J}_n\cdot\left(\nabla\tilde{\mu}-\frac{\mu}{T}\nabla T\right)+\boldsymbol{J}_q\cdot\left(-\frac{\nabla T}{T}\right).\end{aligned}$$

以上第三步用到(10)式.

***5.2** 若选电流密度 $\boldsymbol{J}$ 与热流密度 $\boldsymbol{J}_q$ 作为热力学流,其共轭热力学力 $\boldsymbol{X}_J$ 与 $\boldsymbol{X}_q$ 由原书(5.3.16a)与(5.3.16b)式给出,相应的唯象方程为(5.3.18a),(5.3.18b)式.试以此为基础,导出温差电效应的汤姆孙第一关系与第二关系.(参看王竹溪著,《热力学》(第二版),北京大学出版社,2005年,413页)①

解 (a) 热力学流与热力学力及唯象方程.

选电流密度 $\boldsymbol{J}$ 与热流密度 $\boldsymbol{J}_q$ 为热力学流,其共轭热力学力为 $\boldsymbol{X}_J$ 与 $\boldsymbol{X}_q$,

$$\boldsymbol{X}_J = \vec{\mathscr{E}}+T\nabla\frac{\zeta}{T}, \tag{1}$$

$$\boldsymbol{X}_q = -\frac{\nabla T}{T}. \tag{2}$$

---

① 关于温差电效应,本书与王竹溪《热力学》书中的符号有下列对应关系:

本书: u $\boldsymbol{J}_q$ $\boldsymbol{X}_J$ $\boldsymbol{X}_q$ L'_{11} L'_{12} L'_{21} L'_{22} σ κ π η τ π_{ab}

王书: ρu $\boldsymbol{q}$ $\boldsymbol{X}$ $\boldsymbol{X}_u$ L_{11} L_{1u} L_{u1} L_{uu} κ λ L $-S^*$ σ π_{ab}

相应的唯象方程为

$$\boldsymbol{J}=L_{11}'\boldsymbol{X}_J+L_{12}'\boldsymbol{X}_q,\tag{3a}$$

$$\boldsymbol{J}_q=L_{21}'\boldsymbol{X}_J+L_{22}'\boldsymbol{X}_q.\tag{3b}$$

这里用 $L_{ij}'(i,j=1,2)$ 代表动力学系数,以示与 $L_{ij}(i,j=1,2)$ 的区别.交叉项的系数满足昂萨格关系

$$L_{12}'=L_{21}',\tag{4}$$

故只有三个系数是独立的.

由于实验观测中,控制电流比控制金属中的电场强度更方便,故将(3a)式改写成

$$\vec{\mathscr{E}}+T\nabla\frac{\zeta}{T}=\boldsymbol{X}_J=\frac{\boldsymbol{J}}{L_{11}'}-\frac{L_{12}'}{L_{11}'}\boldsymbol{X}_q,\tag{5}$$

利用(2)式,则(5)式化为

$$\begin{aligned}\vec{\mathscr{E}}&=\frac{\boldsymbol{J}}{L_{11}'}+\frac{L_{12}'}{L_{11}'}\frac{\nabla T}{T}-T\nabla\frac{\zeta}{T}\\&=\frac{\boldsymbol{J}}{L_{11}'}+\left(\frac{L_{12}'}{L_{11}'}+\zeta\right)\frac{\nabla T}{T}-\nabla\zeta.\end{aligned}\tag{6a}$$

将(5)式代入(3b)式,得

$$\begin{aligned}\boldsymbol{J}_q&=L_{21}'\left(\frac{\boldsymbol{J}}{L_{11}'}-\frac{L_{12}'}{L_{11}'}\boldsymbol{X}_q\right)+L_{22}'\boldsymbol{X}_q\\&=\frac{L_{21}'}{L_{11}'}\boldsymbol{J}+\left(L_{22}'-\frac{L_{21}'L_{12}'}{L_{11}'}\right)\boldsymbol{X}_q\\&=\frac{L_{21}'}{L_{11}'}\boldsymbol{J}-\left(L_{22}'-\frac{L_{21}'L_{12}'}{L_{11}'}\right)\frac{\nabla T}{T}.\end{aligned}\tag{6b}$$

最后一步用到(2)式.

(b) 动力学系数 $L_{11}',L_{12}',L_{21}',L_{22}'$ 与 σ,κ,η',π'.

类似原书§5.3,可以建立 L_{ij}' 与电导率 σ 和热导率 κ 的关系.首先设金属本身是均匀的,温度也均匀,并存在均匀恒定的电场 $\vec{\mathscr{E}}$.在稳定电流状态下,$\nabla\cdot\boldsymbol{J}=0$,故电子数密度 n_e 应是均匀的.在 T,n_e 均匀的情况下,电子的化学势也应是均匀的,即有 $\nabla\zeta=0$,于是(6a)式化为

$$\vec{\mathscr{E}} = \frac{\boldsymbol{J}}{L'_{11}}. \tag{7}$$

与经验规律欧姆定律比较,得

$$L'_{11} = \sigma. \tag{8}$$

其次考虑只有热传导而没有电流的情形.由(6b)式,用 $\boldsymbol{J}=0$,得

$$\boldsymbol{J}_q = -\left(L'_{22} - \frac{L'_{21}L'_{12}}{L'_{11}}\right)\frac{\nabla T}{T}. \tag{9}$$

与热传导的傅里叶定律比较,得

$$\frac{1}{T}\left(L'_{22} - \frac{L'_{21}L'_{12}}{L'_{11}}\right) = \kappa. \tag{10}$$

利用(8)与(10)式,则(6a)与(6b)式可表为

$$\vec{\mathscr{E}} = \frac{\boldsymbol{J}}{\sigma} + \left(\frac{L'_{12}}{L'_{11}} + \zeta\right)\frac{\nabla T}{T} - \nabla\zeta, \tag{11a}$$

$$\boldsymbol{J}_q = \frac{L'_{21}}{L'_{11}}\boldsymbol{J} - \kappa\nabla T. \tag{11b}$$

引入符号 η' 与 π',它们的定义如下:

$$-T\eta' \equiv \frac{L'_{12}}{L'_{11}} + \zeta, \tag{12}$$

$$\pi' \equiv \frac{L'_{21}}{L'_{11}} + \zeta. \tag{13}$$

(c)中将证明,这里引入的 η' 和 π' 与原书§5.3所引入的 η 和 π 是相同的量.在引入 η' 和 π' 后,(11a)与(11b)可表为

$$\vec{\mathscr{E}} = \frac{\boldsymbol{J}}{\sigma} - \eta'\nabla T - \nabla\zeta, \tag{14a}$$

$$\boldsymbol{J}_q = (\pi' - \zeta)\boldsymbol{J} - \kappa\nabla T. \tag{14b}$$

(14a)、(14b)式与(6a)、(6b)式相比,只不过用四个参量 σ,κ,η',π' 代替了原来的四个动力学系数 $L'_{11},L'_{12},L'_{21},L'_{22}$.还需注意,由于昂萨格关系,从定义式(12)与(13)立即得出

$$\pi' = -T\eta'. \tag{15}$$

亦即 σ,κ,η',π' 四个量中只有三个是独立的.为了便于比较,暂时仍保持(14a)、(14b)式中的 η' 与 π'.

(c) 能量平衡方程.

由原书公式(5.3.6),能量平衡方程为

$$\frac{\partial u}{\partial t}=-\nabla\cdot\boldsymbol{J}_q+\boldsymbol{J}\cdot\vec{\mathscr{E}}.\tag{16}$$

利用(14a)与(14b)式,上式化为

$$\frac{\partial u}{\partial t}=-\nabla\cdot\{(\pi'-\zeta)\boldsymbol{J}-\kappa\nabla T\}+\boldsymbol{J}\cdot\left\{\frac{\boldsymbol{J}}{\sigma}-\eta'\nabla T-\nabla\zeta\right\}.\tag{17}$$

在稳定电流条件下,$\nabla\cdot\boldsymbol{J}=0$,上式化为

$$\frac{\partial u}{\partial t}=\frac{J^2}{\sigma}+\nabla\cdot(\kappa\nabla T)-\boldsymbol{J}\cdot\nabla\pi'-\eta'\boldsymbol{J}\cdot\nabla T.\tag{18}$$

原书公式(5.3.57)是能量平衡方程用 η,π 表达的形式,

$$\frac{\partial u}{\partial t}=\frac{J^2}{\sigma}+\nabla\cdot(\kappa\nabla T)-\boldsymbol{J}\cdot\nabla\pi-\eta\boldsymbol{J}\cdot\nabla T.\tag{19}$$

比较(18)式与(19)式,立即得

$$\eta'=\eta.\tag{20}$$

再由(15)式,得

$$\pi'=\pi.\tag{21}$$

这就证明了由(12)和(13)式引入的 η' 和 π' 与原书(5.3.35)和(5.3.36)式定义的 η 和 π 相同.

(d) 推导汤姆孙第一关系与第二关系.

从(14a)式出发,并将式中 η' 改为 η,重复原书(5.3.40)—(5.3.46)式的计算,即得

$$\eta_{\mathrm{ab}}=\frac{\partial E}{\partial T}=\eta_{\mathrm{b}}-\eta_{\mathrm{a}}.\tag{22}$$

从(19)式出发(式中 η',π' 改用 η,π 代替),重复原书(5.3.50)—(5.3.55)式的计算,即得

$$\pi_{\mathrm{ab}}=T\frac{\partial E}{\partial T}\quad(\text{汤姆孙第二关系}),\tag{23}$$

其中

$$\pi_{\mathrm{ab}}=\pi_{\mathrm{a}}-\pi_{\mathrm{b}}.\tag{24}$$

仍然从(19)式出发,重复原书(5.3.58)—(5.3.62)式的计算,即得

$$\tau_{\mathrm{a}}-\tau_{\mathrm{b}}=\frac{\partial E}{\partial T}-\frac{\partial\pi_{\mathrm{ab}}}{\partial T}\quad(\text{汤姆孙第一关系}),\tag{25}$$

其中

$$\tau = -\left(\frac{\partial \pi}{\partial T} - \frac{\pi}{T}\right). \tag{26}$$

*5.3 如果像原书§5.3一样,选电流密度 $\boldsymbol{J}$ 与熵流密度 $\boldsymbol{J}_s$ 作为热力学流,其共轭热力学力 $\boldsymbol{X}_1$ 与 $\boldsymbol{X}_2$ 由(5.3.22a)与(5.3.22b)式给出,相应的唯象方程为(5.3.23a),(5.3.23b)式.试以此为基础,从熵平衡方程导出汤姆孙第一关系与第二关系(不同于原书§5.3,那里是从能量平衡方程的分析导出两个关系).

(参看S. R. 德格鲁脱,P. 梅休尔,《非平衡态热力学》,陆全康译,上海科学技术出版社,1981年,第298—303页.)

解 (a) 选电流密度 $\boldsymbol{J}$ 与熵流密度 $\boldsymbol{J}_s$ 作为热力学流,其共轭热力学力为 $\boldsymbol{X}_1$ 与 $\boldsymbol{X}_2$:

$$\boldsymbol{X}_1 = \vec{\mathscr{E}} + \nabla\zeta, \tag{1}$$

$$\boldsymbol{X}_2 = -\nabla T. \tag{2}$$

相应的唯象方程为

$$\boldsymbol{J} = L_{11}\boldsymbol{X}_1 + L_{12}\boldsymbol{X}_2, \tag{3a}$$

$$\boldsymbol{J}_s = L_{21}\boldsymbol{X}_1 + L_{22}\boldsymbol{X}_2. \tag{3b}$$

按原书5.3.2小节的讨论,唯象方程(3a)与(3b)可表为

$$\vec{\mathscr{E}} + \nabla\zeta = \frac{\boldsymbol{J}}{\sigma} - \eta\nabla T, \tag{4a}$$

$$\boldsymbol{J}_s = \frac{\pi}{T}\boldsymbol{J} - \frac{\kappa\nabla T}{T}, \tag{4b}$$

其中

$$\pi = -T\eta \tag{5}$$

是昂萨格关系的结果.

(b) 熵平衡方程为

$$\frac{\partial s}{\partial t} = -\nabla\cdot\boldsymbol{J}_s + \theta, \tag{6}$$

其中 θ 为熵产生率

$$\begin{aligned} T\theta &= \boldsymbol{J}\cdot\boldsymbol{X}_1 + \boldsymbol{J}_s\cdot\boldsymbol{X}_2 \\ &= \boldsymbol{J}\cdot\left(\frac{\boldsymbol{J}}{\sigma} - \eta\nabla T\right) + \left(\frac{\pi}{T}\boldsymbol{J} - \frac{\kappa}{T}\nabla T\right)\cdot(-\nabla T) \end{aligned}$$

$$= \frac{J^2}{\sigma} - \left(\eta + \frac{\pi}{T}\right)\boldsymbol{J} \cdot \nabla T + \frac{\kappa}{T}(\nabla T)^2. \tag{7}$$

以上第二步用到(4a)式与(4b)式. 利用(5)式,则(7)式右方第二项为零,得

$$\theta = \frac{J^2}{T\sigma} + \frac{\kappa(\nabla T)^2}{T^2}. \tag{8}$$

可以看出,引起熵产生的有两项,第一项是由焦耳热引起的,第二项是由热传导引起的.

将(4b)与(8)式代入(6)式,得

$$\begin{aligned}\frac{\partial s}{\partial t} &= -\nabla \cdot \left(\frac{\pi}{T}\boldsymbol{J} - \frac{\kappa}{T}\nabla T\right) + \frac{J^2}{T\sigma} + \frac{\kappa(\nabla T)^2}{T^2} \\ &= -\nabla \cdot \left(\frac{\pi}{T}\boldsymbol{J}\right) + \frac{\nabla \cdot (\kappa \nabla T)}{T} - \frac{\kappa(\nabla T)^2}{T^2} + \frac{J^2}{T\sigma} + \frac{\kappa(\nabla T)^2}{T^2} \\ &= -\nabla \cdot \left(\frac{\pi}{T}\boldsymbol{J}\right) + \frac{\nabla \cdot (\kappa \nabla T)}{T} + \frac{J^2}{T\sigma}. \end{aligned} \tag{9}$$

(c) 首先来推导温差电动势的公式. 由唯象方程(4a)出发,将它应用到如原书图 5.3.1 的温差电偶系统,并按原书 5.3.3 小节同样的计算,可以导出

$$\eta_{ab} = \frac{\partial E}{\partial T} = \eta_b - \eta_a, \tag{10}$$

其中 E 为温差电动势,$\eta_{ab} = \eta_b - \eta_a$ 为温差电动势系数.

(d) 其次来推导汤姆孙第二关系.

考查原书图 5.3.2(b)所示的两种金属 a 与 b 的接头附近的小区域(图中阴影部分),设其体积为 V,金属导线 a 与 b 的截面积为 Ω_a 与 Ω_b,且 $\Omega_a = \Omega_b$. 在保持温度均匀($\nabla T = 0$)恒定的情况下,设有恒定电流密度 $\boldsymbol{J}$($\nabla \cdot \boldsymbol{J} = 0$)从金属 a 流向金属 b. 对阴影区,熵平衡方程(9)化为

$$T\frac{\partial S_V}{\partial t} = -\iiint_V \nabla \cdot (\pi \boldsymbol{J})\,\mathrm{d}\tau + \iiint_V \frac{J^2}{\sigma}\mathrm{d}\tau, \tag{11}$$

其中 S_V 代表阴影区的熵. 应用高斯定理,将上式右边第一项的体积分化为面积分,得

$$T\frac{\partial S_V}{\partial t} = -\int_{\Omega_a} \pi_a \boldsymbol{J} \cdot \boldsymbol{n}_a \mathrm{d}\Sigma_a - \int_{\Omega_b} \pi_b \boldsymbol{J} \cdot \boldsymbol{n}_b \mathrm{d}\Sigma_b + \iiint_V \frac{J^2}{\sigma}\mathrm{d}\tau. \tag{12}$$

因 $\boldsymbol{J}$ 的方向从 a 指向 b,面元 $d\Sigma_b$ 的外向法线方向 $\boldsymbol{n}_b$ 与 $\boldsymbol{J}$ 一致,而面元 $d\Sigma_a$ 的外向法线方向 $\boldsymbol{n}_a$ 与 $\boldsymbol{J}$ 相反,故得

$$T\frac{\partial S_V}{\partial t}=(\pi_a-\pi_b)I+\iiint_V\frac{J^2}{\sigma}d\tau, \tag{13}$$

其中 $I=J\Omega_a=J\Omega_b$ 为通过接头的总电流. 现在令 Ω_a 与 Ω_b 二截面趋近最后重合,在此极限下 $V\to 0$,由于 J 是有限的,故(13)式右边第二项变为零. 从而(13)式化为

$$T\frac{\partial S_V}{\partial t}=(\pi_a-\pi_b)I. \tag{14}$$

为了维持温度均匀并保持不变,接头处的熵的改变靠从外界吸收热量来补偿,因而就出现佩尔捷热. 按定义

$$Q_P=\pi_{ab}I. \tag{15}$$

与(14)式比较,(14)式的左方正是 Q_P,于是得

$$\pi_{ab}=\pi_a-\pi_b. \tag{16}$$

再利用(5)及(10)式,最后得

$$\pi_{ab}=T(\eta_b-\eta_a)=T\frac{\partial E}{\partial T}. \tag{17}$$

上式即汤姆孙第二关系.

(e) 最后来推导汤姆孙第一关系. 如果导体中存在温度梯度,当有电流通过时,除产生焦耳热外,还会放出额外的热量,称为汤姆孙热. 从熵平衡方程(9)出发,在稳定电流情况下,$\nabla\cdot\boldsymbol{J}=0$,(9)式右方第一项化为

$$-\nabla\cdot\left(\frac{\pi\boldsymbol{J}}{T}\right)=-\frac{\boldsymbol{J}}{T}\cdot\nabla\pi+\frac{\pi}{T^2}\boldsymbol{J}\cdot\nabla T, \tag{18}$$

其中,$\nabla\pi$ 可以分成两部分之和

$$\nabla\pi=(\nabla\pi)_T+\frac{\partial\pi}{\partial T}\nabla T, \tag{19}$$

第一项代表 T 不变下由于空间位置变化引起 π 的变化;第二项是由于温度变化引起 π 的变化. 于是,(18)式可表为

$$-\nabla\cdot\left(\frac{\pi\boldsymbol{J}}{T}\right)=\frac{1}{T}\left\{-\boldsymbol{J}\cdot(\nabla\pi)_T-\left(\frac{\partial\pi}{\partial T}-\frac{\pi}{T}\right)\boldsymbol{J}\cdot\nabla T\right\}. \tag{20}$$

将(20)式代入(9)式,则熵平衡方程可表为

$$T\frac{\partial S}{\partial t}=-\boldsymbol{J}\cdot(\nabla\pi)_T-\left(\frac{\partial\pi}{\partial T}-\frac{\pi}{T}\right)\boldsymbol{J}\cdot\nabla T+\nabla\cdot(\kappa\nabla T)+\frac{J^2}{\sigma}. \tag{21}$$

上式右边第三项代表单位时间内由于热传导在单位体积内产生的热量. 第四项是焦耳热. 这两项是熟知的. 第一项是没有温度梯度时仍然存在的热效应,它是前面讨论过的佩尔捷热. 即使没有两种金属的接头,只要在金属内部同时有 $\boldsymbol{J}\neq0$ 与$(\nabla\pi)_T\neq0$,这种热效应仍然存在,可以称为体佩尔捷效应. 上式右边的第二项代表 $\boldsymbol{J}\neq0$ 与 $\nabla T\neq0$ 同时存在时的热效应. 因这项代表的是吸收热,故它应与汤姆孙热反号. 令 q_T 代表单位时间、单位体积内导体释放出的汤姆孙热,实验结果可表达为

$$q_T=-\tau\boldsymbol{J}\cdot\nabla T. \tag{22}$$

将(21)式右边第三项与(22)式比较(注意符号),则得

$$\tau=-\left(\frac{\partial\pi}{\partial T}-\frac{\pi}{T}\right)=\frac{\pi}{T}-\frac{\partial\pi}{\partial T}. \tag{23}$$

将上式用到两种金属接头处,则得

$$\tau_{\mathrm{a}}-\tau_{\mathrm{b}}=\frac{\pi_{\mathrm{ab}}}{T}-\frac{\partial\pi_{\mathrm{ab}}}{\partial T}. \tag{24}$$

利用(17)式,最后得

$$\tau_{\mathrm{a}}-\tau_{\mathrm{b}}=\frac{\partial E}{\partial T}-\frac{\partial\pi_{\mathrm{ab}}}{\partial T}. \tag{25}$$

上式即汤姆孙第一关系.

*$\mathbf{5.4}$　由原书(5.3.15)式,证明熵产生率 $\theta\geqslant0$.

提示:从与(5.3.15)式等价的原书公式(N1)证明比较简单.

解　将原书公式(N1)重写于下

$$T\theta=\boldsymbol{J}\cdot(\vec{\mathscr{E}}+\nabla\zeta)+\boldsymbol{J}_s\cdot(-\nabla T). \tag{1}$$

由原书(5.3.37a)与(5.3.37b)式,有

$$\vec{\mathscr{E}}+\nabla\zeta=\frac{\boldsymbol{J}}{\sigma}-\eta\nabla T, \tag{2}$$

$$\boldsymbol{J}_s=\frac{\pi}{T}\boldsymbol{J}-\frac{\kappa}{T}\nabla T. \tag{3}$$

将(2)、(3)式代入(1)式

$$T\theta = \boldsymbol{J} \cdot \left(\frac{\boldsymbol{J}}{\sigma} - \eta \nabla T\right) + \left(\frac{\pi}{T}\boldsymbol{J} - \frac{\kappa}{T} \nabla T\right) \cdot (-\nabla T)$$

$$= \frac{J^2}{\sigma} - \left(\eta + \frac{\pi}{T}\right)\boldsymbol{J} \cdot \nabla T + \frac{\kappa}{T}(\nabla T)^2. \tag{4}$$

因(见原书(5.3.38)式)

$$\pi = - T\eta, \tag{5}$$

故(4)式右方第二项为零,于是(4)式化为

$$T\theta = \frac{J^2}{\sigma} + \frac{\kappa}{T}(\nabla T)^2. \tag{6}$$

因 σ,κ,T 均为正量,故必有

$$\theta \geqslant 0.$$

等号仅当 $\boldsymbol{J}=0$ 与 $\nabla T=0$ 同时满足时成立.

第七章　近独立子系组成的系统

7.1　设有一处于平衡态的孤立系，它由彼此处于热接触的两种定域粒子系统组成. 这两个系统彼此之间可以交换能量，但不能交换粒子. 令$\{a_\lambda\}$，$\{a'_\lambda\}$；N，N'；E，E'分别代表两个系统的分布、总粒子数与总能量. 试证明两个系统的粒子的最可几分布分别为

$$\tilde{a}_\lambda = g_\lambda e^{-\alpha-\beta\varepsilon_\lambda},$$

$$\tilde{a}'_\lambda = g'_\lambda e^{-\alpha'-\beta\varepsilon'_\lambda}.$$

注意两个分布的参数α与α'不同，但β相同.

提示：由于两个系统彼此独立，与分布$\{a_\lambda\}$和$\{a'_\lambda\}$对应的整个系统的微观态数W_{total}等于两个系统相应的微观态数$W(\{a_\lambda\})$与$W'(\{a'_\lambda\})$的乘积，即

$$W_{\text{total}} = W(\{a_\lambda\}) \cdot W'(\{a'_\lambda\}).$$

又由于N与N'分别固定，但$E+E'$固定，因而约束条件应为

$$\delta N = 0;\quad \delta N' = 0;\quad \delta E + \delta E' = 0.$$

最后一个约束条件决定了只有一个拉格朗日乘子β.

顺便指出，根据热力学，两个相互热接触达到平衡的系统必有相同的温度，故β必是温度的普适函数（“普适”是指与系统的具体性质无关. 当然这里还不够普遍，只限于近独立的定域子系证明的，由正则系综出发可以更普遍地证明）.

解　对于两个定域子系统的分布$\{a_\lambda\}$与$\{a'_\lambda\}$，相应的微观态数分别为

$$W(\{a_\lambda\}) = \frac{N!}{\prod_\lambda a_\lambda !}\prod_\lambda g_\lambda^{a_\lambda}, \tag{1}$$

$$W'(\{a'_\lambda\}) = \frac{N'!}{\prod_\lambda a'_\lambda !}\prod_\lambda g'^{a'_\lambda}_\lambda. \tag{2}$$

与分布$\{a_\lambda\}$与$\{a'_\lambda\}$对应的整个系统的微观态数W_{total}应等于(1)、(2)两式的乘积,即

$$W_{\text{total}} = W(\{a_\lambda\})\cdot W'(\{a'_\lambda\}). \tag{3}$$

微观分布$\{a_\lambda\}$与$\{a'_\lambda\}$应满足下列条件:

$$\sum_\lambda a_\lambda = N, \tag{4}$$

$$\sum_\lambda a'_\lambda = N', \tag{5}$$

$$\sum_\lambda a_\lambda\varepsilon_\lambda + \sum_\lambda a'_\lambda\varepsilon'_\lambda = E + E', \tag{6}$$

其中$N,N',E+E'$均为固定值.

现应用最可几分布法,对三个条件,应引入三个拉格朗日乘子α,α'与β. 于是得

$$\delta\ln W_{\text{total}} - \alpha\delta N - \alpha\delta N' - \beta\delta(E+E') = 0. \tag{7}$$

利用斯特令公式,(7)式可化为

$$-\sum_\lambda\left(\ln\frac{a_\lambda}{g_\lambda} + \alpha + \beta\varepsilon_\lambda\right)\delta a_\lambda - \sum_\lambda\left(\ln\frac{a'_\lambda}{g'_\lambda} + \alpha' + \beta\varepsilon'_\lambda\right)\delta a'_\lambda = 0. \tag{8}$$

根据拉格朗日乘子法,上式中每个δa_λ与$\delta a'_\lambda$的系数都等于零,即得

$$\ln\frac{a_\lambda}{g_\lambda} + \alpha + \beta\varepsilon_\lambda = 0, \tag{9}$$

$$\ln\frac{a'_\lambda}{g'_\lambda} + \alpha' + \beta\varepsilon'_\lambda = 0. \tag{10}$$

把满足(9)与(10)式的分布记为$\tilde{a}_\lambda$与$\tilde{a}'_\lambda$,于是有

$$\tilde{a}_\lambda = g_\lambda e^{-\alpha-\beta\varepsilon_\lambda}, \tag{11}$$

$$\tilde{a}'_\lambda = g'_\lambda e^{-\alpha'-\beta\varepsilon'_\lambda}. \tag{12}$$

类似原书§7.2的计算,可以证明上述分布使

$$\delta^2\ln W_{\text{total}} < 0. \tag{13}$$

亦即它们是使热力学几率取极大的分布,即最可几分布.

7.2　设有 N 个可分辨的粒子组成的理想气体,处于体积为 V 的容器内,达到平衡态.设重力的影响可以忽略.今考虑 V 内的一个指定的小体积 v.

(i) 证明在体积 v 内找到 m 个粒子的几率遵从二项式分布

$$P_N(m)=\frac{N!}{m!(N-m)!}\left(\frac{v}{V}\right)^m\left(1-\frac{v}{V}\right)^{N-m}.$$

(ii) 证明 $P_N(m)$满足归一化条件,即

$$\sum_{m=0}^{N}P_N(m)=1.$$

提示:利用二项式展开$(x+y)^N=\sum\limits_{m=0}^{N}\frac{N!}{m!\ (N-m)!}x^m y^{N-m}$.

(iii) 直接用 $P_N(m)$计算 m 的平均值

$$\bar{m}=\sum_{m=0}^{N}mP_N(m),$$

证明 $\bar{m}=\frac{v}{V}N$.

(iv) 证明当 $N\gg 1$,$v\ll V$ 时,上述二项式分布化为泊松分布:

$$P_N(m)=\frac{(\bar{m})^m\mathrm{e}^{-\bar{m}}}{m!}.$$

并证明使 $P_N(m)$取极大的 m 值(即 m 的最可几值)$\tilde{m}=\bar{m}$.

解　(i) 一个粒子处于 v 内的几率为$\frac{v}{V}$,不处于 v 内的几率为$\left(1-\frac{v}{V}\right)$.对理想气体,粒子之间的相互作用可以忽略,或者说是统计独立的.因此,**特定的** m 个粒子处于 v 内,同时其余$(N-m)$个粒子不在 v 内的几率为

$$\left(\frac{v}{V}\right)^m\left(1-\frac{v}{V}\right)^{N-m}. \tag{1}$$

现在要求的是 v 内找到 m 个粒子的几率,但并不限定是哪 m 个特定的粒子.因此,需要计及 v 内 m 个粒子与其余 $N-m$ 个粒子的一切可能的交换数,它是

$$\frac{N!}{m!(N-m)!}. \tag{2}$$

(1)、(2)式相乘,即得

$$P_N(m)=\frac{N!}{m!(N-m)!}\left(\frac{v}{V}\right)^m\left(1-\frac{v}{V}\right)^{N-m}. \tag{3}$$

(ii) $$\sum_{m=0}^{N}P_N(m)=\sum_{m=0}^{N}\frac{N!}{m!\ (N-m)!}\left(\frac{v}{V}\right)^m\left(1-\frac{v}{V}\right)^{N-m}$$

$$=\left[\frac{v}{V}+\left(1-\frac{v}{V}\right)\right]^N=1^N=1. \tag{4}$$

以上第二步用到二次项展开公式.

(iii) 令 $p=\frac{v}{V}$,$q=1-p$. 则有

$$\begin{aligned}\overline{m}&=\sum_{m=0}^{N}mP_N(m)\\&=\sum_{m=0}^{N}m\frac{N!}{m!(N-m)!}p^mq^{N-m}\\&=p\frac{\partial}{\partial p}\sum_{m=0}^{N}\frac{N!}{m!(N-m)!}p^mq^{N-m}\\&=p\frac{\partial}{\partial p}(p+q)^N=pN(p+q)^{N-1}=pN=\frac{v}{V}N.\end{aligned} \tag{5}$$

(iv)

$$\begin{aligned}\frac{N!}{(N-m)!}&=N(N-1)\cdots(N-m+1)\\&=N^m\left\{1\left(1-\frac{1}{N}\right)\left(1-\frac{2}{N}\right)\cdots\left(1-\frac{m-1}{N}\right)\right\}.\end{aligned} \tag{6}$$

当 $N\gg 1$,且 $p=\frac{v}{V}\ll 1$ 使 $\overline{m}=pN\ll N$ 时,对求平均有重要贡献的 m 不可能很大,亦即 m 取大值的几率必定很小,因此(6)式的{ }中的部分可以近似取为1,于是有

$$\frac{N!}{(N-m)!}\approx N^m. \tag{7}$$

又对于 $p\ll 1$ 时

$$\mathrm{e}^{-p}=1-p+\frac{p^2}{2}-\cdots\approx 1-p, \tag{8}$$

$$q^{N-m}=(1-p)^{N-m}\approx(\mathrm{e}^{-p})^{N-m}\approx\mathrm{e}^{-pN}=\mathrm{e}^{-\overline{m}}. \tag{9}$$

将(7)与(9)式代入(2)式，即得

$$P_N(m) \approx \frac{N^m}{m!} p^m e^{-\overline{m}} = \frac{\overline{m}^m e^{-\overline{m}}}{m!}. \tag{10}$$

最后来求使 $P_N(m)$ 取极大的 $\widetilde{m}$，简单的办法是求 $\ln P_N(m)$ 的极大. 由(10)式，并利用斯特令公式，得

$$\ln P_N(m) \approx m\ln\overline{m} - \overline{m} - m(\ln m - 1), \tag{11}$$

$$\frac{d}{dm}\ln P_N(m) = \ln\overline{m} - \ln m = 0. \tag{12}$$

(12)式的解 $\widetilde{m}=\overline{m}$，表明使 $P_N(m)$ 取极大的 m 值 $\widetilde{m}$ 就等于 m 的平均值 $\overline{m}$.

7.3　对于处于平衡态下由近独立的定域子系组成的系统：

(i) 导出能级 ε_λ 的粒子占据数 a_λ 为 $a_\lambda=\widetilde{a}_\lambda+\delta a_\lambda$，即 a_λ 与其最可几值 $\widetilde{a}_\lambda$ 有 δa_λ 的偏差时的几率为

$$P_N(\{\widetilde{a}_\lambda+\delta a_\lambda\}) = C\exp\left[-\frac{1}{2}\sum_\lambda\left(\frac{\delta a_\lambda}{\widetilde{a}_\lambda}\right)^2 \widetilde{a}_\lambda\right],$$

其中 C 为常数.

(ii) 令 $x=\delta a_\lambda/\widetilde{a}_\lambda$，证明上述公式化为

$$P_N(x) = Ce^{-\frac{N}{2}x^2} = \sqrt{\frac{N}{2\pi}}e^{-\frac{N}{2}x^2},$$

C 由归一化条件 $\int_{-\infty}^{\infty} P_N(x)dx = 1$ 定出.

(iii) 若令 $\xi=\sqrt{\frac{N}{2}}x$，则 $P_N(x)$ 在 $\pm x_0$ 的范围内的积分为

$$\int_{-x_0}^{x_0} P_N(x)dx = \frac{1}{\sqrt{\pi}}\int_{-\xi_0}^{\xi_0} e^{-\xi^2}d\xi \equiv \operatorname{erf}(\xi_0),$$

其中 $\operatorname{erf}(\xi)$ 是误差函数，它的渐近展开式为

$$\operatorname{erf}(\xi) = 1 - \frac{e^{-\xi^2}}{\xi\sqrt{\pi}}\left(1 - \frac{1}{2\xi^2} + \frac{1\times 3}{(2\xi^2)^2} - \frac{1\times 3\times 5}{(2\xi^2)^3} + \cdots\right).$$

若取 $N=10^{20}$，相对偏差的范围 $x_0=10^{-5}$，试估计相应的 $\operatorname{erf}(\xi_0)$ 值，这一结果说明什么？

解 (i) 由原书公式(7.2.16)

$$W(\{\tilde{a}_\lambda + \delta a_\lambda\}) = W_{\max}\exp\left[-\frac{1}{2}\sum_\lambda\left(\frac{\delta a_\lambda}{\tilde{a}_\lambda}\right)^2\tilde{a}_\lambda\right], \tag{1}$$

因

$$P_N(\{\tilde{a}_\lambda + \delta a_\lambda\}) \propto W(\{\tilde{a}_\lambda + \delta a_\lambda\}), \tag{2}$$

故有

$$P_N(\{\tilde{a}_\lambda + \delta a_\lambda\}) = C\exp\left[-\frac{1}{2}\sum_\lambda\left(\frac{\delta a_\lambda}{\tilde{a}_\lambda}\right)^2\tilde{a}_\lambda\right], \tag{3}$$

其中 C 为归一化常数.

(ii) 令 $x=\delta a_\lambda/\tilde{a}_\lambda$,则(3)式可化为

$$P_N(x) = C\exp\left[-\frac{x^2}{2}\sum_\lambda\tilde{a}_\lambda\right] = Ce^{-\frac{N}{2}x^2}. \tag{4}$$

常数 C 可由归一化条件确定

$$\int_{-\infty}^{\infty}P_N(x)\mathrm{d}x = C\int_{-\infty}^{\infty}e^{-\frac{N}{2}x^2}\mathrm{d}x = C\sqrt{\frac{2\pi}{N}} = 1, \tag{5}$$

得

$$C = \sqrt{\frac{N}{2\pi}}, \tag{6}$$

最后得

$$P_N(x) = \sqrt{\frac{N}{2\pi}}e^{-\frac{1}{2}Nx^2}. \tag{7}$$

(iii) $P_N(x)$在$\pm x_0$ 范围内的积分为

$$\int_{-x_0}^{x_0}P_N(x)\mathrm{d}x = \sqrt{\frac{N}{2\pi}}\int_{-x_0}^{x_0}e^{-\frac{1}{2}Nx^2}\mathrm{d}x = \frac{1}{\sqrt{\pi}}\int_{-\xi_0}^{\xi_0}e^{-\xi^2}\mathrm{d}\xi \equiv \mathrm{erf}(\xi_0). \tag{8}$$

以上第二步已作变量变换,令 $\xi=\sqrt{\frac{N}{2}}x$,$\mathrm{erf}(\xi)$为误差函数,其渐近展开为

$$\mathrm{erf}(\xi) = 1-\frac{e^{-\xi^2}}{\xi\sqrt{\pi}}\left(1-\frac{1}{2\xi^2}+\frac{1\times 3}{(2\xi^2)^2}-\frac{1\times 3\times 5}{(2\xi^2)^3}+\cdots\right). \tag{9}$$

若取 $N=10^{20}$,$x_0=10^{-5}$,则 $\xi_0=\sqrt{\frac{N}{2}}x_0\sim 10^5$. 由(9)式得

$$\mathrm{erf}(\xi_0) \approx 1 - \frac{\mathrm{e}^{-\xi_0^2}}{\xi_0 \sqrt{\pi}} \approx 1. \tag{10}$$

因第二项高度接近于零,故 $\mathrm{erf}(\xi_0)$高度接近于 1.

(4)式表明,分布的几率是以最可几分布 $\tilde{a}_\lambda$ 为中心的高斯分布. (8)与(10)式表明,该高斯分布是宽度很窄的分布. 这进一步从数值上说明原书图 7.2.1 关于热力学几率的基本特征. 实际上,$\mathrm{erf}(\xi_0)$可理解为图 7.2.1 阴影区的面积. 它高度接近于 1,表明对统计平均而言阴影区内的分布是重要的,而阴影区以外的分布的贡献可以忽略. 另外,由于阴影区的范围很小,阴影区内所有的分布均可由 $\tilde{a}_\lambda$ 代表. 最可几分布不应看成是"一个"特定的分布,而应理解成阴影区内所有(数量很大)的分布的代表或平均.

7.4 普朗克根据热力学中熵趋于极大与统计物理学中热力学几率取极大一样,是孤立系达到平衡的条件,提出一个基本假设:熵是热力学几率的函数,

$$S = f(W).$$

为了确定 f 函数,考虑由两个独立的系统 1 和系统 2 组成一个复合系统. 由热力学知道,复合系统的熵是系统 1 与系统 2 的熵之和(熵的可加性),即

$$S = S_1 + S_2.$$

另外,由热力学几率的性质,总的几率是两个独立系统的几率之积,即

$$W = W_1 W_2.$$

因

$$S_1 = f(W_1), \quad S_2 = f(W_2), \quad S = f(W),$$

故

$$f(W_1 W_2) = f(W_1) + f(W_2).$$

这个关系式对任意两个系统都成立,故它必为恒等式. 显然,对数函数满足该恒等式. 现需证明,要使上式满足,f 函数必须是对数函数(即不仅充分,而且必要). 试证明之(参看主要参考书目[2], p. 65).

解 将

$$f(W_1 W_2) = f(W_1) + f(W_2) \tag{1}$$

对 W_1 求微商,得

$$W_2 f'(W_1 W_2) = f'(W_1), \tag{2}$$

再对 W_2 求微商,得

$$W_1W_2f''(W_1W_2)+f'(W_1W_2)=0, \tag{3}$$

令 $W_1W_2=W$,得

$$Wf''(W)+f'(W)=0, \tag{4}$$

亦即

$$\frac{\mathrm{d}}{\mathrm{d}W}(Wf'(W))=0, \tag{5}$$

积分得

$$f'(W)=\frac{k}{W}, \tag{6}$$

其中 k 为积分常数,再对上式求积分,得

$$f(W)=k\ln W+C, \tag{7}$$

C 为另一积分常数. 将(7)式代入(1)式,则得 $C=0$. 最后得

$$S=f(W)=k\ln W. \tag{8}$$

这就证明了 f 函数必须是对数函数.

由公式(8)也让我们进一步理解到,最可几分布法求 $\ln W$ 的极大,实际上是热力学中熵判据的体现.

7.5 设有 N 个定域粒子组成的系统,粒子之间相互作用很弱,可以忽略. 设粒子只有三个非简并能级,能量分别为 $-\varepsilon,0,\varepsilon$. 系统处于平衡态,温度为 T. 试求:

(i) $T=0$ 时的熵 S.

(ii) S 的最大值.

(iii) S 的最小值.

(iv) 内能 $\bar{E}$;并求 $T\to0$ 与 $T\to\infty$ 的极限.

(v) 热容 $C(T)$;并求 $T\to0$ 与 $T\to\infty$ 的极限.

(vi) $\int_0^\infty C(T)\frac{\mathrm{d}T}{T}$.

解 (i) 令 $\varepsilon_1=-\varepsilon,\varepsilon_2=0,\varepsilon_3=\varepsilon$;这三个能级均为非简并的,即 $g_1=g_2=g_3=1$. 根据麦克斯韦-玻尔兹曼分布

$$\bar{a}_\lambda=\mathrm{e}^{-\alpha-\beta\varepsilon_\lambda}=\frac{N}{Z}\mathrm{e}^{-\beta\varepsilon_\lambda}, \tag{1}$$

$$Z=\sum_\lambda\mathrm{e}^{-\beta\varepsilon_\lambda}. \tag{2}$$

今有

$$Z = e^{\varepsilon/kT} + 1 + e^{-\varepsilon/kT}, \tag{3}$$

$$\bar{a}_1 = \frac{N}{Z}e^{\varepsilon/kT}, \quad \bar{a}_2 = \frac{N}{Z}, \quad \bar{a}_3 = \frac{N}{Z}e^{-\varepsilon/kT}. \tag{4}$$

当 $T\to 0$ 时，

$$Z \to e^{\varepsilon/kT}, \tag{5}$$

$$\bar{a}_1 \to N, \quad \bar{a}_2 \to 0, \quad \bar{a}_3 \to 0, \tag{6}$$

故

$$W = \frac{N!}{\bar{a}_1!\bar{a}_2!\bar{a}_3!} = \frac{N!}{N!0!0!} = 1. \tag{7}$$

由玻尔兹曼关系，有

$$S = k\ln W = 0. \tag{8}$$

也可以由定域子系熵的另一公式

$$S = Nk\left(\ln Z - \beta\frac{\partial}{\partial\beta}\ln Z\right), \tag{9}$$

得出与(8)式相同的结果(读者自己完成).

(ii) S 的最大值应为 $T\to\infty$ 时的值$\left(由\frac{\partial S}{\partial T}=\frac{C_V}{T}>0，可见 S 随 T 上升而增大\right)$.

当 $T\to\infty$ 时，

$$Z \to 3, \tag{10}$$

$$\bar{a}_1 = \bar{a}_2 = \bar{a}_3 = \frac{N}{3}, \tag{11}$$

则有

$$S = k\ln W = k\ln\frac{N!}{\left[\left(\frac{N}{3}\right)!\right]^3} = Nk\ln 3. \tag{12}$$

最后一步用到斯特令公式.

$T\to\infty$ 时的 W 值还可以更简单地求得：当 $T\to\infty$ 时，粒子占据任何一个能级的几率(应为 $\bar{a}_\lambda/N$)都相等. 也就是说，每个粒子可以占据三个态，N 个粒子总共有 3^N 种占据方式，即 $W=3^N$.

另外也可以由公式(9)取 $T\to\infty$ 极限来计算.

(iii) S 的最小值是 $T\to 0$ 时的取值. 由(8)式,即

$$S_{\min}=0. \tag{13}$$

(iv) $\bar{E}=-N\frac{\partial}{\partial\beta}\ln Z$

$$=-N\frac{1}{Z}\frac{\partial}{\partial\beta}(e^{\beta\varepsilon}+1+e^{-\beta\varepsilon})$$

$$=-N\varepsilon\frac{e^{\beta\varepsilon}-e^{-\beta\varepsilon}}{e^{\beta\varepsilon}+1+e^{-\beta\varepsilon}}. \tag{14}$$

$T\to 0$, $\bar{E}\to -N\varepsilon$ (N 个粒子均占据最低能级 $\varepsilon_1=-\varepsilon$);

$T\to\infty$, $\bar{E}\to 0$ (N 个粒子以相等几率占据三个能级).

(v) $C(T)=\frac{\partial\bar{E}}{\partial T}$

$$=-N\varepsilon\left\{\frac{e^{\beta\varepsilon}+e^{-\beta\varepsilon}}{e^{\beta\varepsilon}+1+e^{-\beta\varepsilon}}\left(-\frac{\varepsilon}{kT^2}\right)+\frac{(e^{\beta\varepsilon}-e^{-\beta\varepsilon})^2}{(e^{\beta\varepsilon}+1+e^{-\beta\varepsilon})^2}\left(\frac{\varepsilon}{kT^2}\right)\right\}$$

$$=Nk\left(\frac{\varepsilon}{kT}\right)^2\left\{\frac{e^{\beta\varepsilon}+e^{-\beta\varepsilon}}{e^{\beta\varepsilon}+1+e^{-\beta\varepsilon}}-\frac{(e^{\beta\varepsilon}-e^{-\beta\varepsilon})^2}{(e^{\beta\varepsilon}+1+e^{-\beta\varepsilon})^2}\right\}$$

$$=Nk\left(\frac{\varepsilon}{kT}\right)^2\frac{4+e^{\varepsilon/kT}+e^{-\varepsilon/kT}}{(e^{\varepsilon/kT}+1+e^{-\varepsilon/kT})^2}. \tag{15}$$

当 $T\to 0$ 时, $C(T)\to Nk\left(\frac{\varepsilon}{kT}\right)^2 e^{-\varepsilon/kT}\sim\frac{1}{T^2}e^{-\varepsilon/kT}\to 0$; (16)

当 $T\to\infty$ 时, $C(T)\to\frac{2}{3}Nk\left(\frac{\varepsilon}{kT}\right)^2\sim\frac{1}{T^2}\to 0$. (17)

(vi) 由 $C(T)=T\frac{\partial S}{\partial T}$,得

$$\int_0^\infty C(T)\frac{dT}{T}=S(\infty)-S(0)=Nk\ln 3-0=Nk\ln 3. \tag{18}$$

7.6 计算爱因斯坦固体模型的熵.

解 固体原子振动的爱因斯坦模型是典型的近独立定域子系(每一个振动自由度当作一个子系)组成的系统,按照麦克斯韦-玻尔兹曼分布,子系的配分函数为

$$Z=\sum_{n=0}^{\infty}e^{-\beta\varepsilon_n}=\sum_{n=0}^{\infty}e^{-\beta\left(n+\frac{1}{2}\right)h\nu}=\frac{e^{-\beta h\nu/2}}{1-e^{-\beta h\nu}}. \tag{1}$$

令 N 代表总原子数,总振动自由度数为 $3N$,应用原书公式(7.4.15)

（注意应该用“$3N$”代替公式中的“N”），有

$$S = 3Nk\left(\ln Z - \beta\frac{\partial}{\partial\beta}\ln Z\right)$$

$$= 3Nk\left\{-\frac{\beta h\nu}{2} - \ln(1-e^{-\beta h\nu}) + \frac{\beta h\nu}{2} + \frac{\beta h\nu}{e^{\beta h\nu}-1}\right\}$$

$$= 3Nk\left\{\frac{h\nu/kT}{e^{h\nu/kT}-1} - \ln(1-e^{-h\nu/kT})\right\}. \tag{2}$$

当 $T\to 0$ 时，不难看出上式的熵趋于零.

7.7 根据普朗克的热辐射理论，频率为 ν 的振子的配分函数 $Z(\nu)$ 为 $Z(\nu)=(1-e^{-\beta h\nu})^{-1}$（原书公式(7.5.22)）. 又知处在频率间隔 $(\nu,\nu+d\nu)$ 内的振子自由度数为 $g(\nu)d\nu=\frac{8\pi V}{c^3}\nu^2 d\nu$. 定域子系熵的公式(7.4.15)式现在应改为

$$S = k\int_0^\infty g(\nu)d\nu\left\{\ln Z(\nu) - \beta\frac{\partial}{\partial\beta}\ln Z(\nu)\right\},$$

试利用上式求出热辐射的熵.

解 热辐射的熵可表为

$$S = k\int_0^\infty\left\{\ln Z(\nu) - \beta\frac{\partial}{\partial\beta}\ln Z(\nu)\right\}g(\nu)d\nu. \tag{1}$$

将

$$g(\nu)d\nu = \frac{8\pi V}{c^3}\nu^2 d\nu, \tag{2}$$

$$Z(\nu) = (1-e^{-\beta h\nu})^{-1} \tag{3}$$

代入(1)式，得

$$S = k\frac{8\pi V}{c^3}\int_0^\infty\left\{-\ln(1-e^{-\beta h\nu}) + \frac{\beta h\nu}{e^{\beta h\nu}-1}\right\}\nu^2 d\nu. \tag{4}$$

引入无量纲变量 $x=\beta h\nu$，则(4)式化为

$$S = V\cdot\frac{8\pi k(kT)^3}{(hc)^3}\int_0^\infty\left\{-x^2\ln(1-e^{-x}) + \frac{x^3}{e^x-1}\right\}dx. \tag{5}$$

将第一项中的积分作分部积分

$$\int_0^\infty x^2\ln(1-e^{-x})dx = \frac{x^3}{3}\ln(1-e^{-x})\Big|_0^\infty - \int_0^\infty\frac{x^3}{3}\frac{e^{-x}}{1-e^{-x}}dx$$

$$= -\frac{1}{3}\int_0^\infty\frac{x^3}{e^x-1}dx, \tag{6}$$

于是(5)式化为

$$S = V \cdot \frac{8\pi k(kT)^3}{(hc)^3} \cdot \frac{4}{3}\int_0^\infty \frac{x^3}{e^x - 1}dx. \tag{7}$$

利用积分公式

$$\int_0^\infty \frac{x^3}{e^x - 1}dx = \frac{\pi^4}{15}, \tag{8}$$

(7)式最后化为

$$S = \frac{4}{3}aVT^3, \tag{9}$$

其中

$$a = \frac{8\pi^5 k^4}{15(hc)^3}. \tag{10}$$

7.8 自旋为 $\hbar/2$ 的粒子处于磁场 $\mathscr{H}$ 中,粒子的磁矩为 μ,磁矩与磁场方向平行或反平行所相应的能量分别为 $-\mu\mathscr{H}$ 与 $\mu\mathscr{H}$. 今设有 N 个这样的定域粒子处于磁场 $\mathscr{H}$ 中,整个系统处于温度为 T 的平衡态,粒子之间的相互作用很弱,可以忽略.

(i) 求子系的配分函数 Z.

(ii) 求系统的自由能 F,熵 S,内能 $\bar{E}$ 和热容 $C_{\mathscr{H}}$.

(iii) 证明总磁矩的平均值为 $\overline{\mathscr{M}} = N\mu\tanh\left(\frac{\mu\mathscr{H}}{kT}\right)$.

(iv) 证明在高温弱场下,亦即 $\frac{\mu\mathscr{H}}{kT} \ll 1$ 时:$\overline{\mathscr{M}} = \frac{N\mu^2}{kT}\mathscr{H}$;磁化率 $\chi = \frac{\partial(\overline{\mathscr{M}}/V)}{\partial\mathscr{H}} = \frac{n\mu^2}{kT}$;在低温强场下,亦即 $\frac{\mu\mathscr{H}}{kT} \gg 1$ 时:$\overline{\mathscr{M}} = N\mu$;$\chi = 0$.

(v) 以 $\frac{S}{Nk}, \frac{\bar{E}}{N\mu\mathscr{H}}, \frac{\overline{\mathscr{M}}}{N\mu}, \frac{C_{\mathscr{H}}}{Nk}$ 为纵坐标,以 $\frac{kT}{\mu\mathscr{H}}$ 为横坐标,在 $\frac{kT}{\mu\mathscr{H}}$ 从 0 到 6 的范围内,取 0.5 为间隔作图,从中可以看出诸量的变化行为.

解 (i) 令 $\varepsilon_1 = -\mu\mathscr{H}, \varepsilon_2 = \mu\mathscr{H}, g_1 = g_2 = 1$,则有

$$Z = g_1 e^{-\beta\varepsilon_1} + g_2 e^{-\beta\varepsilon_2} = e^{\beta\mu\mathscr{H}} + e^{-\beta\mu\mathscr{H}}. \tag{1}$$

(ii) $F = -NkT\ln Z = -NkT\ln(e^{\mu\mathscr{H}/kT} + e^{-\mu\mathscr{H}/kT})$, (2)

$$\begin{aligned} S &= Nk\left(\ln Z - \beta\frac{\partial}{\partial\beta}\ln Z\right) \\ &= Nk\left\{\ln(e^{\mu\mathscr{H}/kT} + e^{-\mu\mathscr{H}/kT}) - \frac{\mu\mathscr{H}}{kT}\tanh\left(\frac{\mu\mathscr{H}}{kT}\right)\right\}, \end{aligned} \tag{3}$$

$$\bar{E}=-N\frac{\partial}{\partial\beta}\ln Z=-N\mu\mathscr{H}\tanh\left(\frac{\mu\mathscr{H}}{kT}\right),\tag{4}$$

$$C_{\mathscr{H}}=\left(\frac{\partial\bar{E}}{\partial T}\right)_{\mathscr{H}}=Nk\left(\frac{\mu\mathscr{H}}{kT}\right)^2\left\{1-\tanh^2\left(\frac{\mu\mathscr{H}}{kT}\right)\right\}.\tag{5}$$

(iii) $\bar{a}_1=\dfrac{N}{Z}\mathrm{e}^{-\beta\varepsilon_1}=\dfrac{N}{Z}\mathrm{e}^{\beta\mu\mathscr{H}}$；　$\bar{a}_2=\dfrac{N}{Z}\mathrm{e}^{-\beta\varepsilon_2}=\dfrac{N}{Z}\mathrm{e}^{-\beta\mu\mathscr{H}}$.　(6)

$$\begin{aligned}\bar{\mathscr{M}}&=\bar{a}_1(+\mu)+\bar{a}_2(-\mu)=(\bar{a}_1-\bar{a}_2)\mu\\&=N\mu\frac{\mathrm{e}^{\beta\mu\mathscr{H}}-\mathrm{e}^{-\beta\mu\mathscr{H}}}{\mathrm{e}^{\beta\mu\mathscr{H}}+\mathrm{e}^{-\beta\mu\mathscr{H}}}\\&=N\mu\tanh\left(\frac{\mu\mathscr{H}}{kT}\right).\end{aligned}\tag{7}$$

(iv) 在高温弱场下$\left(\dfrac{\mu\mathscr{H}}{kT}\ll 1\right)$，利用展开式

$$\tanh x=x-\frac{x^3}{3}+\cdots\quad(x<1),\tag{8}$$

当 $x=\mu\mathscr{H}/kT\ll 1$ 时，取(8)式第一项，则得

$$\bar{\mathscr{M}}=N\mu\frac{\mu\mathscr{H}}{kT}.\tag{9}$$

令 $\mathfrak{M}$ 为磁化强度，$n=N/V$ 为粒子数密度，于是有

$$\mathfrak{M}=\bar{\mathscr{M}}/V=\frac{n\mu^2}{kT}\mathscr{H},\tag{10}$$

$$\chi=\left(\frac{\partial\mathfrak{M}}{\partial\mathscr{H}}\right)_T=\frac{n\mu^2}{kT}.\tag{11}$$

顺便说一下，如果把磁矩在磁场中的能量当作连续变化的，即取 $-\mu\mathscr{H}\cos\theta$($\theta$ 为磁矩与磁场之间的夹角)，则会得到 $\chi=\dfrac{1}{3}\dfrac{n\mu^2}{kT}$. 与(11)式差$\dfrac{1}{3}$因子(请对比题 7.15).

另一方面，在低温强场下，即 $x=\dfrac{\mu\mathscr{H}}{kT}\gg 1$，此时

$$\tanh x\approx 1,\tag{12}$$

则(9)，(10)式应为

$$\bar{\mathscr{M}}=N\mu,\quad\mathfrak{M}=n\mu.\tag{13}$$

即磁化强度 $\mathfrak{M}$ 与磁场 $\mathscr{H}$ 无关，全部粒子的磁矩都排在磁场方向上.

此时

$$\chi = \left(\frac{\partial \mathfrak{M}}{\partial \mathscr{H}}\right)_T = 0. \tag{14}$$

(v) 见图.

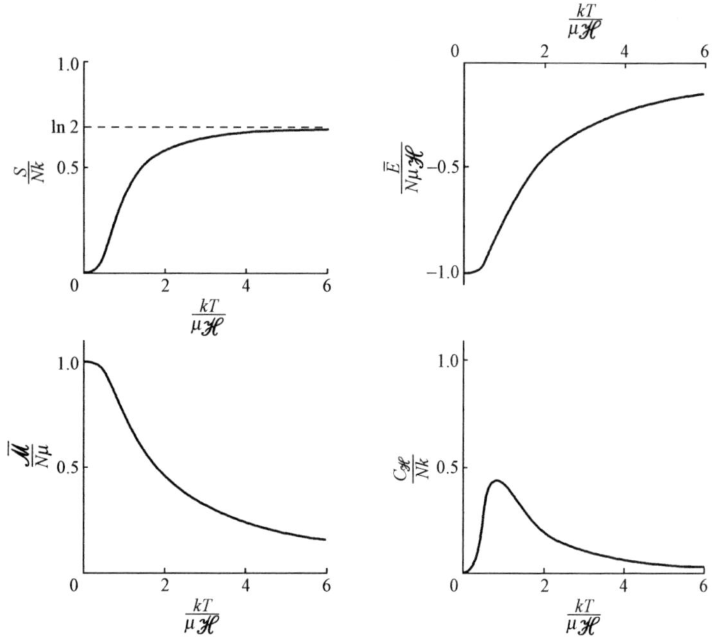

题 7.8 图

(取自 R. K. Pathria, Statistical Mechanics, second edition, Butterworth-Heinemann, 1996, pp. 78—79)

7.9 N 个原子在空间规则地排列起来形成点阵结构(理想晶体). 由于热涨落,原子可以离开原来的点阵位置进入点阵的间隙位置,这种**空位-间隙原子**称为**弗仑克尔**(Frenkel)**缺陷**(见图).

令 w 代表将原子从原来的位置移到间隙位置所需要的能量,当 $kT \ll w$ 时,缺陷数 n 满足 $1 \ll n \ll N$,因而缺陷之间的相互影响可以忽略. 原子可以进入的间隙位置数 N' 和 N 有相同的数量级. 试证明在温度 T 满足 $kT \ll w$ 的平衡态下,缺陷的平均数 n 满足下列关系:

$$\frac{n^2}{(N-n)(N'-n)} = e^{-w/kT},$$

或

$$n \approx \sqrt{NN'}\mathrm{e}^{-w/2kT}.$$

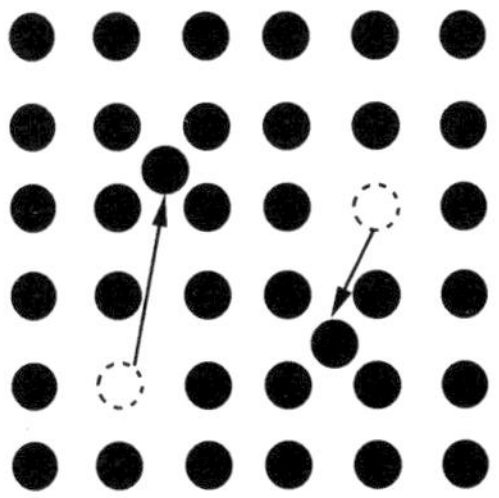
题 7.9 图　弗仑克尔缺陷示意

提示:先利用玻尔兹曼关系 $S(n)=k\ln W(n)$ 求出有 n 个缺陷时的熵,其中 $W(n)$ 代表从 N 个点阵位置移下 n 个原子并把它们分配到 N' 个间隙位置中的 n 个位置上的不同方式数.

有 n 个缺陷时的自由能为 $F(n)=E(n)-TS(n)=nw-TS(n)$,再由自由能极小的条件,即

$$\left(\frac{\partial F(n)}{\partial n}\right)_T = 0$$

导出使 F 取极小的缺陷数 n,它代表一定温度 T 的平衡态的平均缺陷数.

本题是综合应用热力学与统计物理学的一个例子.

解　从 N 个点阵位置取出 n 个原子的不同方式数为

$$\frac{N!}{n!(N-n)!}, \tag{1}$$

再把它们放到 N' 个间隙位置中的 n 个位置上的不同方式数为

$$\frac{N'!}{n!(N'-n)!}, \tag{2}$$

于是,从 N 个点阵位置上取出 n 个原子并把它们放到 N' 个间隙位置上的不同方式数 $W(n)$ 为(1)与(2)两者相乘,即

$$W(n) = \frac{N!}{n!(N-n)!}\cdot\frac{N'!}{n!(N'-n)!}. \tag{3}$$

根据玻尔兹曼关系,有 n 个缺陷时的熵为

$$S(n) = k\ln W(n) = k\ln\left\{\frac{N'!}{n!(N-n)!}\cdot\frac{N'!}{n!(N'-n)!}\right\}, \tag{4}$$

有 n 个缺陷时的自由能为

$$\begin{aligned} F(n) &= E(n) - TS(n) \\ &= nw - kT\{\ln N! + \ln N'! - 2n(\ln n - 1) \\ &\quad - (N-n)[\ln(N-n)-1] - (N'-n)[\ln(N'-n)-1]\}. \end{aligned} \tag{5}$$

平衡态时缺陷的最可几值(或平均值)应由自由能极小的条件确定,即

$$\left(\frac{\partial F}{\partial n}\right)_T = 0. \tag{6}$$

将(5)式代入(6)式,得

$$w + kT[2\ln n - \ln(N-n) - \ln(N'-n)] = 0, \tag{7}$$

即得

$$\ln \frac{n^2}{(N-n)(N'-n)} = -\frac{w}{kT}, \tag{8}$$

或

$$\frac{n^2}{(N-n)(N'-n)} = e^{-w/kT}. \tag{9}$$

因 $n \ll N, n \ll N'$,故近似有 $N-n \approx N, N'-n \approx N'$,于是得

$$n \approx \sqrt{NN'} e^{-w/2kT}. \tag{10}$$

7.10 在有 N 个原子的理想晶体中,如果把 n 个原子($1 \ll n \ll N$)从晶体内部的点阵位置上移到晶体表面的点阵位置上,从而形成具有 n 个**肖特基(Schottky)缺陷**的非理想晶体(见图).令 w 代表把一个原子从晶体内部的点阵位置移到晶体表面所需的能量.试用求解题 7.9 相同的方法,证明在 $kT \ll w$ 的温度下,平衡态 n 的平均值满足

$$\frac{n}{N+n} = e^{-w/kT}$$

或

$$n \approx N e^{-w/kT}.$$

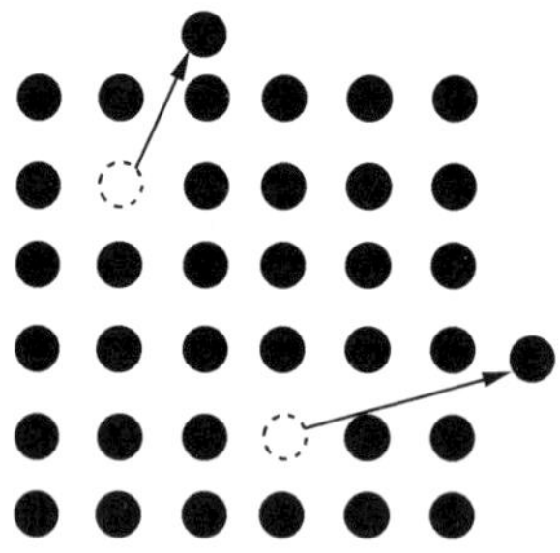

题 7.10 图 肖特基缺陷示意

提示:把 n 个原子移到晶体表面的点阵位置上,相当于在 $N+n$ 个点阵位置上分配 n 个空位的不同方式数.

解 当把 n 个原子从晶体内部移到晶体表面的点阵位置时,相当于在 $N+n$ 个点阵位置上分配 n 个空位和 N 个原子,不同的分配

方式数为

$$W(n)=\frac{(N+n)!}{n!N!},\tag{1}$$

相应的熵、能量及自由能分别为

$$S(n)=k\ln W(n),\tag{2}$$

$$E(n)=nw,\tag{3}$$

$$\begin{aligned}F(n)&=E(n)-TS(n)\\&=nw-kT\ln W(n)\\&=nw-kT\{(N+n)\ln(N+n)-N\ln N-n\ln n\}.\end{aligned}\tag{4}$$

(4)式的最后一步用到斯特令公式.

平衡态下 n 的最可几值(或平均值)由自由能极小条件确定，即由

$$\left(\frac{\partial F}{\partial n}\right)_T=0\tag{5}$$

确定.将(4)式代入(5)式,得

$$w-kT\{\ln(N+n)-\ln n\}=0,\tag{6}$$

亦即有

$$\ln\frac{n}{N+n}=-w/kT\tag{7}$$

或

$$\frac{n}{N+n}=e^{-w/kT},\tag{8}$$

由于 $n\ll N$,故得

$$n\approx Ne^{-w/kT}.\tag{9}$$

7.11　试根据麦克斯韦速度分布律求两个分子的相对速度 $\boldsymbol{v}_r=\boldsymbol{v}_2-\boldsymbol{v}_1$ 和相对速率 $v_r=|\boldsymbol{v}_r|$的分布,并求相对速率的平均值 $\bar{v}_r$.

解　由麦克斯韦速度分布,一个分子速度处于速度间隔 $d^3\boldsymbol{v}_1\equiv dv_{1x}dv_{1y}dv_{1z}$内的几率为

$$P_1(\boldsymbol{v}_1)d^3\boldsymbol{v}_1=\left(\frac{m}{2\pi kT}\right)^{3/2}e^{-m\boldsymbol{v}_1^2/2kT}d^3\boldsymbol{v}_1,\tag{1}$$

同样,另一个分子速度处于 $d^3\boldsymbol{v}_2$ 内的几率为

$$P_1(\boldsymbol{v}_2)d^3\boldsymbol{v}_2 = \left(\frac{m}{2\pi kT}\right)^{3/2} e^{-m\boldsymbol{v}_2^2/2kT} d^3\boldsymbol{v}_2. \tag{2}$$

令 $P_2(\boldsymbol{v}_1,\boldsymbol{v}_2)d^3\boldsymbol{v}_1 d^3\boldsymbol{v}_2$ 代表一个分子的速度处于 $d^3\boldsymbol{v}_1$ 内同时另一个分子的速度处于 $d^3\boldsymbol{v}_2$ 内的几率. 对理想气体,分子之间的相互作用可以忽略,两个分子的速度分布相互独立,故可利用几率的乘法定理,于是有

$$P_2(\boldsymbol{v}_1,\boldsymbol{v}_2)d^3\boldsymbol{v}_1 d^3\boldsymbol{v}_2 = P_1(\boldsymbol{v}_1)d^3\boldsymbol{v}_1 \cdot P_1(\boldsymbol{v}_2)d^3\boldsymbol{v}_2. \tag{3}$$

将(1)与(2)式代入(3)式,得

$$P_2(\boldsymbol{v}_1,\boldsymbol{v}_2)d^3\boldsymbol{v}_1 d^3\boldsymbol{v}_2 = \left(\frac{m}{2\pi kT}\right)^3 \exp\left\{-\frac{m}{2kT}(\boldsymbol{v}_1^2+\boldsymbol{v}_2^2)\right\} d^3\boldsymbol{v}_1 d^3\boldsymbol{v}_2. \tag{4}$$

引入两个分子的质心速度 $\boldsymbol{v}_c$ 和相对速度 $\boldsymbol{v}_r$:

$$\boldsymbol{v}_c = \frac{1}{2}(\boldsymbol{v}_1+\boldsymbol{v}_2), \tag{5a}$$

$$\boldsymbol{v}_r = \boldsymbol{v}_2 - \boldsymbol{v}_1. \tag{5b}$$

则有

$$\boldsymbol{v}_1 = \boldsymbol{v}_c - \frac{1}{2}\boldsymbol{v}_r, \tag{6a}$$

$$\boldsymbol{v}_2 = \boldsymbol{v}_c + \frac{1}{2}\boldsymbol{v}_r, \tag{6b}$$

$$\frac{1}{2}m(\boldsymbol{v}_1^2+\boldsymbol{v}_2^2) = \frac{M}{2}\boldsymbol{v}_c^2 + \frac{\mu}{2}\boldsymbol{v}_r^2. \tag{7}$$

其中 $M\equiv 2m$ 与 $\mu\equiv\dfrac{m}{2}$ 分别代表两个分子的总质量与约化质量. 根据多重积分的变量变换公式,有

$$d^3\boldsymbol{v}_1 d^3\boldsymbol{v}_2 = |J| d^3\boldsymbol{v}_c d^3\boldsymbol{v}_r, \tag{8}$$

其中

$$J\equiv\frac{\partial(v_{1x},v_{1y},v_{1z},v_{2x},v_{2y},v_{2z})}{\partial(v_{cx},v_{cy},v_{cz},v_{rx},v_{ry},v_{rz})}$$

$$
= \begin{vmatrix} \dfrac{\partial v_{1x}}{\partial v_{cx}} & \dfrac{\partial v_{1x}}{\partial v_{cy}} & \cdots & \dfrac{2 v_{1x}}{2 v_{rz}} \\ \dfrac{\partial v_{1y}}{\partial v_{cx}} & \dfrac{\partial v_{1y}}{\partial v_{cy}} & \cdots & \dfrac{\partial v_{1y}}{\partial v_{rz}} \\ \vdots & \vdots & & \vdots \\ \dfrac{\partial v_{2z}}{\partial v_{cx}} & \dfrac{\partial v_{2z}}{\partial v_{cy}} & \cdots & \dfrac{\partial v_{2z}}{\partial v_{rz}} \end{vmatrix}
$$

$$
= \begin{vmatrix} 1 & 0 & 0 & -\dfrac{1}{2} & 0 & 0 \\ 0 & 1 & 0 & 0 & -\dfrac{1}{2} & 0 \\ 0 & 0 & 1 & 0 & 0 & -\dfrac{1}{2} \\ 1 & 0 & 0 & \dfrac{1}{2} & 0 & 0 \\ 0 & 1 & 0 & 0 & \dfrac{1}{2} & 0 \\ 0 & 0 & 1 & 0 & 0 & \dfrac{1}{2} \end{vmatrix}
$$

$$
= 1. \tag{9}
$$

于是,(3)式化为

$$
P_2(\boldsymbol{v}_1, \boldsymbol{v}_2)\mathrm{d}^3\boldsymbol{v}_1\mathrm{d}^3\boldsymbol{v}_2 = P_1(\boldsymbol{v}_c)\mathrm{d}^3\boldsymbol{v}_c \cdot P_1(\boldsymbol{v}_r)\mathrm{d}^3\boldsymbol{v}_r, \tag{10}
$$

其中

$$
P_1(\boldsymbol{v}_c)\mathrm{d}^3\boldsymbol{v}_c = \left(\frac{M}{2\pi kT}\right)^{3/2} \mathrm{e}^{-M\boldsymbol{v}_c^2/2kT}\mathrm{d}^3\boldsymbol{v}_c, \tag{11}
$$

$$
P_1(\boldsymbol{v}_r)\mathrm{d}^3\boldsymbol{v}_r = \left(\frac{\mu}{2\pi kT}\right)^{3/2} \mathrm{e}^{-\mu\boldsymbol{v}_r^2/2kT}\mathrm{d}^3\boldsymbol{v}_r \tag{12}
$$

分别代表两个分子质心速度与相对速度的分布几率,它们均满足归一化条件.将 $\boldsymbol{v}_r$ 用球坐标表达:

$$
\boldsymbol{v}_r = (v_r\sin\theta\cos\varphi, v_r\sin\theta\sin\varphi, v_r\cos\theta), \tag{13}
$$

$$
\mathrm{d}^3\boldsymbol{v}_r = v_r^2\sin\theta\mathrm{d}\theta\mathrm{d}\varphi\mathrm{d}v_r. \tag{14}
$$

v_r 的平均值为

$$
\bar{v}_r = \int v_r P_1(\boldsymbol{v}_r)\mathrm{d}^3\boldsymbol{v}_r
$$

$$= \left(\frac{\mu}{2\pi kT}\right)^{3/2}\int_0^{\infty} v_r^3 e^{-\mu v_r^2/2kT} dv_r \int_0^{\pi}\sin\theta d\theta\int_0^{2\pi}d\varphi$$

$$= 4\pi\left(\frac{\mu}{2\pi kT}\right)^{3/2}\int_0^{\infty} v_r^3 e^{-\mu v_r^2/2kT} dv_r$$

$$= \sqrt{\frac{8kT}{\pi\mu}} = \sqrt{2}\bar{v}, \tag{15}$$

其中 $\bar{v}=\sqrt{\dfrac{8kT}{\pi m}}$ 为分子的平均速率.

7.12　设容器内的理想气体处于平衡态,并满足经典极限条件,试证明单位时间内碰到器壁单位面积上的平均分子数为

$$\Gamma = \frac{1}{4}n\bar{v},$$

其中 n 为气体分子的数密度,$\bar{v}$ 为平均速率.

解　由麦克斯韦分布,单位体积内速度处于 $d^3\boldsymbol{v} = dv_x dv_y dv_z$ 内的平均分子数为

$$f(\boldsymbol{v})d^3\boldsymbol{v} = n\left(\frac{m}{2\pi kT}\right)^{3/2} e^{-mv^2/2kT} dv_x dv_y dv_z, \tag{1}$$

此时间内碰到器壁 dA 面积上、速度处于 $d^3\boldsymbol{v}$ 内的分子必定处于如图所示的柱体内(图中之阴影区),柱体的底为 dA,高为 $v_x dt$,即分子数为

$$dAv_x dt \cdot f(\boldsymbol{v})d^3\boldsymbol{v}. \tag{2}$$

令 $d\Gamma$ 代表单位时间内、速度处于 $d^3\boldsymbol{v}$ 内的分子碰到器壁单位面积上的平均数,则有

$$d\Gamma = v_x f(\boldsymbol{v})d^3\boldsymbol{v}. \tag{3}$$

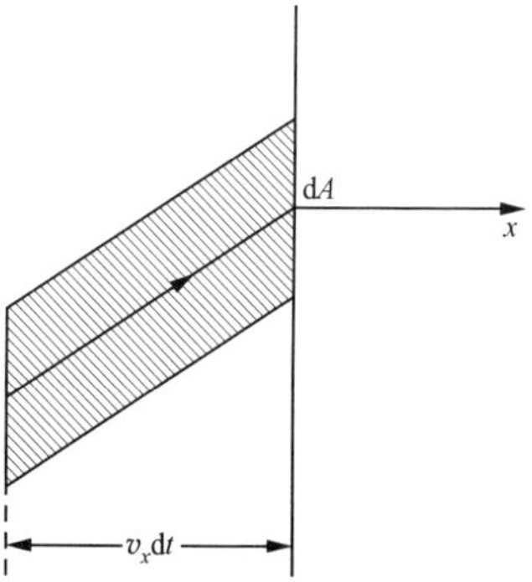

题 7.12 图　分子对壁的碰撞

令 Γ 代表单位时间内碰到器壁单位面积上的分子数

$$\Gamma = \int d\Gamma = \int_0^{+\infty} dv_x \int_{-\infty}^{+\infty} dv_y \int_{-\infty}^{+\infty} dv_z v_x f(\boldsymbol{v}). \tag{4}$$

注意上式中对 v_x 的积分限为 0 到 $+\infty$,表示分子必须沿正 x 方向运动才能碰到器壁上;但对 v_y, v_z 的积分限均为 $-\infty$ 到 $+\infty$. 将(1)式

代入(4)式,

$$\Gamma = n\left(\frac{m}{2\pi kT}\right)^{3/2}\int_0^{\infty} v_x \mathrm{e}^{-mv_x^2/2kT}\mathrm{d}v_x\int_{-\infty}^{\infty}\mathrm{e}^{-mv_y^2/2kT}\mathrm{d}v_y\int_{-\infty}^{\infty}\mathrm{e}^{-mv_z^2/2kT}\mathrm{d}v_z$$

$$= \frac{1}{4}n\sqrt{\frac{8kT}{\pi m}} = \frac{1}{4}n\bar{v}, \tag{5}$$

其中 $\bar{v}=\sqrt{\dfrac{8kT}{\pi m}}$为分子的平均速率.

7.13　设容器内的理想气体处于平衡态,并满足经典极限条件,今在容器壁上开一小孔,分子将从小孔中跑出.试求跑出的分子束中,分子的平均速率 $\bar{v}_{出}$ 和平均动能 $\bar{\varepsilon}_{出}$.并与容器内分子相应的 $\bar{v}$ 与 $\bar{\varepsilon}$ 比较,结果说明了什么?

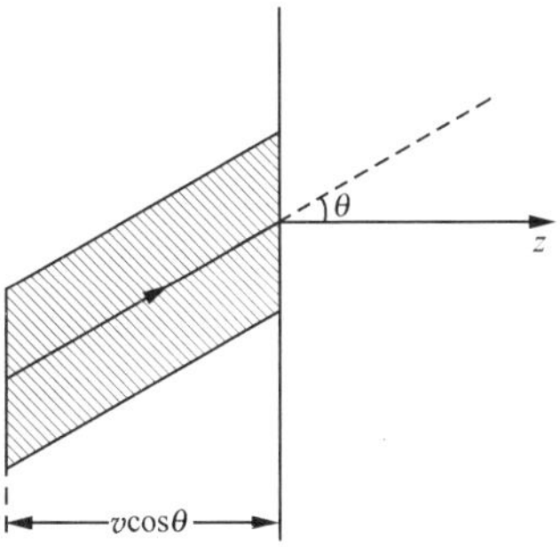

题 7.13 图

解　取坐标如图,并将上题中的 $\mathrm{d}\Gamma$ 用速度空间的球坐标表达,则单位时间内、速度处于 $\mathrm{d}^3\boldsymbol{v}$ 内的分子,碰到器壁单位面积上的平均数为

$$\mathrm{d}\Gamma = v\cos\theta f(\boldsymbol{v})\mathrm{d}^3\boldsymbol{v}$$

$$= n\left(\frac{m}{2\pi kT}\right)^{3/2}\mathrm{e}^{-mv^2/2kT}v^3\cos\theta\sin\theta\mathrm{d}\theta\mathrm{d}\varphi. \tag{1}$$

令小孔的面积为 S,则单位时间内、速度处于 $\mathrm{d}^3\boldsymbol{v}$ 内、从小孔跑出去的分子数为 $S\mathrm{d}\Gamma$,而跑出去的总分子数为 $S\int\mathrm{d}\Gamma$,二者之比即代表从小孔跑出容器的分子速度处于 $\mathrm{d}^3\boldsymbol{v}$ 内的几率,即

$$\frac{S\mathrm{d}\Gamma}{S\int\mathrm{d}\Gamma} = \frac{\mathrm{d}\Gamma}{\int\mathrm{d}\Gamma}. \tag{2}$$

注意上式中分子分母中共同的因子 S(小孔的面积)已消去,即该几率与小孔面积大小无关.

令 $\bar{v}_{出}$ 与 $\bar{\varepsilon}_{出}$ 分别代表从小孔跑出容器的分子的平均速率与平均动能,则有

$$\bar{v}_{出} = \frac{\int v \mathrm{d}\Gamma}{\int \mathrm{d}\Gamma} = \frac{\int_0^\infty v^4 f(\boldsymbol{v}) \mathrm{d}v}{\int_0^\infty v^3 f(\boldsymbol{v}) \mathrm{d}v} = \frac{3\pi}{8}\bar{v}, \tag{3}$$

其中 $\bar{v}=\sqrt{\frac{8kT}{\pi m}}$ 为容器中气体分子的平均速率. 跑出小孔的分子的平均动能为

$$\bar{\varepsilon}_{出} = \frac{1}{2}m\overline{v_{出}^2}, \tag{4}$$

$$\overline{v_{出}^2} = \frac{\int v^2 \mathrm{d}\Gamma}{\int \mathrm{d}\Gamma} = \frac{\int_0^\infty v^5 f(\boldsymbol{v}) \mathrm{d}v}{\int_0^\infty v^3 f(\boldsymbol{v}) \mathrm{d}v} = \frac{4kT}{m}, \tag{5}$$

于是得

$$\bar{\varepsilon}_{出} = 2kT. \tag{6}$$

而容器内气体分子 $\bar{\varepsilon}=\frac{3}{2}kT$.

由(3)与(6)式可以看出,

$$\bar{v}_{出} > \bar{v}, \quad \bar{\varepsilon}_{出} > \bar{\varepsilon}. \tag{7}$$

如何理解上述结果呢? 从(2)式对 θ,φ 积分,即得从小孔跑出容器的分子按速率的几率分布

$$P_{出}(v) = 2\left(\frac{m}{2kT}\right)^2 v^3 \mathrm{e}^{-mv^2/2kT}. \tag{8}$$

而在容器内分子按速率的几率分布为

$$P(v) = 4\pi\left(\frac{m}{2kT}\right)^{3/2} v^2 \mathrm{e}^{-mv^2/2kT}. \tag{9}$$

(8)式与(9)式相比可以看出,前者具有较高 v 值分子的权重要更大些.

7.14 有一单原子分子理想气体与一吸附面接触,被吸附分子与外部气体分子相比,其能量中多一项吸引势能 $-\phi$. 设被吸附的分子可以在吸附面上自由运动,形成二维理想气体,又设外部气体与被吸附的二维气体均满足经典极限条件. 已知外部气体的温度为 T,压强为 p. 试求这两部分气体达到平衡时,二维气体单位面积内的分子数.

提示：二维气体与外部气体可以看成两个不同的相，利用相变平衡条件.

解　对于满足经典极限条件的二维理想气体，分子能量的经典表达形式为

$$\varepsilon = \frac{1}{2m}(p_x^2 + p_y^2) - \phi. \tag{1}$$

相应的子系配分函数为

$$\begin{aligned} Z &= \frac{1}{h^2}\iiiint e^{-\varepsilon/kT}\,dx\,dy\,dp_x\,dp_y \\ &= \frac{e^{\phi/kT}}{h^2}\iint dx\,dy\iint_{-\infty}^{\infty} e^{-(p_x^2+p_y^2)/2mkT}\,dp_x\,dp_y \\ &= \frac{A}{h^2}(2\pi mkT)e^{\phi/kT}, \end{aligned} \tag{2}$$

其中 A 为吸附面的面积. 令被吸附的总分子数为 N，则有

$$N = e^{-\alpha}Z. \tag{3}$$

令 $n=N/A$ 代表二维气体分子的面密度（即单位面积的平均分子数），由(2)、(3)式得

$$n = e^{-\alpha}\frac{2\pi mkT}{h^2}e^{\phi/kT}, \tag{4}$$

上式中的 α 尚有待确定. 被吸附的气体与外部气体可以看成两个不同的相，相互处于平衡态. 令 μ 与 μ' 分别代表两相的化学势，按相变平衡条件有

$$\mu = \mu'. \tag{5}$$

又

$$\alpha = -\mu/kT,\quad \alpha' = -\mu'/kT, \tag{6}$$

故得

$$e^{-\alpha} = e^{-\alpha'}. \tag{7}$$

外部气体是满足经典极限条件的理想气体，令 N'，Z' 为外部气体的总分子数与子系配分函数，利用熟知的结果（记不住也无妨，重新算一遍），

$$Z' = \frac{V}{h^3}(2\pi mkT)^{3/2}, \tag{8}$$

$$e^{-\alpha'} = \frac{N'}{Z'} = \frac{n'h^3}{(2\pi mkT)^{3/2}}, \tag{9}$$

其中 $n'=N'/V$ 为外部气体的分子数密度.将(9)式代入(4)式,得

$$n = \frac{n'h}{(2\pi mkT)^{1/2}} e^{\phi/kT}. \tag{10}$$

对满足经典极限条件的外部气体,其压强为

$$p' = n'kT. \tag{11}$$

用温度及外部气体的压强 p' 表达时,(10)式化为

$$n = \frac{p'h}{(2\pi m)^{1/2}(kT)^{3/2}} e^{\phi/kT}. \tag{12}$$

上式表明,外部气压增加、温度降低有利于吸附.

7.15　有一双原子分子理想气体,设分子具有电偶极矩 $\boldsymbol{d}_0$,它在电场 $\vec{\mathscr{E}}$($\vec{\mathscr{E}}$ 的方向取为 z 轴)中的转动能的经典表达式为

$$\varepsilon^r = \frac{1}{2I}\left(p_\theta^2 + \frac{1}{\sin^2\theta}p_\varphi^2\right) - d_0\mathscr{E}\cos\theta,$$

其中 θ 为偶极矩 $\boldsymbol{d}_0$ 与电场 $\vec{\mathscr{E}}$ 之间的夹角.当温度不太低时,该气体满足经典极限条件.

(i) 求分子质心速度的 x 分量处在 v_x 与 $v_x+\mathrm{d}v_x$ 之间的几率.

(ii) 求分子的偶极矩 $\boldsymbol{d}_0$ 与电场 $\vec{\mathscr{E}}$ 之间的夹角处于 θ 与 $\theta+\mathrm{d}\theta$ 之间的几率.

(iii) 证明气体的极化强度等于

$$\mathscr{P} = nd_0\overline{\cos\theta} = nd_0\left(\frac{e^x + e^{-x}}{e^x - e^{-x}} - \frac{1}{x}\right),$$

其中 n 为单位体积内的分子数,$x=\beta d_0\mathscr{E}=d_0\mathscr{E}/kT$.

(iv) 证明转动配分函数为

$$Z^r = \frac{8\pi^2 I}{h^2\beta}\frac{\sinh(\beta d_0\mathscr{E})}{\beta d_0\mathscr{E}}.$$

(v) 证明极化强度 $\mathscr{P}$ 可以表为

$$\mathscr{P} = \frac{n}{\beta}\frac{\partial}{\partial\mathscr{E}}\ln Z^r,$$

由此求得与(iii)相同的结果.

(vi) 当 $x\ll 1$ 时(即弱场、高温),证明

$$\mathscr{P}=\chi\mathscr{E},\quad \chi=\frac{nd_0^2}{3kT},$$

χ 为极化率.

解　(i) 由于分子的转动能与平动自由度无关,而分子质心平动的速度分布只涉及平动自由度,故麦克斯韦速度分布的形式不变,即单位体积内、质心的平动速度处于 $\mathrm{d}^3\boldsymbol{v}=\mathrm{d}v_x\mathrm{d}v_y\mathrm{d}v_z$ 内的平均分子数为

$$f(\boldsymbol{v})\mathrm{d}^3\boldsymbol{v}=n\left(\frac{m}{2\pi kT}\right)^{3/2}\mathrm{e}^{-m(v_x^2+v_y^2+v_z^2)/2kT}\mathrm{d}v_x\mathrm{d}v_y\mathrm{d}v_z.\tag{1}$$

令 $P(\boldsymbol{v})\mathrm{d}^3\boldsymbol{v}$ 代表分子质心速度处于 $\mathrm{d}^3\boldsymbol{v}$ 内的几率,由(1)式得

$$P(\boldsymbol{v})\mathrm{d}^3\boldsymbol{v}=\frac{1}{n}f(\boldsymbol{v})\mathrm{d}^3\boldsymbol{v}=\left(\frac{m}{2\pi kT}\right)^{3/2}\mathrm{e}^{-m(v_x^2+v_y^2+v_z^2)/2kT}\mathrm{d}v_x\mathrm{d}v_y\mathrm{d}v_z.\tag{2}$$

令 $\widetilde{P}(v_x)\mathrm{d}v_x$ 代表分子质心速度的 x 分量处于 $\mathrm{d}v_x$ 内的几率. 由(2)式对 $\mathrm{d}v_y$ 与 $\mathrm{d}v_z$ 积分,即得

$$\widetilde{P}(v_x)\mathrm{d}v_x=\left(\frac{m}{2\pi kT}\right)^{1/2}\mathrm{e}^{-mv_x^2/2kT}\mathrm{d}v_x.\tag{3}$$

(ii) 设双原子分子的振动可以不考虑(相当于振动自由度冻结,这对许多双原子分子是很好的近似. 不过,即使在需要考虑振动自由度的情况下,由于振动与转动及平动自由度相互独立,并不影响以下的计算结果),则在满足经典极限的条件下,双原子分子理想气体的麦克斯韦-玻尔兹曼分布可以表为

$$\mathrm{e}^{-\alpha-\beta\varepsilon}\mathrm{d}\omega=\mathrm{e}^{-\alpha-\beta(\varepsilon^{\mathrm{t}}+\varepsilon^{\mathrm{r}})}\mathrm{d}\omega^{\mathrm{t}}\mathrm{d}\omega^{\mathrm{r}},\tag{4}$$

其中 $\varepsilon^{\mathrm{t}},\varepsilon^{\mathrm{r}}$ 与 $\mathrm{d}\omega^{\mathrm{t}},\mathrm{d}\omega^{\mathrm{r}}$ 分别代表分子平动与转动的能量和子相体元.

$$\varepsilon^{\mathrm{r}}=\frac{1}{2I}\left(p_\theta^2+\frac{1}{\sin^2\theta}p_\varphi^2\right)-d_0\mathscr{E}\cos\theta,\tag{5}$$

$$\mathrm{d}\omega^{\mathrm{r}}=\mathrm{d}\theta\mathrm{d}\varphi\mathrm{d}p_\theta\mathrm{d}p_\varphi.\tag{6}$$

令 $P_\theta(\theta)\mathrm{d}\theta$ 代表分子的偶极矩 $\boldsymbol{d}_0$ 与电场 $\vec{\mathscr{E}}$ 之间的夹角处于 θ 与 $\theta+\mathrm{d}\theta$ 内的几率. 从(4)式出发,对与 θ 无关的变量积分,注意到对 p_φ 的积分得

$$\int_{-\infty}^{\infty}\mathrm{e}^{-\beta p_\varphi^2/2I\sin^2\theta}\mathrm{d}p_\varphi=\sqrt{2\pi I\sin^2\theta}\sim\sin\theta,\tag{7}$$

它将提供因子 $\sin\theta$;其他与 θ 无关的因子可以用常数 C 表示,于是得

$$P_\theta(\theta)\mathrm{d}\theta = C\mathrm{e}^{\beta d_0 \mathscr{E}\cos\theta}\sin\theta\mathrm{d}\theta, \tag{8}$$

常数 C 由归一化条件决定,即

$$\begin{aligned}\int_0^\pi P_\theta(\theta)\mathrm{d}\theta &= C\int_0^\pi \sin\theta\mathrm{e}^{\beta d_0 \mathscr{E}\cos\theta}\mathrm{d}\theta \\ &= C\frac{1}{\beta d_0 \mathscr{E}}(\mathrm{e}^{\beta d_0 \mathscr{E}} - \mathrm{e}^{-\beta d_0 \mathscr{E}}) = 1.\end{aligned} \tag{9}$$

于是得

$$C = \frac{\beta d_0 \mathscr{E}}{\mathrm{e}^{\beta d_0 \mathscr{E}} - \mathrm{e}^{-\beta d_0 \mathscr{E}}}, \tag{10}$$

$$P_\theta(\theta)\mathrm{d}\theta = \frac{\beta d_0 \mathscr{E}}{\mathrm{e}^{\beta d_0 \mathscr{E}} - \mathrm{e}^{-\beta d_0 \mathscr{E}}}\mathrm{e}^{\beta d_0 \mathscr{E}\cos\theta}\sin\theta\mathrm{d}\theta. \tag{11}$$

(iii) 电极化强度 $\vec{\mathscr{P}}$ 是单位体积内分子电偶极矩之和的统计平均值.

$$\vec{\mathscr{P}} = (\mathscr{P}_x, \mathscr{P}_y, \mathscr{P}_z), \tag{12}$$

$$\mathscr{P}_x = nd_0\,\overline{\sin\theta\cos\varphi}, \tag{13a}$$

$$\mathscr{P}_y = nd_0\,\overline{\sin\theta\sin\varphi}, \tag{13b}$$

$$\mathscr{P}_z = nd_0\,\overline{\cos\theta}. \tag{13c}$$

注意到与转动自由度有关的玻尔兹曼因子 $\mathrm{e}^{-\beta\varepsilon^r}$ 与角度 φ 无关,这表明分子电偶极矩在 x-y 平面的投影指向任何方向的几率是相等的,因而

$$\overline{\cos\varphi} = \overline{\sin\varphi} = 0. \tag{14}$$

于是有

$$\mathscr{P}_x = \mathscr{P}_y = 0. \tag{15}$$

利用(11)式的几率可以直接计算 $\mathscr{P}_z$.

$$\begin{aligned}\mathscr{P} = \mathscr{P}_z &= nd_0\,\overline{\cos\theta} \\ &= nd_0\int_0^\pi \cos\theta P_\theta(\theta)\mathrm{d}\theta \\ &= nd_0 C\int_0^\pi \cos\theta\mathrm{e}^{\beta d_0 \mathscr{E}\cos\theta}\sin\theta\mathrm{d}\theta \\ &= nd_0 C\frac{1}{\beta d_0}\frac{\partial}{\partial\mathscr{E}}\int_0^\pi \mathrm{e}^{\beta d_0 \mathscr{E}\cos\theta}\sin\theta\mathrm{d}\theta,\end{aligned} \tag{16}$$

最后一步利用了对参量(今为 $\mathscr{E}$)求偏微商的计算技巧. 完成(16)式中的积分,然后求偏微商,不难得到

$$\mathscr{P} = nd_0\left(\frac{e^x + e^{-x}}{e^x - e^{-x}} - \frac{1}{x}\right), \tag{17}$$

其中 $x \equiv d_0\mathscr{E}/kT$. 上式也可表为

$$\mathscr{P} = nd_0\left(\coth x - \frac{1}{x}\right) = nd_0\mathscr{L}(x), \tag{18}$$

$$\mathscr{L}(x) \equiv \coth x - \frac{1}{x}. \tag{19}$$

式中的 $\mathscr{L}(x)$ 称为朗之万函数.

(iv) 在满足经典极限条件下,双原子分子的转动配分函数为

$$\begin{aligned}
Z^{\mathrm{r}} &= \frac{1}{h^2}\int e^{-\beta\varepsilon^{\mathrm{r}}}\,d\omega^{\mathrm{r}} \\
&= \frac{1}{h^2}\iiiint e^{-\frac{\beta}{2I}(p_\theta^2 + p_\varphi^2/\sin^2\theta) + \beta d_0\mathscr{E}\cos\theta}\,d\theta\, d\varphi\, dp_\theta\, dp_\varphi \\
&= \frac{1}{h^2}\int_0^{2\pi} d\varphi \int_{-\infty}^{\infty} e^{-\frac{\beta}{2I}p_\theta^2}\,dp_\theta \int_0^{\pi} e^{\beta d_0\mathscr{E}\cos\theta}\,d\theta \int_{-\infty}^{\infty} e^{-\frac{\beta p_\varphi^2}{2I\sin^2\theta}}\,dp_\varphi \\
&= \frac{1}{h^2}2\pi \cdot \frac{2\pi I}{\beta}\int_0^{\pi} e^{\beta d_0\mathscr{E}\cos\theta}\sin\theta\, d\theta \\
&= \frac{4\pi^2 I}{h^2\beta}\,\frac{1}{\beta d_0\mathscr{E}}\left(e^{\beta d_0\mathscr{E}} - e^{-\beta d_0\mathscr{E}}\right) \\
&= \frac{8\pi^2 I}{h^2\beta}\,\frac{\sinh(\beta d_0\mathscr{E})}{\beta d_0\mathscr{E}}.
\end{aligned} \tag{20}$$

(v) 注意到分子的运动状态处于 $d\omega^{\mathrm{r}}$ 内的几率可表为

$$\frac{1}{Z^{\mathrm{r}}}e^{-\beta\varepsilon^{\mathrm{r}}}\,\frac{d\omega^{\mathrm{r}}}{h^2}, \tag{21}$$

则分子电偶极矩的 z 分量 $d_0\cos\theta$ 的平均值为

$$\begin{aligned}
\overline{d_0\cos\theta} &= \frac{1}{Z^{\mathrm{r}}}\int d_0\cos\theta\, e^{-\beta\varepsilon^{\mathrm{r}}}\,\frac{d\omega^{\mathrm{r}}}{h^2} \\
&= \frac{1}{Z^{\mathrm{r}}}\left(\frac{1}{\beta}\,\frac{\partial}{\partial\mathscr{E}}\int e^{-\beta\varepsilon^{\mathrm{r}}}\,\frac{d\omega^{\mathrm{r}}}{h^2}\right) \\
&= \frac{1}{\beta}\,\frac{\partial}{\partial\mathscr{E}}\ln Z^{\mathrm{r}}.
\end{aligned} \tag{22}$$

代入(13c)式,得

$$\mathscr{P}=\mathscr{P}_z=\frac{n}{\beta}\frac{\partial}{\partial \mathscr{E}}\ln Z^{\mathrm{r}}. \tag{23}$$

将(20)式代入(23)式,即得与(18)式相同的结果.

(vi) 高温、弱场,使 $x=\beta d_0\mathscr{E}=d_0\mathscr{E}/kT\ll 1$ 时,可以对 $\mathscr{L}(x)$ 作泰勒展开:

$$\begin{aligned}\mathscr{L}(x)&=\frac{\mathrm{e}^x+\mathrm{e}^{-x}}{\mathrm{e}^x-\mathrm{e}^{-x}}-\frac{1}{x}\\&=\frac{\left(1+x+\frac{x^2}{2}+\frac{x^3}{6}+\cdots\right)+\left(1-x+\frac{x^2}{2}-\frac{x^3}{6}+\cdots\right)}{\left(1+x+\frac{x^2}{2}+\frac{x^3}{6}+\cdots\right)-\left(1-x+\frac{x^2}{2}-\frac{x^3}{6}+\cdots\right)}-\frac{1}{x}\\&=\frac{2+x^2+\cdots}{2x+\frac{x^3}{3}+\cdots}-\frac{1}{x}\\&\approx\frac{1}{x}\left(1+\frac{x^2}{2}\right)\left(1-\frac{x^2}{6}\right)-\frac{1}{x}\\&=\frac{x}{3}.\end{aligned} \tag{24}$$

注意以上第二步分母的展开必须保留到 x^3 项,否则结果不对.

最后得

$$\mathscr{P}=nd_0\frac{x}{3}=\frac{nd_0^2}{3kT}\mathscr{E}=\chi\mathscr{E}, \tag{25}$$

电极化率 χ 为

$$\chi=\frac{nd_0^2}{3kT}. \tag{26}$$

7.16 气体混合的熵与吉布斯佯谬的解决.

设初态(以 i 表示)为两种单原子分子理想气体分别处于由隔板分开的容器的两部分中,容器与外界隔绝.两部分气体有相同的温度和压强,总分子数和体积分别为 N_1,V_1 与 N_2,V_2.

(i) 已知末态为将隔板抽出,两部分气体混合后达到的平衡态(以 f 表示).计算熵变 $\Delta S=S_{\mathrm{f}}-S_{\mathrm{i}}$,并证明 $\Delta S>0$.

(ii) 若两部分气体是同一种气体,证明 $\Delta S=0$.

解 (i) 由于初态两部分气体有相同的 T,p,故末态的 T,p 与

初态相同. 由原书公式(7.14.21),单原子分子理想气体的熵为

$$S = Nk\ln\frac{V}{N} + \frac{3}{2}Nk\ln T + \frac{3}{2}Nk\left\{\frac{5}{3} + \ln\left[g_0^e\left(\frac{2\pi mk}{h^2}\right)\right]\right\}. \quad (1)$$

由(1)式,即得

$$\begin{aligned}\Delta S &= S_f - S_i \\ &= N_1k\ln\frac{V}{N_1} + N_2k\ln\frac{V}{N_2} - N_1k\ln\frac{V_1}{N_1} - N_2k\ln\frac{V_2}{N_2} \\ &= N_1k\ln\frac{V}{V_1} + N_2k\ln\frac{V}{V_2},\end{aligned} \quad (2)$$

因 $V=V_1+V_2$,故 $V>V_1,V_2$,于是有

$$\Delta S > 0. \quad (3)$$

(ii) 对两部分是同一种气体的情形,

$$\begin{aligned}\Delta S &= S_f - S_i \\ &= (N_1+N_2)\ln\frac{V_1+V_2}{N_1+N_2} - N_1k\ln\frac{V_1}{N_1} - N_2k\ln\frac{V_2}{N_2},\end{aligned} \quad (4)$$

因初、末态 T,p 相同,故有

$$\frac{p}{kT} = \frac{N_1}{V_1} = \frac{N_2}{V_2} = \frac{N_1+N_2}{V_1+V_2}, \quad (5)$$

于是得(4)式为

$$\Delta S = 0. \quad (6)$$

公式(1)是基于量子统计的全同粒子不可分辨而得到的,这样就解决了吉布斯佯谬.

7.17 粒子的态密度 $D(\varepsilon)$定义为: $D(\varepsilon)\mathrm{d}\varepsilon$ 代表粒子的能量处于 ε 与 $\varepsilon+\mathrm{d}\varepsilon$ 之间的量子态数(见原书§7.15). 这里只考虑粒子的平动自由度所对应的态密度.

(i) 设粒子的能谱(即能量与动量的关系)是非相对论性的,试分别对下列三种空间维数,求相应的态密度 $D(\varepsilon)$:

(a) 粒子局限在体积为 V 的三维空间内运动,

$$\varepsilon = \frac{1}{2m}(p_x^2 + p_y^2 + p_z^2);$$

(b) 粒子局限在面积为 A 的二维平面内运动,

$$\varepsilon = \frac{1}{2m}(p_x^2 + p_y^2);$$

(c) 粒子局限在长度为 L 的一维空间内运动，

$$\varepsilon = \frac{p_x^2}{2m}.$$

(ii) 设粒子的能谱是极端相对论性的，即 $\varepsilon = cp, p = |\boldsymbol{p}|$，试对空间维数分别为(a)三维、(b)二维、(c)一维三种情况，求相应的 $D(\varepsilon)$.

在完成计算后，读者可以列表小结一下，从中可以看出 $D(\varepsilon)$ 与粒子能谱及空间维数的关系.

解 比较简单的方法是利用子系量子态与子相体积之间的对应关系.

(i) (a) $d=3$(这里令 d 代表空间维数).

$$D(\varepsilon)\mathrm{d}\varepsilon = \int_{(\mathrm{d}\varepsilon)} \frac{\mathrm{d}\omega}{h^3} = \int_{(\mathrm{d}\varepsilon)} \frac{\mathrm{d}x\mathrm{d}y\mathrm{d}z\mathrm{d}p_x\mathrm{d}p_y\mathrm{d}p_z}{h^3} = \frac{V}{h^3}\int_{(\mathrm{d}\varepsilon)} 4\pi p^2 \mathrm{d}p$$

$$= \frac{V}{h^3} 4\pi p^2 \frac{\mathrm{d}p}{\mathrm{d}\varepsilon}\mathrm{d}\varepsilon, \tag{1}$$

其中第三步中将动量空间的直角坐标变换到球坐标，$p^2 = p_x^2 + p_y^2 + p_z^2$. 由粒子能谱

$$\varepsilon = \frac{p^2}{2m}, \tag{2}$$

$$\mathrm{d}\varepsilon = \frac{p\mathrm{d}p}{m}, \tag{3}$$

得

$$\frac{\mathrm{d}p}{\mathrm{d}\varepsilon} = \frac{m}{p} = \frac{m}{\sqrt{2m\varepsilon}}. \tag{4}$$

(4)式代入(1)式，得

$$D(\varepsilon)\mathrm{d}\varepsilon = \frac{V}{h^3}4\pi(2m\varepsilon)\frac{m}{\sqrt{2m\varepsilon}}\mathrm{d}\varepsilon = \frac{2\pi V}{h^3}(2m)^{\frac{3}{2}}\varepsilon^{\frac{1}{2}}\mathrm{d}\varepsilon, \tag{5}$$

亦即有

$$D(\varepsilon) = V\frac{2\pi}{h^3}(2m)^{\frac{3}{2}}\varepsilon^{\frac{1}{2}}. \tag{6}$$

(b) $d=2$.

$$D(\varepsilon)\mathrm{d}\varepsilon = \int_{(\mathrm{d}\varepsilon)} \frac{\mathrm{d}x\mathrm{d}y\mathrm{d}p_x\mathrm{d}p_y}{h^2}$$

$$= \frac{A}{h^2}\int_{(\mathrm{d}\varepsilon)} 2\pi p \mathrm{d}p$$

$$= \frac{A}{h^2} 2\pi p \frac{\mathrm{d}p}{\mathrm{d}\varepsilon}\mathrm{d}\varepsilon. \tag{7}$$

今

$$\varepsilon = \frac{1}{2m}(p_x^2 + p_y^2) = \frac{p^2}{2m}, \tag{8}$$

$$\mathrm{d}\varepsilon = \frac{p\mathrm{d}p}{m} \quad 或 \quad \frac{\mathrm{d}p}{\mathrm{d}\varepsilon} = \frac{m}{p}, \tag{9}$$

代入(7)式，得

$$D(\varepsilon) = \frac{A}{h^2} 2\pi p \cdot \frac{m}{p} = A\frac{2\pi m}{h^2}. \tag{10}$$

(c) $d=1$.

$$D(\varepsilon)\mathrm{d}\varepsilon = \int_{(\mathrm{d}\varepsilon)} \frac{\mathrm{d}x\mathrm{d}p_x}{h}$$

$$= \frac{L}{h}\int_{(\mathrm{d}\varepsilon)} 2\mathrm{d}p$$

$$= \frac{L}{h} 2 \frac{\mathrm{d}p}{\mathrm{d}\varepsilon}\mathrm{d}\varepsilon. \tag{11}$$

以上第二步中 $p=|p_x|$. 对每一 p 值，可取 $\pm p_x$，故式中出现因子 2.

由 $\varepsilon=\frac{p^2}{2m}$，得

$$\frac{\mathrm{d}p}{\mathrm{d}\varepsilon} = \frac{m}{p} = \frac{m}{\sqrt{2m\varepsilon}}, \tag{12}$$

代入(11)式，得

$$D(\varepsilon) = \frac{L}{h}(2m)^{\frac{1}{2}}\varepsilon^{-\frac{1}{2}}. \tag{13}$$

(ii) 对极端相对论性粒子，能谱为

$$\varepsilon = cp, \tag{14}$$

$$\frac{\mathrm{d}p}{\mathrm{d}\varepsilon} = \frac{1}{c}. \tag{15}$$

(a) $d=3$.

$$D(\varepsilon) = \frac{V}{h^3} 4\pi p^2 \frac{\mathrm{d}p}{\mathrm{d}\varepsilon} = V\frac{4\pi}{(hc)^3}\varepsilon^2. \tag{16}$$

(b) $d=2$.

$$D(\varepsilon)=\frac{A}{h^2}2\pi p\frac{\mathrm{d}p}{\mathrm{d}\varepsilon}=A\frac{2\pi}{(hc)^2}\varepsilon. \tag{17}$$

(c) $d=1$.

$$D(\varepsilon)=\frac{L}{h}2\cdot\frac{\mathrm{d}p}{\mathrm{d}\varepsilon}=L\frac{2}{hc}. \tag{18}$$

归纳以上结果,并以图示意,如下表所示:

粒子态密度对能谱及空间维数的依赖关系

空间维数 / 粒子能谱	$d=3$	$d=2$	$d=1$
非相对论性 $\varepsilon=\boldsymbol{p}^2/2m$	$D(\varepsilon)=V\frac{2\pi}{h^3}(2m)^{3/2}\varepsilon^{1/2}$ 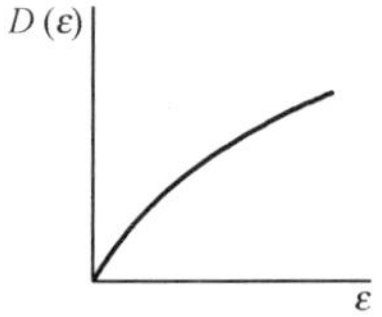	$D(\varepsilon)=A\frac{2\pi m}{h^2}$ 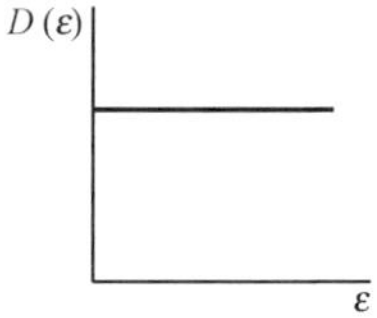	$D(\varepsilon)=L\frac{(2m)^{\frac{1}{2}}}{h}\varepsilon^{-\frac{1}{2}}$ 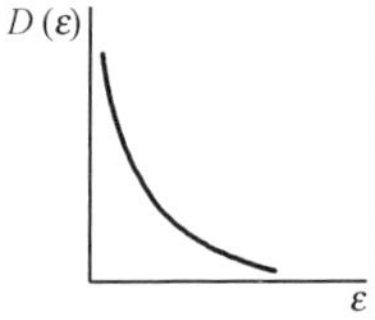
极端相对论性 $\varepsilon=c\|\boldsymbol{p}\|$	$D(\varepsilon)=V\frac{4\pi}{(hc)^3}\varepsilon^2$ 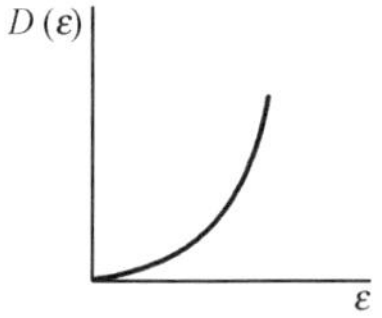	$D(\varepsilon)=A\frac{2\pi}{(hc)^2}\varepsilon$ 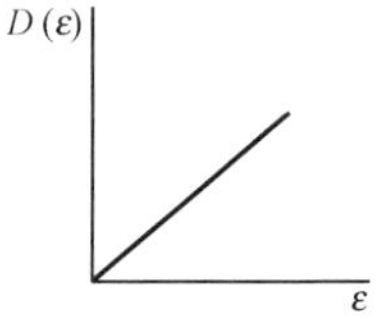	$D(\varepsilon)=L\frac{2}{hc}$ 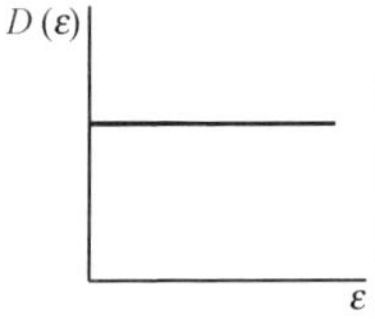

几点说明:

① 由表可以看出,态密度与粒子的能谱及空间维数均有关.

② 在统计物理的计算中,往往涉及对量子态求和,当能量准连续时,对量子态求和可以转化为对能量求积分,这时就出现态密度.由此可见,态密度是一个重要的量.

③ 本题所计算的粒子态密度只涉及平动自由度.

7.18 证明:

(i) 若粒子平动能谱是非相对论性的,则 $pV=\frac{2}{3}\bar{E}$;

(ii) 若粒子平动能谱是极端相对论性的，则 $pV=\frac{1}{3}\bar{E}$.

以上结论对理想玻色气体和理想费米气体均成立(当然对满足非简并条件下的理想气体也成立).

解　无论对理想费米气体或理想玻色气体，均有

$$p=\frac{1}{\beta}\frac{\partial}{\partial V}\ln\Xi, \tag{1}$$

$$\bar{E}=-\frac{\partial}{\partial\beta}\ln\Xi, \tag{2}$$

$$\ln\Xi=\pm\sum_{\lambda}g_{\lambda}\ln(1\pm e^{-\alpha-\beta\varepsilon_{\lambda}}), \tag{3}$$

其中"+"与"−"分别对应于理想费米气体与理想玻色气体. 由于压强的贡献只来源于粒子的平动，故计算时为简单起见可以不考虑粒子的内部运动，而把粒子看成无内部结构的质点. 又由于平动能级是准连续的，(3)式中对粒子能级的求和可以用对子相体积的积分代替，并进一步用粒子态密度表达如下：

$$\ln\Xi=\pm\int_0^{\infty}D(\varepsilon)\mathrm{d}\varepsilon\ln(1\pm e^{-\alpha-\beta\varepsilon}), \tag{4}$$

上式中 $D(\varepsilon)$ 为态密度.

(i) 若粒子能谱为非相对论性的，则有

$$D(\varepsilon)=\frac{2\pi V}{h^3}(2m)^{3/2}\varepsilon^{1/2}, \tag{5}$$

将(5)式代入(4)式，得

$$\ln\Xi=\pm\frac{2\pi V}{h^3}(2m)^{3/2}\int_0^{\infty}\varepsilon^{\frac{1}{2}}\ln(1\pm e^{-\alpha-\beta\varepsilon})\mathrm{d}\varepsilon. \tag{6}$$

引入无量纲变量 $x=\beta\varepsilon$，则(6)式化为

$$\ln\Xi=\pm\frac{2\pi V}{h^3}(2m)^{3/2}\beta^{-3/2}\int_0^{\infty}x^{\frac{1}{2}}\ln(1\pm e^{-\alpha-x})\mathrm{d}x. \tag{7}$$

将(7)式代入(1)与(2)式，得

$$p=\frac{1}{\beta}\frac{\partial}{\partial V}\ln\Xi=\pm\frac{2\pi}{h^3}(2m)^{3/2}\beta^{-5/2}\int_0^{\infty}x^{\frac{1}{2}}\ln(1\pm e^{-\alpha-x})\mathrm{d}x, \tag{8}$$

$$\bar{E}=-\frac{\partial}{\partial\beta}\ln\Xi=\frac{3}{2}\left\{\pm\frac{2\pi V}{h^3}(2m)^{3/2}\beta^{-5/2}\int_0^{\infty}x^{\frac{1}{2}}\ln(1\pm e^{-\alpha-x})\mathrm{d}x\right\}. \tag{9}$$

比较(8)式与(9)式,立即得出

$$pV = \frac{2}{3}\bar{E}. \tag{10}$$

注意以上证明无需具体计算出(7)式中的积分.

(ii) 若粒子的能谱是极端相对论性的,则态密度为

$$D(\varepsilon) = \frac{4\pi V}{(hc)^3}\varepsilon^2, \tag{11}$$

将(11)式代入(3)式,

$$\ln\Xi = \pm\frac{4\pi V}{(hc)^3}\int_0^\infty \varepsilon^2\ln(1\pm e^{-\alpha-\beta\varepsilon})\,d\varepsilon. \tag{12}$$

令 $x=\beta\varepsilon$,则(12)式化为

$$\ln\Xi = \pm\frac{4\pi V}{(hc)^3}\beta^{-3}\int_0^\infty x^2\ln(1\pm e^{-\alpha-x})\,dx. \tag{13}$$

将(13)式代入(1)与(2)式,得

$$p = \frac{1}{\beta}\frac{\partial}{\partial V}\ln\Xi = \pm\frac{4\pi}{(hc)^3}\beta^{-4}\int_0^\infty x^2\ln(1\pm e^{-\alpha-x})\,dx, \tag{14}$$

$$\bar{E} = -\frac{\partial}{\partial\beta}\ln\Xi = 3\left\{\pm\frac{4\pi V}{(hc)^3}\beta^{-4}\int_0^\infty x^2\ln(1\pm e^{-\alpha-x})\,dx\right\}, \tag{15}$$

比较(14)式与(15)式,即得

$$pV = \frac{1}{3}\bar{E}. \tag{16}$$

以上证明中我们没有考虑粒子的自旋.若考虑自旋,则态密度公式(5)与(11)将多一个因子 $g_s=(2s+1)$(参看原书7.11.2小节),但并不影响证明的方法与结果.

7.19 设有 N 个相同的近独立的粒子组成的系统,处于平衡态.

(i) 若粒子是定域的,证明其熵可表达为

$$S = -k\sum_s\{f_s\ln f_s - f_s\} + k\ln N!,$$

其中 $f_s = e^{-\alpha-\beta\varepsilon_s} = \frac{N}{Z}e^{-\beta\varepsilon_s}$ 代表粒子在其量子态 s 上的平均占据数,$\sum_s$ 是对粒子的所有量子态求和.

并证明上式与定域子系熵的另外两个表达式原书(7.4.15)及

(7.4.19)式相等.

(ii) 若粒子是非定域的,证明其熵可表达为

$$S=-k\sum_s\{f_s\ln f_s-\eta(1+\eta f_s)\ln(1+\eta f_s)\},$$

其中 $f_s=(\mathrm{e}^{\alpha+\beta\varepsilon_s}-\eta)^{-1}$ 代表粒子在其量子态 s 上的平均占据数,$\eta=+1$ 代表玻色子,$\eta=-1$ 代表费米子.

并证明上式与理想玻色气体及理想费米气体的熵的另外两个表达式原书(7.10.13)及(7.10.33)式相等.

(iii) 当非定域子系满足非简并条件时,即 $\mathrm{e}^\alpha\gg 1$,或 $f_s\ll 1$,证明(ii)中的公式化为

$$S=-k\sum_s\{f_s\ln f_s-f_s\}.$$

上式对玻色子与费米子无区别.

解 (i) 先把原书关于定域子系的熵的两个表达式(7.4.15)与(7.4.19)重写于下

$$S=Nk\left(\ln Z-\beta\frac{\partial}{\partial\beta}\ln Z\right),\tag{1}$$

$$S=k\ln W(\{\bar{a}_\lambda\}),\tag{2}$$

其中

$$\bar{a}_\lambda=g_\lambda\mathrm{e}^{-\alpha-\beta\varepsilon_\lambda},\tag{3}$$

$$W(\{\bar{a}_\lambda\})=\frac{N!}{\prod_\lambda\bar{a}_\lambda!}\prod_\lambda g_\lambda^{\bar{a}_\lambda}.\tag{4}$$

现在要证明定域子系的熵还可以表达为

$$S=-k\sum_s\{f_s\ln f_s-f_s\}+k\ln N!,\tag{5}$$

其中

$$f_s=\mathrm{e}^{-\alpha-\beta\varepsilon_s}=\frac{N}{Z}\mathrm{e}^{-\beta\varepsilon_s}.\tag{6}$$

由于原书已证明(1)式与(2)式相等(见原书 7.4.5 小节),故只须证明(5)式与(1)或(2)式中任一个相等即可.下面证明(5)式与(1)式相等.将(6)式代入(5)式右端,得

$$S=-k\sum_s\{f_s(-\alpha-\beta\varepsilon_s)-f_s\}+k\ln N!.\tag{7}$$

利用

$$\sum_s f_s = N, \tag{8}$$

$$\sum_s f_s \varepsilon_s = \bar{E} = -N\frac{\partial}{\partial\beta}\ln Z, \tag{9}$$

$$\ln N! \approx N(\ln N - 1), \tag{10}$$

$$\alpha = \ln Z - \ln N \quad \left(\text{因 } e^{-\alpha} = \frac{N}{Z}\right), \tag{11}$$

则(7)式化为

$$\begin{aligned} S &= -k\{\alpha N + \beta\bar{E} + N\} + kN(\ln N - 1) \\ &= k\left\{N(\ln Z - \ln N) - N\beta\frac{\partial}{\partial\beta}\ln Z + N\right\} + kN(\ln N - 1) \\ &= Nk\left(\ln Z - \beta\frac{\partial}{\partial\beta}\ln Z\right). \end{aligned} \tag{12}$$

以上从(5)式出发,证明了它与(1)式相等.又因(2)式与(1)式相等,于是(1)、(2)、(5)式均相等.

(ii) 先把待证的关于非定域子系的熵的三个公式重新编号于下

$$S = k\left(\ln\Xi - \alpha\frac{\partial}{\partial\alpha}\ln\Xi - \beta\frac{\partial}{\partial\beta}\ln\Xi\right), \tag{13}$$

$$S = k\ln W(\{\bar{a}_\lambda\}), \tag{14}$$

$$S = -k\sum_s\{f_s\ln f_s - \eta(1+\eta f_s)\ln(1+\eta f_s)\}, \tag{15}$$

其中 $\eta=+1$ 与 $\eta=-1$ 分别对应理想玻色气体与理想费米气体.因原书 § 7.10 已证明(13)式与(14)式相等,故只须证明(15)式与(13)或(14)式中任一个相等即可.我们可以类似(i)的证明办法,从(15)式出发来证明.这里换一种办法,从(14)式出发证明可以化为(15)式的表达形式.将原书(7.9.5)与(7.9.11)两式中的 a_λ 用 $\bar{a}_\lambda$ 代替,并统一写成

$$\begin{aligned} S &= k\ln W(\{\bar{a}_\lambda\}) \\ &= k\sum_\lambda\left\{\pm g_\lambda\ln\frac{g_\lambda \pm \bar{a}_\lambda}{g_\lambda} + \bar{a}_\lambda\ln\frac{g_\lambda \pm \bar{a}_\lambda}{\bar{a}_\lambda}\right\}, \end{aligned} \tag{16}$$

其中"+"与"−"分别对应理想玻色气体与理想费米气体.现在将(16)式中对能级求和改为对量子态求和,只需将

$$\begin{cases} \dfrac{\bar{a}_\lambda}{g_\lambda} \to f_s, \\ g_\lambda \to 1, \\ \sum\limits_\lambda \to \sum\limits_s, \end{cases} \tag{17}$$

则(16)式化为

$$\begin{aligned} S &= k\sum_s \left\{\pm \ln(1 \pm f_s) + f_s \ln \frac{1 \pm f_s}{f_s}\right\} \\ &= k\sum_s \{\pm \ln(1 \pm f_s) + f_s \ln(1 \pm f_s) - f_s \ln f_s\} \\ &= k\sum_s \{(f_s \pm 1)\ln(1 \pm f_s) - f_s \ln f_s\} \\ &= -k\sum_s \{f_s \ln f_s \mp (1 \pm f_s)\ln(1 \pm f_s)\}, \end{aligned} \tag{18}$$

其中上号与下号分别对应理想玻色气体与理想费米气体. 令

$$\eta = \begin{cases} +1, & \text{对玻色气体}, \\ -1, & \text{对费米气体}, \end{cases} \tag{19}$$

则(18)式可表为

$$S = -k\sum_s \{f_s \ln f_s - \eta(1 + \eta f_s)\ln(1 + \eta f_s)\},$$

这就证明了(15)式与(14)式相等. 又因已证明(13)式与(14)式相等, 故(13)、(14)、(15)式彼此相等, 是非定域子系熵的三个不同但相等的表达形式.

(iii) 当非定域子系满足非简并条件时, $f_s \ll 1$, 这时(15)式中

$$\ln(1 + \eta f_s) \approx \eta f_s, \tag{20}$$

于是(15)式化为

$$S = -k\sum_s \{f_s \ln f_s - \eta(1 + \eta f_s)\eta f_s\}. \tag{21}$$

略去 f_s^2 项, 又 $\eta^2 = 1$, 于是得

$$S = -k\sum_s \{f_s \ln f_s - f_s\}. \tag{22}$$

在非简并条件下, 玻色气体与费米气体的差别已消失.

7.20　吸附在石墨表面的氦(^{4}He)原子, 由于吸附率低, 被吸附的氦原子的数密度 n 也低($n = N/A$, N 为被吸附的总原子数, A 为

吸附面的面积),可以近似看成在平面面积 A 中均匀的二维理想玻色气体.

(i) 设氦原子的能量遵从经典表达式 $\varepsilon=\frac{1}{2m}(p_x^2+p_y^2)$,试计算二维运动粒子的态密度 $D(\varepsilon)$.

(ii) 证明总粒子数可表为

$$N=-\frac{A}{\lambda_T^2}\ln(1-z)=-\frac{A(2\pi mkT)}{h^2}\ln(1-z),$$

其中 $\lambda_T=h/(2\pi mkT)^{1/2}$ 为粒子的热波长,$z=\mathrm{e}^{-\alpha}=\mathrm{e}^{\beta\mu}$.

(iii) 证明

$$z=1-\mathrm{e}^{-n\lambda_T^2},$$

$$\mu=kT\ \ln(1-\mathrm{e}^{-n\lambda_T^2}).$$

从以上两式可以看出,只有当 $T\to 0$,相应地 $\lambda_T\to\infty$ 时,才有 $z\to 1$,或 $\mu\to 0$. 因而对任何非零温度,(ii) 中所证明的 N 的表达式都成立.

(iv) 证明任何非零温度下,单粒子基态的平均占据数 $\bar{N}_0\sim O(1)$.

结论:均匀二维理想玻色气体在非零温不可能发生玻色-爱因斯坦凝聚.

解 (i) 由习题 7.17(i)(b),

$$D(\varepsilon)=A\frac{2\pi m}{h^2}. \tag{1}$$

(ii)

$$\begin{aligned}
N&=\int_0^\infty\frac{D(\varepsilon)\mathrm{d}\varepsilon}{\mathrm{e}^{\alpha+\beta\varepsilon}-1}\\
&=A\frac{2\pi m}{h^2}\int_0^\infty\frac{\mathrm{d}\varepsilon}{\frac{1}{z}\mathrm{e}^{\beta\varepsilon}-1}\qquad(z=\mathrm{e}^{-\alpha})\\
&=\frac{A}{\lambda_T^2}\int_0^\infty\frac{z\mathrm{e}^{-x}}{1-z\mathrm{e}^{-x}}\mathrm{d}x\qquad(\lambda_T=h/(2\pi mkT)^{\frac{1}{2}})\\
&=\frac{A}{\lambda_T^2}\ln(1-z\mathrm{e}^{-x})\Big|_0^\infty
\end{aligned}$$

$$=-\frac{A}{\lambda_T^2}\ln(1-z)=-A\,\frac{(2\pi mkT)}{h^2}\ln(1-z). \tag{2}$$

(iii) 由(2)式,立即得

$$z=1-\mathrm{e}^{-n\lambda_T^2}, \tag{3}$$

$$\mu=kT\ln z=kT\ln(1-\mathrm{e}^{-n\lambda_T^2}). \tag{4}$$

公式(3)、(4)表明,对任何非零温度, $z<1$, $\mu<0$;仅当 $T\to 0$,相应地 $\lambda_T\to\infty$时,才有 $z\to 1$, $\mu\to 0$. 由此可见,(2)式右边的$[-\ln(1-z)]$是无上界的,对任何非零温度,等式(2)均可满足.

(iv) 单粒子基态的平均占据数为(取 $\varepsilon_0=0$)

$$\bar{N}_0=\frac{1}{\frac{1}{z}\mathrm{e}^{\beta\varepsilon_0}-1}=\frac{z}{1-z}. \tag{5}$$

因对任何非零温度, $z<1$,故 $\bar{N}_0\sim O(1)$.

(iii)与(iv)表明,二维均匀理想玻色气体不会发生 BEC.

7.21　设有 N 个自旋为 0 的全同玻色子组成的理想玻色气体,被约束在三维各向同性谐振子势阱

$$V(x,y,z)=\frac{m\omega^2}{2}(x^2+y^2+z^2)$$

中,粒子能量可取值为

$$\varepsilon(n_1,n_2,n_3)=\left(n_1+\frac{1}{2}\right)\hbar\omega+\left(n_2+\frac{1}{2}\right)\hbar\omega+\left(n_3+\frac{1}{2}\right)\hbar\omega,$$

$$n_i=0,1,2,\cdots\quad(i=1,2,3),$$

当粒子能量 $\varepsilon\gg\hbar\omega$ 时,n_i 可以当作连续变量,并可忽略零点能. 证明这时粒子的态密度 $D(\varepsilon)$为

$$D(\varepsilon)=\frac{\varepsilon^2}{2(\hbar\omega)^3}.$$

提示:仿照原书 §7.5(公式(7.5.8)),先求在能量 0 到 ε 之间粒子量子态总数 $G(\varepsilon)$. 将连续变量 n_i 变到 $\varepsilon_i=n_i\hbar\omega$,所有可以取的量子态应局限于 $\varepsilon=\varepsilon_1+\varepsilon_2+\varepsilon_3$ 构成的平面内$\Big($因 $\varepsilon_i\geqslant 0$,故只计算$\frac{1}{8}$象限$\Big)$. 于是有

$$G(\varepsilon)=\frac{1}{(\hbar\omega)^3}\int_0^{\varepsilon}\mathrm{d}\varepsilon_1\int_0^{\varepsilon-\varepsilon_1}\mathrm{d}\varepsilon_2\int_0^{\varepsilon-\varepsilon_1-\varepsilon_2}\mathrm{d}\varepsilon_3=\frac{\varepsilon^3}{6(\hbar\omega)^3},$$

再由 $D(\varepsilon)=\dfrac{\mathrm{d}G}{\mathrm{d}\varepsilon}$,即得 $D(\varepsilon)$.

(题 7.21—7.23 可参看 C. J. Pethick & H. Smith, Bose-Einstein Condensation in Dilute Gases, Cambridge University Press, 2002, pp. 18—24)

解 解法之一:几何方法.

类似于原书§7.5 求热辐射 $g(\nu)$的办法,先求$(0,\nu)$范围内的总自由度数 $G(\nu)$. 这里也用几何方法先求$(0,\varepsilon)$之间的量子态总数 $G(\varepsilon)$. 在$(0,\varepsilon)$之间的量子态总数,是满足

$$\varepsilon(n_1,n_2,n_3)\leqslant\varepsilon \tag{1}$$

的一切可能的(n_1,n_2,n_3)的可取值的总数. 当 $\varepsilon\gg\hbar\omega$ 时,零点能可以忽略,即有

$$\varepsilon(n_1,n_2,n_3)\approx n_1\hbar\omega+n_2\hbar\omega+n_3\hbar\omega=\varepsilon_1+\varepsilon_2+\varepsilon_3, \tag{2}$$

$$\begin{cases}\varepsilon_1=n_1\hbar\omega, \quad \varepsilon_2=n_2\hbar\omega, \quad \varepsilon_3=n_3\hbar\omega;\\ n_i=0,1,2,\cdots \quad (i=1,2,3).\end{cases} \tag{3}$$

于是条件(1)可以表为

$$0\leqslant\varepsilon_1+\varepsilon_2+\varepsilon_3\leqslant\varepsilon, \tag{4}$$

或

$$0\leqslant(n_1+n_2+n_3)\hbar\omega\leqslant\varepsilon. \tag{5}$$

令 $\varepsilon_1,\varepsilon_2,\varepsilon_3$ 构成直角坐标架,如图所示,满足条件(4)或(5)的每一个量子态对应图中的一个黑点,即小立方体的一个顶点. 每一小立方体有 8 个顶点,每一顶点属于相邻的 8 个小立方体. 由此每一顶点对应一个小立方体. 每一小立方体的体积为$(\hbar\omega)^3$,故只需计算出图中四面体的体积 $V(\varepsilon)$,再除以$(\hbar\omega)^3$,即得 $G(\varepsilon)$. 图中四面体顶点在原点$(0,0,0)$,其底为图示的边长为$\sqrt{2}\varepsilon$ 的等边三角形,计算得其底面积 A 和高 h 为

$$A=\frac{\sqrt{3}}{2}\varepsilon^2, \tag{6}$$

$$h=\frac{1}{\sqrt{3}}\varepsilon, \tag{7}$$

四面体的体积 $V(\varepsilon)$ 为

$$V(\varepsilon)=\frac{1}{3}Ah=\frac{1}{6}\varepsilon^3. \tag{8}$$

$(0,\varepsilon)$ 之间的量子态总数 $G(\varepsilon)$ 为

$$G(\varepsilon)=\frac{V(\varepsilon)}{(\hbar\omega)^3}=\frac{1}{6}\frac{\varepsilon^3}{(\hbar\omega)^3}, \tag{9}$$

态密度 $D(\varepsilon)$ 为

$$D(\varepsilon)=\frac{\mathrm{d}G}{\mathrm{d}\varepsilon}=\frac{\varepsilon^2}{2(\hbar\omega)^3}. \tag{10}$$

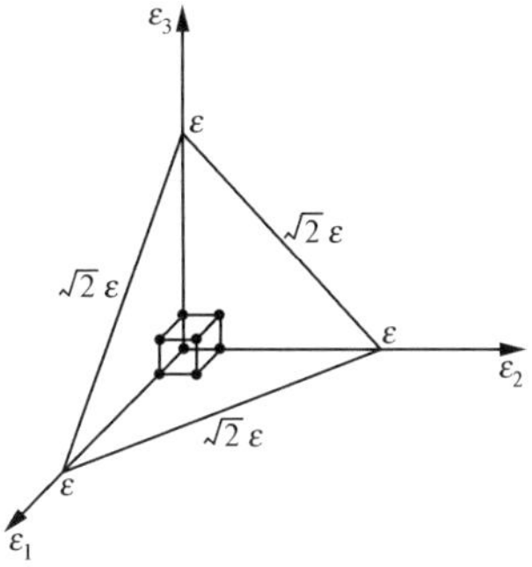

题 7.21 图

解法之二：直接积分以计算四面体的体积 $V(\varepsilon)$.

$$\begin{aligned}V(\varepsilon)&=\iiint\limits_{0\leqslant\varepsilon_1+\varepsilon_2+\varepsilon_3\leqslant\varepsilon}\mathrm{d}\varepsilon_1\mathrm{d}\varepsilon_2\mathrm{d}\varepsilon_3\\&=\int_0^{\varepsilon}\mathrm{d}\varepsilon_1\int_0^{\varepsilon-\varepsilon_1}\mathrm{d}\varepsilon_2\int_0^{\varepsilon-\varepsilon_1-\varepsilon_2}\mathrm{d}\varepsilon_3\\&=\int_0^{\varepsilon}\mathrm{d}\varepsilon_1\int_0^{\varepsilon-\varepsilon_1}(\varepsilon-\varepsilon_1-\varepsilon_2)\mathrm{d}\varepsilon_2\\&=\int_0^{\varepsilon}\mathrm{d}\varepsilon_1\cdot\frac{1}{2}(\varepsilon-\varepsilon_1)^2\\&=\frac{1}{6}\varepsilon^3.\end{aligned}$$

即(8)式，其他计算同前. 即可求得 $D(\varepsilon)$.

7.22　证明题 7.21 所述约束在三维各向同性谐振子势阱中的理想玻色气体的玻色-爱因斯坦凝聚温度 T_c 为

$$kT_c = \frac{\hbar\omega N^{1/3}}{[\zeta(3)]^{1/3}},$$

其中 $\zeta(3) = \frac{1}{\Gamma(3)}\int_0^\infty \frac{x^2\,dx}{e^x - 1}$（见原书附录 B4）.

提示：当粒子总数 $N \gg 1$ 时，粒子的最低能量可取为零（亦即忽略零点能）. $T = T_c$ 可以由全部粒子都处于粒子的激发态$\left(\text{相差数量级为 } O\left(\frac{1}{N}\right)\text{的小量}\right)$来确定，即由

$$N = \bar{N}_{\text{exc}}(T_c, \mu = 0) = \int_0^\infty \frac{D(\varepsilon)\,d\varepsilon}{e^{\varepsilon/kT_c} - 1},$$

再利用上题求出的态密度 $D(\varepsilon)$，即可求出 kT_c 的公式.

解　在 $T = T_c$ 时，所有占据在激发态上的粒子数为

$$\bar{N}_{\text{exc}}(T_c, \mu = 0) = \int_{\varepsilon_1}^\infty \frac{D(\varepsilon)\,d\varepsilon}{e^{\varepsilon/kT_c} - 1}, \tag{1}$$

其中取 $\mu = 0$ 是根据当 T 从 $T > T_c$ 趋于 T_c 时，μ 连续地趋于 0. 故计算中可以简单取 $\mu = 0$. 将态密度

$$D(\varepsilon) = \frac{1}{2(\hbar\omega)^3}\varepsilon^2 \tag{2}$$

代入(1)式，注意到对 $\varepsilon = 0$，$D(0) = 0$，故(1)式的积分下限可代之以 0 而并不改变积分值. 此外，在 $T = T_c$ 处，$\varepsilon = 0$ 态上占据的粒子数 $\bar{N}_0$ 远小于 $\bar{N}_{\text{exc}}$，可以忽略，于是 $\bar{N}_{\text{exc}} \approx N$. 将(2)式代入(1)式后得

$$N = \frac{1}{2(\hbar\omega)^3}\int_0^\infty \frac{\varepsilon^2\,d\varepsilon}{e^{\varepsilon/kT_c} - 1}. \tag{3}$$

引入无量纲变量 $x = \varepsilon/kT_c$，则(3)式化为

$$N = \frac{1}{2}\left(\frac{kT_c}{\hbar\omega}\right)^3\int_0^\infty \frac{x^2\,dx}{e^x - 1}. \tag{4}$$

利用积分公式（见原书附录 B4）

$$\zeta(3) = \frac{1}{2}\int_0^\infty \frac{x^2\,dx}{e^x - 1}, \tag{5}$$

得

$$N = \zeta(3)\left(\frac{kT_c}{\hbar\omega}\right)^3, \tag{6}$$

则有

$$kT_c = \frac{\hbar\omega N^{1/3}}{[\zeta(3)]^{1/3}}. \tag{7}$$

7.23　对题 7.21 的系统，当 $T<T_c$ 时，证明全部激发态上占据的粒子总数为

$$\overline{N}_{exc} = N\left(\frac{T}{T_c}\right)^3,$$

而凝聚在基态上的粒子数为

$$\overline{N}_0 = N\left[1-\left(\frac{T}{T_c}\right)^3\right].$$

解　根据求解题 7.22 同样的理由，对 $T<T_c$，计算激发态上占据的总粒子数 $\overline{N}_{exc}$ 时，可取 $\mu=0$，即

$$\overline{N}_{exc}(T) = \int_{\varepsilon_1}^{\infty} \frac{D(\varepsilon)\mathrm{d}\varepsilon}{\mathrm{e}^{\varepsilon/kT}-1}. \tag{1}$$

又因态密度

$$D(\varepsilon) = \frac{1}{2(\hbar\omega)^3}\varepsilon^2, \tag{2}$$

在 $\varepsilon=0$ 时，$D(0)=0$，故(1)式的积分下限可用 0 代替 ε_1，并不改变积分值. 将(2)式代入(1)式，并令 $x=\varepsilon/kT$，得

$$\overline{N}_{exc}(T) = \frac{1}{2}\left(\frac{kT}{\hbar\omega}\right)^3\int_0^{\infty} \frac{x^2\mathrm{d}x}{\mathrm{e}^x-1} = \zeta(3)\left(\frac{kT}{\hbar\omega}\right)^3. \tag{3}$$

又按题 7.22，当 $T=T_c$ 时，有

$$N = \zeta(3)\left(\frac{kT_c}{\hbar\omega}\right)^3. \tag{4}$$

(3)、(4)式相除，得

$$\frac{\overline{N}_{exc}(T)}{N} = \left(\frac{T}{T_c}\right)^3 \quad (T<T_c). \tag{5}$$

当 $T<T_c$ 时，占据在粒子基态(即 $\varepsilon=0$ 态)上的粒子数 $\overline{N}_0$ 为

$$\overline{N}_0 = N-\overline{N}_{exc} = N\left[1-\left(\frac{T}{T_c}\right)^3\right]. \tag{6}$$

7.24　设有钠(^{23}Na)原子玻色气体处于谐振子势阱中，势阱三个方向的振荡频率分别为

$$f_1 = 235\ \mathrm{Hz},\quad f_2 = 410\ \mathrm{Hz},\quad f_3 = 745\ \mathrm{Hz}.$$

总原子数 $N=2\times10^6$，忽略原子之间的相互作用.

试利用原书公式(7.17.12),计算该气体的 BEC 转变温度 T_c.

解

$$T_c=\frac{\hbar\omega_{h0}}{k}\left(\frac{N}{\zeta(3)}\right)^{1/3}=\frac{\hbar}{k}\left(\frac{N\omega_1\omega_2\omega_3}{\zeta(3)}\right)^{1/3}$$

$$=\frac{1.06\times10^{-34}}{1.38\times10^{-23}}\left(\frac{2\times10^6\times2\pi\times235\times2\pi\times410\times2\pi\times745}{1.202}\right)^{1/3}\mathrm{K}$$

$$=\frac{1.06}{1.38}\times10^{-11}\left(\frac{35.6\times10^{15}}{1.202}\right)^{1/3}\mathrm{K}$$

$$=\frac{1.06}{1.38}\times3.09\times10^{-6}\,\mathrm{K}=2.37\,\mu\mathrm{K}.$$

7.25 处理空窖中的平衡热辐射有两种不同的观点,即波的观点(原书§7.5)与粒子的观点(原书§7.18).在量子理论的基础上,两种观点都可以得到正确结果.试比较这两种观点在处理上的不同之处,以及两者的对应关系.

解答 如下表所示:

波与粒子两种观点的比较

	波的观点	粒子的观点
系统与子系	空窖中的热辐射场可以分解成无穷多个驻波(也可以是行波)的叠加.每一驻波在力学性质上等效于一个谐振子.这些谐振子彼此独立,可以分辨,相当于近独立的定域子系. 系统:无穷多个驻波(或谐振子)的集合. 子系:每一个驻波(或谐振子).	空窖中的热辐射由光子组成,光子之间无相互作用,光子是玻色子,不可分辨. 系统:光子组成的理想玻色气体. 子系:光子.
子系的力学表征	每一驻波由$(\boldsymbol{k},\omega,\alpha)$标记,其中$\boldsymbol{k}$为波矢,$\omega=2\pi\nu$为圆频率,$\alpha=1,2$代表两种不同的偏振态.这两种偏振态可以选为两个相互垂直的线偏振态,也可以选为由线偏振态组合而成的右旋与左旋圆偏振态.	光子由$(\boldsymbol{p},\varepsilon_p,h_p)$标记,其中$\boldsymbol{p}=\hbar\boldsymbol{k}$为光子动量,$\varepsilon_p=cp=\hbar\omega$为光子能量,$h_p=\pm1$代表光子的螺旋度,亦即光子的自旋在动量$\boldsymbol{p}$方向上的投影(光子自旋为1).$h_p=+1$与$-1$分别对应右旋与左旋圆偏振光.

（续表）

	波的观点	粒子的观点
量子化的物理量	对于宏观大的空窖，驻波的频率 ν 是准连续的，但频率为 ν 的驻波（或等效的谐振子）的能量可取值是量子化的： $$\varepsilon_n(\nu)=nh\nu,\quad n=0,1,2,\cdots. \quad (W1)$$ 一个频率为 ν、处于第 n 个激发态的谐振子 ⟷	对于宏观大的空窖，光子的能量 $\varepsilon=h\nu$ 是准连续的，但能量为 $h\nu$ 的光子数是量子化的，其可取值为 $$n=0,1,2,\cdots. \quad (P1)$$ n 个能量为 $h\nu$ 的光子
遵从的统计	谐振子按能量的分布遵从麦克斯韦-玻尔兹曼统计. 对于频率为 ν 的谐振子，其能量处于 $\varepsilon_n(\nu)=nh\nu$ 的几率为 $$\frac{e^{-\beta\varepsilon_n(\nu)}}{\sum_{n=0}^{\infty}e^{-\beta\varepsilon_n(\nu)}}. \quad (W2)$$ 注：$\mu=0$ 的结论需从计算 $G=\bar{E}-TS+pV=0$ 而得出.	光子遵从玻色-爱因斯坦统计. 由于光子数不守恒，其化学势 $\mu=0$. 处于某一特定的光子量子态 $(\boldsymbol{p},\varepsilon_p,h_p)$ 的平均光子数为 $$\frac{1}{e^{\beta\varepsilon_p}-1}. \quad (P2)$$ 其中 $\varepsilon_p=cp=h\nu$.
$\bar{\varepsilon}(\nu)$	频率为 ν 的谐振子的平均能量 $$\bar{\varepsilon}(\nu)=\frac{h\nu}{e^{h\nu/kT}-1}. \quad (W3)$$	频率为 ν 的光子的平均能量 $$\bar{\varepsilon}(\nu)=\left(\frac{1}{e^{h\nu/kT}-1}\right)h\nu. \quad (P3)$$ （P3）式与（W3）式相同，但解释不同：（P3）式的括号内代表平均光子数.
$g(\nu)d\nu$	频率间隔 $(\nu,\nu+d\nu)$ 内谐振子的自由度数（也可以说是 $(\nu,\nu+d\nu)$ 内的谐振子数） $$g(\nu)d\nu=\frac{8\pi V}{c^3}\nu^2d\nu. \quad (W4)$$	频率间隔 $(\nu,\nu+d\nu)$ 内光子的量子态数（$g(\nu)$ 代表光子的态密度） $$g(\nu)d\nu=\frac{8\pi V}{c^3}\nu^2d\nu. \quad (P4)$$ （P4）式与（W4）式相同，但解释不同.

(续表)

<table>
<tr><th></th><th>波的观点</th><th>粒子的观点</th></tr>
<tr><td>谱密度</td><td>$$\bar{E}(\nu)\mathrm{d}\nu = g(\nu)\mathrm{d}\nu \cdot \bar{\varepsilon}(\nu) = \frac{8\pi V}{c^3}\frac{h\nu^3}{\mathrm{e}^{h\nu/kT}-1}\mathrm{d}\nu. \quad (W5)$$</td><td>$$\bar{E}(\nu)\mathrm{d}\nu = g(\nu)\mathrm{d}\nu \cdot \bar{\varepsilon}(\nu) = \frac{8\pi V}{c^3}\frac{h\nu^3}{\mathrm{e}^{h\nu/kT}-1}\mathrm{d}\nu. \quad (P5)$$
(P5)式与(W5)式相同,但解释不同.</td></tr>
<tr><td>热力学量的计算</td><td>频率为 ν 的谐振子的子系配分函数为
$$Z(\nu) = \sum_{n=0}^{\infty}\mathrm{e}^{-\beta\varepsilon_n(\nu)} = (1-\mathrm{e}^{-\beta h\nu})^{-1}. \quad (W6)$$
S 按定域子系熵的公式(见题7.7)
$$S = k\int_0^{\infty} g(\nu)\mathrm{d}\nu\left\{\ln Z(\nu) - \beta\frac{\partial}{\partial\beta}\ln Z(\nu)\right\}, \quad (W7)$$
$$\bar{E} = \int_0^{\infty}\bar{E}(\nu)\mathrm{d}\nu. \quad (W8)$$
由 $\bar{E}$,S 可得
$$F = \bar{E} - TS. \quad (W9)$$
压强 p 可由
$$p = -\left(\frac{\partial F}{\partial V}\right)_T, \quad (W10)$$
也可由
$$p = \frac{\bar{E}}{3V} \quad (W11)$$
求得.</td><td>光子气体的巨配分函数的对数为
$$\ln\Xi = -\int_0^{\infty} g(\nu)\mathrm{d}\nu \cdot \ln(1-\mathrm{e}^{-\beta h\nu}). \quad (P6)$$
由此,可计算(注意 $\mu=0$)
$$S = k\left(\ln\Xi - \beta\frac{\partial}{\partial\beta}\ln\Xi\right), \quad (P7)$$
$$\bar{E} = \int_0^{\infty}\bar{E}(\nu)\mathrm{d}\nu, \quad (P8)$$
也可由
$$\bar{E} = -\frac{\partial}{\partial\beta}\ln\Xi \quad (P8)'$$
求得. 又
$$F = -kT\ln\Xi. \quad (P9)$$
压强可由
$$p = \frac{1}{\beta}\frac{\partial}{\partial V}\ln\Xi, \quad (P10)$$
也可由
$$p = \frac{\bar{E}}{3V} \quad (P11)$$
求得.</td></tr>
</table>

7.26 (i) 计算温度为 T 的平衡热辐射中,光子能量处在 ε 与 $\varepsilon+\mathrm{d}\varepsilon$ 之间的平均光子数.

(ii) 计算单位体积内的平均光子数,并估计(a) $T=1000\ \mathrm{K}$,(b) $T=3\ \mathrm{K}$(相当于宇宙背景辐射)所对应的光子数密度值.

(iii) 设空窖有一小孔,计算单位时间内从小孔单位面积辐射出去的光子所携带的能量.

解　(i) 光子气体遵从玻色-爱因斯坦分布且 $\mu=0$，即有

$$\bar{a}_\lambda = \frac{g_\lambda}{e^{\beta\varepsilon_\lambda}-1}. \tag{1}$$

令 $\bar{N}(\varepsilon)d\varepsilon$ 代表能量处于 $(\varepsilon,\varepsilon+d\varepsilon)$ 内的平均光子数，

$$\begin{aligned}\bar{N}(\varepsilon)d\varepsilon &= \sum_{(d\varepsilon)}\bar{a}_\lambda \\ &= \Big(\sum_{(d\varepsilon)}g_\lambda\Big)\frac{1}{e^{\beta\varepsilon}-1},\end{aligned} \tag{2}$$

频率间隔 $(\nu,\nu+d\nu)$ 内的光子量子态数为

$$g(\nu)d\nu = \frac{8\pi V}{c^3}\nu^2 d\nu, \tag{3}$$

用能量作为变量表达有

$$g(\varepsilon)d\varepsilon = \frac{8\pi V}{(hc)^3}\varepsilon^2 d\varepsilon = \sum_{(d\varepsilon)}g_\lambda. \tag{4}$$

于是得

$$\bar{N}(\varepsilon)d\varepsilon = \frac{8\pi V}{(hc)^3}\frac{\varepsilon^2 d\varepsilon}{e^{\varepsilon/kT}-1}, \tag{5}$$

总平均光子数为

$$\bar{N} = \int_0^\infty \bar{N}(\varepsilon)d\varepsilon = \frac{8\pi V}{(hc)^3}\int_0^\infty \frac{\varepsilon^2 d\varepsilon}{e^{\varepsilon/kT}-1}. \tag{6}$$

令 $x=\varepsilon/kT$，则(6)式化为

$$\bar{N} = \frac{8\pi V}{(hc)^3}(kT)^3\int_0^\infty \frac{x^2 dx}{e^x-1} = 16\pi V\zeta(3)\left(\frac{kT}{hc}\right)^3. \tag{7}$$

(ii) 光子数密度为

$$n = \frac{\bar{N}}{V} = 16\pi\zeta(3)\left(\frac{kT}{hc}\right)^3. \tag{8}$$

由(8)式，计算得

$$T = 1000\,\text{K},\quad n = 2.0\times 10^{10}\ \text{cm}^{-3}; \tag{9}$$

$$T = 3\,\text{K},\quad n = 5.5\times 10^{2}\ \text{cm}^{-3}. \tag{10}$$

(iii) 对于宏观大小的空窖，光子的能量与动量是准连续的，因而对量子态求和可近似化为对子相体积的积分. 令

$$d\omega = dx dy dz dp_x dp_y dp_z = d^3\boldsymbol{r}d^3\boldsymbol{p}$$

代表子相体元，处在 $d\omega$ 内的平均光子数为

$$\frac{1}{e^{\beta\varepsilon}-1}2\frac{d\omega}{h^3},\tag{11}$$

其中 $d\omega/h^3$ 代表 $d\omega$ 所对应的平动量子态数,因子 2 来源于光子自旋态的简并因子,$\varepsilon=cp$. 令 $f(\boldsymbol{p})d^3\boldsymbol{p}$ 代表单位体积内,动量处于 $d^3\boldsymbol{p}$ 内的平均光子数,由(1)式,得

$$f(\boldsymbol{p})d^3\boldsymbol{p}=\frac{2}{h^3}\frac{1}{e^{\beta cp}-1}d^3\boldsymbol{p}.\tag{12}$$

仿照题 7.13 气体分子碰壁数的计算,令 $d\Gamma$ 代表单位时间内,动量处于 $d^3\boldsymbol{p}$ 内的光子碰到器壁单位面积上的平均数,则有

$$\begin{aligned}d\Gamma&=c\cos\theta\cdot f(\boldsymbol{p})d^3\boldsymbol{p}\\&=\frac{2c}{h^3}\frac{1}{e^{\beta cp}-1}p^2dp\sin\theta\cos\theta d\theta d\varphi,\end{aligned}\tag{13}$$

上式第二步已将 $d^3\boldsymbol{p}$ 用动量空间的球坐标表出. 令 dJ_u 代表单位时间内、动量处于 $d^3\boldsymbol{p}$ 内的光子从器壁单位面积的小孔跑出所携带的能量,显然有

$$dJ_u=cp\cdot d\Gamma=\frac{2c^2}{h^2}\frac{1}{e^{\beta cp}-1}p^3dp\sin\theta\cos\theta d\theta d\varphi.\tag{14}$$

将(14)式对 θ,φ,p 积分,得

$$\begin{aligned}J_u&=\int dJ_u\\&=\frac{2c^2}{h^2}\int_0^{2\pi}d\varphi\int_0^{\pi/2}\sin\theta\cos\theta d\theta\int_0^{\infty}\frac{p^3dp}{e^{\beta cp}-1}.\end{aligned}\tag{15}$$

注意对 θ 的积分是从 0 到 $\pi/2$(参考题 7.13 图中极轴的选择). 令 $x=\beta cp$,则(15)式化为

$$J_u=\frac{2\pi c^2}{h^2}(\beta c)^{-4}\int_0^{\infty}\frac{x^3dx}{e^x-1},\tag{16}$$

利用积分公式(见原书附录 B4)

$$\int_0^{\infty}\frac{x^3dx}{e^x-1}=\frac{\pi^4}{15},\tag{17}$$

最后得

$$J_u=\frac{2\pi^5}{15}\frac{c(kT)^4}{(hc)^3}.\tag{18}$$

上式还可表为

$$J_u = \frac{c}{4}u, \tag{19}$$

其中 $u=\frac{\bar{E}}{V}=aT^4$，$a=\frac{8\pi^5 k^4}{15(hc)^3}$，$u$ 为热辐射的能量密度. 顺便指出，由(13)式对 θ,φ,p 积分，不难求得

$$\Gamma = \frac{1}{4}cn, \quad 其中\ n = 16\pi\zeta(3)\left(\frac{kT}{hc}\right)^3. \tag{20}$$

7.27 对理想费米气体：

(i) 利用声速公式 $a^2=\left(\frac{\partial p}{\partial \rho}\right)_S$，证明 $T=0$ K 时的声速为 $a=v_F/\sqrt{3}$，其中 v_F 为费米速度($v_F=p_F/m$).

(ii) 证明 $T=0$ K 时，等温压缩系数与绝热压缩系数相等，满足 $\kappa_T=\kappa_S=\frac{3}{2}\frac{1}{n\mu_0}$，其中 $\mu_0=\varepsilon_F$ 为费米能，亦即零温下的化学势.

解 (i) 由 $T=0$ K 时理想费米气体的压强公式(见原书(7.19.16)式)

$$p_0 = \frac{2}{5}n\varepsilon_F, \tag{1}$$

其中 ε_F 为费米能，

$$\varepsilon_F = \frac{\hbar^2}{2m}(3\pi^2 n)^{2/3}, \tag{2}$$

故有

$$p_0 = An^{5/3}, \tag{3}$$

其中 $A=\frac{2}{5}\cdot\frac{\hbar^2}{2m}(3\pi^2)^{2/3}$ 为一与 n 无关的常数. 由声速公式

$$a^2 = \left(\frac{\partial p}{\partial \rho}\right)_S = \frac{1}{m}\left(\frac{\partial p}{\partial n}\right)_S, \tag{4}$$

其中 $\rho=nm$ 为质量密度，当 $T=0$ 时，熵 $S=0$. (4)式中的 S 不变与 T 不变一致，今只需用 $T=0$ 时的压强 p_0 代入即可. 于是

$$a^2 = \frac{1}{m}\frac{\partial p_0}{\partial n} = \frac{1}{m}A\ \frac{5}{3}n^{2/3} = \frac{5p_0}{3nm} = \frac{2\varepsilon_F}{3m}. \tag{5}$$

利用 $\varepsilon_F=\frac{m}{2}v_F^2$，由(5)式即得

$$a = v_F/\sqrt{3}. \tag{6}$$

(ii) 当 $T=0$ 时,$S=0$,故等温与等熵相同,即在 $T=0$ 时,

$$\kappa_T = \kappa_S = -\frac{1}{V}\left(\frac{\partial V}{\partial p}\right). \tag{7}$$

由(3)式,

$$p_0 = An^{5/3} = A\left(\frac{N}{V}\right)^{5/3}, \tag{8}$$

得

$$\frac{\partial p_0}{\partial V} = A\left(-\frac{5}{3}\right)N^{5/3}V^{-8/3} = -\frac{5}{3}\frac{p_0}{V}, \tag{9}$$

代入(7)式,得 $T=0$ 时

$$\kappa_T = \kappa_S = -\frac{1}{V}\frac{\partial V}{\partial p_0} = \frac{3}{5p_0} = \frac{3}{2n\varepsilon_F} = \frac{3}{2n\mu_0}. \tag{10}$$

7.28 研究强简并自由电子气体在外磁场 $\mathscr{H}$ 中由于电子自旋引起的顺磁性(泡利顺磁性),可采用半经典近似,即粒子的能量用经典表达式,但分布按费米分布.电子的能量为

$$\varepsilon_p = \frac{p^2}{2m} \mp \mu_B\mathscr{H},$$

其中,$\mu_B = e\hbar/2mc$ 为电子磁矩(玻尔磁子),负号与正号分别对应电子磁矩相对于磁场方向平行(正向)与反平行(反向).在 $T=0$K 时,电子占据的最高能级为费米能级 ε_F.正向磁矩的电子的动能 $p^2/2m$ 的范围是从 0 到 $\varepsilon_F + \mu_B\mathscr{H}$;反向磁矩的电子的动能范围是从 0 到 $\varepsilon_F - \mu_B\mathscr{H}$.

(i) 计算 $T=0$K 时,正向与反向磁矩的电子总数 N_+ 与 N_-;

(ii) 计算弱场($\mu_B\mathscr{H} \ll \varepsilon_F$)下的总磁矩 M 与总粒子数 N;

(iii) 求零场磁化率 $\chi \equiv \left.\frac{\partial M}{\partial \mathscr{H}}\right|_{\mathscr{H}\to 0}$ 及 $\frac{\chi}{N}$.

解 (i) 令 p_+ 与 p_- 分别代表磁矩正向与反向的电子的最大动量值(参看图),则有

$$p_+^2/2m = \varepsilon_F + \mu_B\mathscr{H}; \quad p_-^2/2m = \varepsilon_F - \mu_B\mathscr{H}, \tag{1}$$

得

$$N_+ = \frac{V}{h^3}\frac{4\pi}{3}p_+^3 = \frac{4\pi V}{3h^3}\left[2m(\varepsilon_F + \mu_B\mathscr{H})\right]^{\frac{3}{2}}, \tag{2}$$

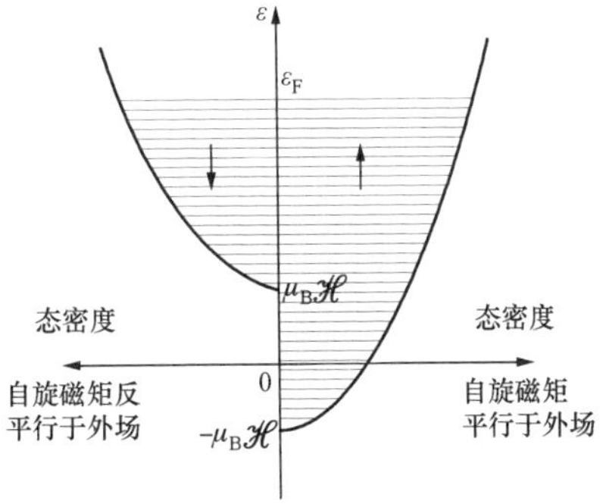

题 7.28 图

$$N_{-}=\frac{V}{h^{3}}\frac{4\pi}{3}p_{-}^{3}=\frac{4\pi V}{3h^{3}}[2m(\varepsilon_{F}-\mu_{B}\mathscr{H})]^{\frac{3}{2}}. \tag{3}$$

(ii)

$$\begin{aligned} M&=\mu_{B}(N_{+}-N_{-})\\ &=\mu_{B}\frac{4\pi V}{3h^{3}}(2m\varepsilon_{F})^{\frac{3}{2}}\left\{\left[1+\frac{\mu_{B}\mathscr{H}}{\varepsilon_{F}}\right]^{\frac{3}{2}}-\left[1-\frac{\mu_{B}\mathscr{H}}{\varepsilon_{F}}\right]^{\frac{3}{2}}\right\}, \end{aligned} \tag{4}$$

在弱场($\mu_{B}\mathscr{H}\ll\varepsilon_{F}$)下,近似有

$$\begin{aligned} M&\approx\mu_{B}\frac{4\pi V}{3h^{3}}(2m\varepsilon_{F})^{\frac{3}{2}}\left\{\left[1+\frac{3}{2}\frac{\mu_{B}\mathscr{H}}{\varepsilon_{F}}\right]-\left[1-\frac{3}{2}\frac{\mu_{B}\mathscr{H}}{\varepsilon_{F}}\right]\right\}\\ &=\frac{4\pi V}{3h^{3}}(2m\varepsilon_{F})^{\frac{3}{2}}\frac{3\mu_{B}^{2}\mathscr{H}}{\varepsilon_{F}}. \end{aligned} \tag{5}$$

又

$$N=N_{+}+N_{-}\approx 2\cdot\frac{4\pi V}{h^{3}}(2m\varepsilon_{F})^{\frac{3}{2}}, \tag{6}$$

将(6)式代入(5)式,得

$$M=N\frac{3}{2}\frac{\mu_{B}^{2}}{\varepsilon_{F}}\mathscr{H}. \tag{7}$$

(iii)

$$\chi=\left.\frac{\partial M}{\partial\mathscr{H}}\right|_{\mathscr{H}\to 0}=N\frac{3}{2}\frac{\mu_{B}^{2}}{\varepsilon_{F}}, \tag{8}$$

$$\frac{\chi}{N}=\frac{3}{2}\frac{\mu_{B}^{2}}{\varepsilon_{F}}. \tag{9}$$

7.29 若粒子能谱是极端相对论性的,试求具有这种能谱的理

想费米气体在零温时的费米能,以及粒子的平均能量和压强.

解 对理想费米气体,在零温时,费米能以下的态全部被占据,费米能以上为空态,故总粒子数 N 可表为

$$N = \int_0^{\varepsilon_F} D(\varepsilon)\mathrm{d}\varepsilon, \tag{1}$$

其中 $D(\varepsilon)$ 为态密度. 对极端相对论性粒子,态密度为

$$D(\varepsilon) = 2\,\frac{4\pi V}{(hc)^3}\varepsilon^2, \tag{2}$$

上式中因子 2 来源于自旋简并$\left(\text{已设费米子自旋为}\frac{1}{2}\right.$. 上式与题 7.17 比较,多一自旋简并因子 $\left.2\right)$. 将(2)式代入(1)式,积分得

$$N = \frac{8\pi V}{3(hc)^3}\varepsilon_F^3, \tag{3}$$

得

$$\varepsilon_F = \left(\frac{3n}{8\pi}\right)^{1/3} hc, \tag{4}$$

其中 $n=N/V$ 为粒子数密度.

$T=0$ 时的总能量为

$$\begin{aligned}\bar{E} &= \int_0^{\varepsilon_F} \varepsilon D(\varepsilon)\mathrm{d}\varepsilon = \frac{8\pi V}{(hc)^3}\int_0^{\varepsilon_F}\varepsilon^3\mathrm{d}\varepsilon = \frac{8\pi V}{(hc)^3}\frac{\varepsilon_F^4}{4}\\ &= \frac{3}{4}N\varepsilon_F,\end{aligned} \tag{5}$$

粒子的平均能量为

$$\bar{\varepsilon} = \frac{\bar{E}}{N} = \frac{3}{4}\varepsilon_F. \tag{6}$$

利用极端相对论性理想气体压强与内能的公式(见题 7.18)

$$p = \frac{1}{3}\frac{\bar{E}}{V}, \tag{7}$$

将(5)式代入上式,即得

$$p = \frac{1}{4}n\varepsilon_F. \tag{8}$$

7.30 设有局限在二维平面上运动的自由电子气,其单位面积内的电子数为 n.

(i) 计算 $T=0\ \mathrm{K}$ 时的化学势 μ_0，内能 $\bar{E}_0$ 和压强 p_0.

(ii) 计算 $T\neq 0\ \mathrm{K}$，但满足 $\dfrac{kT}{\mu_0}\ll 1$ 情形下的 $\mu,\bar{E},S$ 和 p.

解 (i) 对二维运动的自由电子气，其态密度为

$$D(\varepsilon)=2\,\frac{2\pi mA}{h^2},\tag{1}$$

其中 A 为面积. 上式比题 7.20 的结果多一数值因子 2，来源于自旋简并. $T=0\ \mathrm{K}$ 时

$$N=\int_0^{\varepsilon_F}D(\varepsilon)\,\mathrm{d}\varepsilon=\frac{4\pi mA}{h^2}\varepsilon_F,\tag{2}$$

得

$$\mu_0=\varepsilon_F=\frac{nh^2}{4\pi m},\tag{3}$$

其中 $n=N/A$ 为粒子的面密度.

$$\bar{E}_0=\int_0^{\varepsilon_F}\varepsilon D(\varepsilon)\,\mathrm{d}\varepsilon=\frac{4\pi mA}{h^2}\,\frac{1}{2}\varepsilon_F^2=\frac{1}{2}N\varepsilon_F.\tag{4}$$

关于压强的计算，要小心些. 对于三维非相对论性气体，压强与 $\bar{E}$ 的关系为

$$p=\frac{2\bar{E}}{3V},$$

今对二维情形，可以证明

$$p=\frac{\bar{E}}{A}.\tag{5}$$

类似于题 7.18，先计算任意温度下的 $\ln\Xi$.

$$\begin{aligned}\ln\Xi&=\int\ln(1+\mathrm{e}^{-\alpha-\beta\varepsilon})D(\varepsilon)\,\mathrm{d}\varepsilon\\&=\frac{4\pi mA}{h^2}\int_0^{\infty}\ln(1+\mathrm{e}^{-\alpha-\beta\varepsilon})\,\mathrm{d}\varepsilon.\end{aligned}\tag{6}$$

令 $x=\beta\varepsilon$，则(6)式化为

$$\ln\Xi=\frac{4\pi mA}{h^2}\beta^{-1}\int_0^{\infty}\ln(1+\mathrm{e}^{-\alpha-x})\,\mathrm{d}x.\tag{7}$$

注意到上式中无量纲积分与面积 A 及 β 均无关，对本题的计算无影响，不必进一步计算该积分. 由普遍公式并用(7)式，

$$p = \frac{1}{\beta}\frac{\partial}{\partial A}\ln\Xi = \frac{1}{\beta A}\ln\Xi, \tag{8}$$

$$\bar{E} = -\frac{\partial}{\partial\beta}\ln\Xi = \frac{1}{\beta}\ln\Xi, \tag{9}$$

比较上两式,即得(5)式.

对 $T=0\,\mathrm{K}$,由(4)及(5)式,得

$$p_0 = \frac{1}{2}n\mu_0 = \frac{1}{2}n\varepsilon_{\mathrm{F}}. \tag{10}$$

(ii) 当 $T\neq 0\,\mathrm{K}$ 时,

$$\begin{aligned} N &= \int_0^\infty \frac{D(\varepsilon)\mathrm{d}\varepsilon}{\mathrm{e}^{(\varepsilon-\mu)/kT}+1} \\ &= \frac{4\pi mA}{h^2}\int_0^\infty \frac{\mathrm{d}\varepsilon}{\mathrm{e}^{(\varepsilon-\mu)/kT}+1}, \end{aligned} \tag{11}$$

$$\begin{aligned} \bar{E} &= \int_0^\infty \frac{\varepsilon D(\varepsilon)\mathrm{d}\varepsilon}{\mathrm{e}^{(\varepsilon-\mu)/kT}+1} \\ &= \frac{4\pi mA}{h^2}\int_0^\infty \frac{\varepsilon\mathrm{d}\varepsilon}{\mathrm{e}^{(\varepsilon-\mu)/kT}+1}, \end{aligned} \tag{12}$$

(11)与(12)两式中所含的积分可以统一计算. 令

$$I \equiv \int_0^\infty \frac{\eta(\varepsilon)\mathrm{d}\varepsilon}{\mathrm{e}^{(\varepsilon-\mu)/kT}+1}. \tag{13}$$

根据原书§7.19,对强简并理想费米气体,积分 I 有如下的展开式:

$$I = \int_0^\mu \eta(\varepsilon)\mathrm{d}\varepsilon + \frac{\pi^2}{6}(kT)^2\eta'(\mu) + \frac{7\pi^4}{360}(kT)^4\eta'''(\mu) + \cdots. \tag{14}$$

今对(11)式中的积分,$\eta=1$,有

$$\eta' = \eta''' = \cdots = 0, \tag{15}$$

得

$$I = \int_0^\mu \mathrm{d}\varepsilon = \mu. \tag{16}$$

代入(11)式,得

$$N = \frac{4\pi mA}{h^2}\mu, \tag{17}$$

故有

$$\mu = \frac{nh^2}{4\pi m} \equiv \mu_0. \tag{18}$$

表明对二维理想费米气体，μ 与 μ_0 相等，即化学势与 T 无关.

再看(12)式中的积分，相应的 $\eta(\varepsilon)=\varepsilon$，有

$$\eta' = 1, \quad \eta''' = \cdots = 0, \tag{19}$$

故

$$\begin{aligned} I &= \int_0^{\mu} \varepsilon \mathrm{d}\varepsilon + \frac{\pi^2}{6}(kT)^2 \eta'(\mu) \\ &= \frac{1}{2}\mu^2 + \frac{\pi^2}{6}(kT)^2 \\ &= \frac{1}{2}\mu_0^2 + \frac{\pi^2}{6}(kT)^2. \end{aligned} \tag{20}$$

最后一步已用了(18)式. 代入(12)式，得

$$\begin{aligned} \bar{E} &= \frac{4\pi m A}{h^2}\frac{\mu_0^2}{2}\left[1+\frac{\pi^2}{3}\left(\frac{kT}{\mu_0}\right)^2\right] \\ &= \frac{1}{2}N\mu_0\left[1+\frac{\pi^2}{3}\left(\frac{kT}{\mu_0}\right)^2\right]. \end{aligned} \tag{21}$$

由公式(5)及(21)，得

$$p = \frac{\bar{E}}{A} = \frac{1}{2}n\mu_0\left[1+\frac{\pi^2}{3}\left(\frac{kT}{\mu_0}\right)^2\right]. \tag{22}$$

为计算熵，可先求自由能

$$\begin{aligned} F &= G - pA = N\mu - pA \\ &= N\mu_0 - \frac{1}{2}N\mu_0\left[1+\frac{\pi^2}{3}\left(\frac{kT}{\mu_0}\right)^2\right] \\ &= \frac{1}{2}N\mu_0\left[1-\frac{\pi^2}{3}\left(\frac{kT}{\mu_0}\right)^2\right], \end{aligned} \tag{23}$$

$$S = -\left(\frac{\partial F}{\partial T}\right)_A = \frac{\pi^2}{3}\left(\frac{kT}{\mu_0}\right)Nk. \tag{24}$$

7.31　液氦(^{3}He)正常相与固相平衡曲线在低温下的负斜率问题.

在低温下，处于正常相的液 ^{3}He 在加压下可以从液相转变到固相，其独特之处在于：当 $T<0.3$ K 时，两相平衡曲线的 $\frac{\mathrm{d}p}{\mathrm{d}T}<0$（参看原书图 3.5.3）. 实验测得在 $T=0.1$K 时，$\frac{\mathrm{d}p}{\mathrm{d}T}=-30$ atm/K. 试用对

固相与液相的下述简化模型来解释这一特征.

(i) 在固相,^{3}He 原子形成晶体点阵,每一个 ^{3}He 原子的核自旋为$\frac{\hbar}{2}$,忽略自旋之间的相互作用,计算由于核自旋自由度导致的每个原子的熵 $s_{自旋}$.

此外,原子振动对熵也有贡献.试用德拜理论在低温($T\ll\theta_D$)下的热容公式即原书(7.6.20)式,$C_V=3Nk\times\frac{4\pi^4}{5}\frac{T^3}{\theta_D^3}$,计算每个原子的振动熵 $s_{振动}$.已知 ^{3}He 晶体的德拜温度为 $\theta_D=16\ \text{K}$(取自主要参考书目[12],p. 359).

证明在 $T=0.1\text{K}$ 时,$s_{自旋}\gg s_{振动}$,因而原子振动对熵的贡献完全可以忽略,即固相每个原子的熵 $s_s=s_{自旋}+s_{振动}\approx s_{自旋}$.

(ii) 设液 ^{3}He 可以近似当作强简并理想费米气体,已知每个原子的平均占据体积 $v_l=\frac{V}{N}=46\text{Å}^3$ ($1\text{Å}=10^{-10}$ m),计算其费米温度 T_F(以 K 为单位).

(iii) 求低温($T\ll T_F$)下液 ^{3}He 的热容 C_V.

(iv) 利用(iii)的结果,计算低温下液相每个原子的熵 s_l,试问哪一个相的熵更高,固相还是液相?

(v) 应用液-固两相平衡的克拉珀龙方程

$$\frac{\mathrm{d}p}{\mathrm{d}T}=\frac{s_l-s_s}{v_l-v_s},$$

其中 v_l 与 v_s 分别代表液相与固相每个原子的平均占据体积,实验测得低温下有 $v_l-v_s=3\text{Å}^3$.由此及以上求得的相关结果,计算在 $T=0.1\text{K}$ 时的$\frac{\mathrm{d}p}{\mathrm{d}T}$值.

(参看主要参考书目[8],p. 308.)

解 (i) 每一个 ^{3}He 原子的核自旋有 2 个可取的态,N 个原子核自旋总共的量子态数为 2^N,其核自旋熵为 $S_{自旋}=k\ln 2^N$,每个原子的自旋熵 $s_{自旋}$ 为

$$s_{自旋}=\frac{S_{自旋}}{N}=\frac{k\ln 2^N}{N}=k\ln 2. \tag{1}$$

此外，固体原子的振动对熵也有贡献. 由低温（$T\ll\theta_D$）下的德拜热容公式（原书公式（7.6.20））

$$\frac{C_V}{3Nk}\approx\frac{4\pi^4}{5}\frac{T^3}{\theta_D^3},\tag{2}$$

每个原子的热容为

$$c_v=\frac{C_V}{N}=3k\cdot\frac{4\pi^4}{5}\frac{T^3}{\theta_D^3},\tag{3}$$

相应地，每个原子的振动熵 $s_{振动}$ 为

$$s_{振动}=\int\frac{c_v\mathrm{d}T}{T}=k\frac{4\pi^4}{5}\frac{T^3}{\theta_D^3}.\tag{4}$$

自旋熵与振动熵之比为

$$\frac{s_{自旋}}{s_{振动}}=\frac{\ln2}{\frac{4\pi^4}{5}\frac{T^3}{\theta_D^3}}\approx\frac{0.693}{78\times\left(\frac{0.1}{16}\right)^3}\sim\frac{0.693}{1.9\times10^{-5}}\gg1,\tag{5}$$

表明振动熵完全可以忽略，令 s_s 代表固相每个原子的熵，则有

$$s_s=s_{自旋}+s_{振动}\approx s_{自旋}=k\ln2.\tag{6}$$

（ii）将液 ^{3}He 近似看成理想费米气体，由原书（7.19.9）ε_F 公式，得费米温度 T_F 为

$$T_F\equiv\frac{\varepsilon_F}{k}=\frac{h^2}{2mk}\left(\frac{3N}{8\pi V}\right)^{\frac{2}{3}}.\tag{7}$$

上式中的 $\frac{N}{V}=\frac{1}{v_l}$，将有关数据代入，得

$$T_F=\frac{(6.7\times10^{-34})^2}{2\times(6.8\times10^{-27})(1.38\times10^{-23})}\left(\frac{3}{8\pi\times46\times10^{-30}}\right)^{\frac{2}{3}}\mathrm{K}\approx9.2\,\mathrm{K}.\tag{8}$$

（iii）利用强简并费米气体在低温（$T\ll T_F$）下的热容公式（原书（7.19.26）式），

$$C_V=\frac{\pi^2}{2}Nk\left(\frac{T}{T_F}\right).\tag{9}$$

（iv）令 S_l 与 s_l 分别代表液 ^{3}He 的熵与相应的每个原子的熵，用（9）式，则得

$$S_l=\int C_V\frac{\mathrm{d}T}{T}=\frac{\pi^2}{2}Nk\left(\frac{T}{T_F}\right),\tag{10}$$

$$s_l = \frac{S_l}{N} = \frac{\pi^2}{2}k\left(\frac{T}{T_F}\right). \tag{11}$$

当 $T=0.1\,\mathrm{K}$ 时,用(8)式给出的 T_F 值,得

$$s_l \approx k \times 4.93 \times \frac{0.1}{9.2} \approx 0.054k. \tag{12}$$

而固相每个原子的熵为

$$s_s = k\ln 2 \approx 0.693k. \tag{13}$$

可见 ^{3}He 在低温下液相的熵小于固相的熵,这正是液 ^{3}He 特别之处.

(v) 将相关数据代入液-固平衡曲线的克拉珀龙方程

$$\frac{dp}{dT} = \frac{s_l - s_s}{v_l - v_s} \approx k\,\frac{\frac{\pi^2}{2}\left(\frac{T}{T_F}\right) - \ln 2}{v_l - v_s}. \tag{14}$$

在 $T=0.1\,\mathrm{K}$ 时,用已知数据 $T_F \approx 9.2\,\mathrm{K}$,以及实验测得的 $v_l - v_s = 3\,\text{Å}^3$,得

$$\frac{dp}{dT} \approx -1.38 \times 0^{-23}\,\frac{0.693 - 0.054}{3 \times 10^{-30}}\ \mathrm{Pa \cdot K^{-1}}$$

$$\approx -2.9 \times 10^6\ \mathrm{Pa \cdot K^{-1}} \approx -29\,\mathrm{atm \cdot K^{-1}}. \tag{15}$$

与实验结果合理符合.

7.32 当温度高达 $kT \sim mc^2$($mc^2 \sim 0.5$ MeV 为电子的静止质量所对应的能量),可以发生正、负电子对的产生与湮没过程:

$$e^- + e^+ \longleftrightarrow \gamma \quad (\gamma \text{ 代表一个或几个光子}).$$

这时正、负电子的数目不再是固定不变的,而需由化学平衡条件确定.由于光子气体的化学势为 0,于是有

$$\mu^- + \mu^+ = 0.$$

现考虑 $kT \gg mc^2$ 的高温,这时正、负电子将大量产生,以致初始时的 e^- 密度 n_0 可以忽略不计,即

$$n^- = n^+ + n_0 \approx n^+,$$

因而 $\mu^- = \mu^+$(e^- 与 e^+ 具有相同的质量、自旋,它们的化学势只由粒子数密度决定,今 $n^- = n^+$,故 $\mu^- = \mu^+$).再利用上述化学平衡条件,即得 $\mu^- = \mu^+ = 0$.试在上述条件下:

(i) 计算正、负电子数密度 $n^- = n^+ = ?$

(ii) 计算正、负电子的能量密度(即单位体积内的平均能量) $u^{-}=u^{+}=?$

(iii) 计算正、负电子的能量密度与相同温度下光子能量密度之比.

解　(i) 根据题中的分析,当 $kT \gg mc^2$ 时

$$\mu^{-}=\mu^{+}=0. \tag{1}$$

令负、正电子总数分别为 N^{-} 与 N^{+},则有

$$N^{-}=N^{+}=\int_0^{\infty} \frac{D(\varepsilon)\,\mathrm{d}\varepsilon}{\mathrm{e}^{\varepsilon/kT}+1}, \tag{2}$$

其中 $D(\varepsilon)$ 为极端相对论性费米子的态密度,

$$D(\varepsilon)=2 \cdot \frac{4\pi V}{(hc)^3}\varepsilon^2, \tag{3}$$

上式中因子 2 来源于自旋简并. 将(3)式代入(2)式,得

$$\begin{aligned} N^{-}=N^{+} &= \frac{8\pi V}{(hc)^3}\int_0^{\infty} \frac{\varepsilon^2\,\mathrm{d}\varepsilon}{\mathrm{e}^{\varepsilon/kT}+1} \\ &= \frac{8\pi V}{(hc)^3}(kT)^3\int_0^{\infty} \frac{x^2\,\mathrm{d}x}{\mathrm{e}^{x}+1}. \end{aligned} \tag{4}$$

以上第二步已令 $x=\varepsilon/kT$. 利用原书附录 B5 的公式

$$\int_0^{\infty} \frac{x^2\,\mathrm{d}x}{\mathrm{e}^{x}+1}=1.803, \tag{5}$$

又令 $n^{-}=N^{-}/V$ 与 $n^{+}=N^{+}/V$ 分别代表负、正电子的数密度,由(4)、(5)式得

$$n^{-}=n^{+}=1.803\,\frac{8\pi}{(hc)^3}(kT)^3. \tag{6}$$

(ii) $$\begin{aligned} \bar{E}^{-}=\bar{E}^{+} &= \int_0^{\infty} \frac{\varepsilon D(\varepsilon)\,\mathrm{d}\varepsilon}{\mathrm{e}^{\varepsilon/kT}+1} \\ &= \frac{8\pi V}{(hc)^3}\int_0^{\infty} \frac{\varepsilon^3\,\mathrm{d}\varepsilon}{\mathrm{e}^{\varepsilon/kT}}+1 \\ &= \frac{8\pi V}{(hc)^3}(kT)^4\int_0^{\infty} \frac{x^3\,\mathrm{d}x}{\mathrm{e}^{x}+1}, \end{aligned} \tag{7}$$

利用原书附录 B5 的公式

$$\int_0^{\infty} \frac{x^3\,\mathrm{d}x}{\mathrm{e}^{x}+1}=\frac{7\pi^4}{120}, \tag{8}$$

及 $u^- = \bar{E}^-/V, u^+ = \bar{E}^+/V$,则得

$$u^- = u^+ = \frac{56\pi^5}{120}\frac{(kT)^4}{(hc)^3}. \tag{9}$$

(iii) 令 u_γ 代表热辐射的能量密度,由原书公式(7.5.25),

$$u_\gamma = \frac{8\pi^5}{15}\frac{(kT)^4}{(hc)^3}, \tag{10}$$

比较(9)式与(10)式,得

$$\frac{u^\pm}{u_\gamma} = \frac{105}{120} \approx 0.88. \tag{11}$$

7.33 在宇宙演化早期的某一阶段,温度高达 5×10^{10}—10^{11} K (kT 相应的能量约为 5—10 MeV,1 eV 相应的温度约为 10^4 K).这时,除光子(γ)外,凡是静止能量 $mc^2 < kT$ 的粒子和反粒子将大量产生,包括电子(e^-)和正电子(e^+),三代中微子(ν_e, ν_μ, ν_τ)和它们的反粒子($\bar{\nu}_e, \bar{\nu}_\mu, \bar{\nu}_\tau$).

由于高温、高密度,粒子之间的碰撞频率极高,远高于因宇宙膨胀导致的温度下降率,这就使这些粒子能保持热平衡,所有粒子具有相同的温度.

由于高温,上述粒子、反粒子对不断大量产生、湮没,粒子数均不守恒,因而上述粒子、反粒子的化学势均近似为零(参看习题 7.32).

由于高温,电子与中微子的静止能量远小于它们的动能,可以忽略.故像光子一样,这些粒子也满足极端相对论性的色散关系:$\varepsilon = cp$.

由于高温,粒子之间的相互作用能远小于它们的动能,可以忽略,看成理想气体是很好的近似.

总结一下,我们要处理的是处于平衡态下的理想玻色气体(光子)和理想费米气体(电子、中微子),它们的化学势均为零,色散关系均为 $\varepsilon = cp$.

(i) 已知各种粒子的自旋简并为:

光子:$g_s = 2$;电子、正电子:$g_s = 2$;中微子(左手螺旋)、反中微子(右手螺旋):$g_s = 1$.

利用习题 7.17(ii),写出各种粒子的态密度.

(ii) 令 n, u, p, s 分别代表某一种粒子的数密度、内能密度、压强

和熵密度.

证明：

$$n=\frac{g_s}{2\pi^2}\left(\frac{kT}{\hbar c}\right)^3\int_0^\infty\frac{x^2\mathrm{d}x}{\mathrm{e}^x\pm1},$$

$$u=\frac{g_s}{2\pi^2}\frac{(kT)^4}{(\hbar c)^3}\int_0^\infty\frac{x^3\mathrm{d}x}{\mathrm{e}^x\pm1},$$

$$p=\frac{g_s}{6\pi^2}\frac{(kT)^4}{(\hbar c)^3}\int_0^\infty\frac{x^3\mathrm{d}x}{\mathrm{e}^x\pm1},$$

$$s=k\frac{2g_s}{3\pi^2}\left(\frac{kT}{\hbar c}\right)^3\int_0^\infty\frac{x^3\mathrm{d}x}{\mathrm{e}^x\pm1}.$$

其中“+”号代表费米子(电子、中微子),“−”号代表玻色子(光子).

(iii) 令 n_e 与 u_e 分别代表正、负电子的数密度之和与内能密度之和;n_ν 和 u_ν 分别代表三代中微子及反中微子的数密度之和与内能密度之和;n_γ 和 u_γ 代表光子的数密度与内能密度.证明：

$$n_e:n_\nu:n_\gamma=\frac{3}{2}:\frac{9}{4}:1,$$

$$u_e:u_\nu:u_\gamma=\frac{7}{4}:\frac{21}{8}:1.$$

(iv) 令 n_t,u_t,p_t 和 s_t 分别代表所有上述粒子(电子、中微子、光子)相应各量之和.证明：

$$\frac{n_t}{n_\gamma}=\frac{19}{4},\quad \frac{u_t}{u_\gamma}=\frac{p_t}{p_\gamma}=\frac{s_t}{s_\gamma}=\frac{43}{8}.$$

(参看主要参考书目[7],pp. 282—285)

解 (i)

$$D(\varepsilon)=g_s\frac{V}{2\pi^2(\hbar c)^3}\varepsilon^2. \tag{1}$$

(ii)

$$\bar{N}=\int_0^\infty\frac{D(\varepsilon)\mathrm{d}\varepsilon}{\mathrm{e}^{\beta\varepsilon}\pm1}=g_s\frac{V}{2\pi^2(\hbar c)^3}\int_0^\infty\frac{\varepsilon^2\mathrm{d}\varepsilon}{\mathrm{e}^{\beta\varepsilon}\pm1}$$

$$=g_s\frac{V}{2\pi^2}\left(\frac{kT}{\hbar c}\right)^3\int_0^\infty\frac{x^2\mathrm{d}x}{\mathrm{e}^x\pm1},\quad (已令\ x=\varepsilon/kT)$$

$$n=\frac{\bar{N}}{V}=\frac{g_s}{2\pi^2}\left(\frac{kT}{\hbar c}\right)^3\int_0^\infty\frac{x^2\mathrm{d}x}{\mathrm{e}^x\pm1}, \tag{2}$$

$$u=\frac{\bar{E}}{V}=\frac{g_s}{2\pi^2(\hbar c)^3}\int_0^\infty\frac{\varepsilon^3\mathrm{d}\varepsilon}{\mathrm{e}^{\beta\varepsilon}\pm1}=\frac{g_s}{2\pi^2}\frac{(kT)^4}{(\hbar c)^3}\int_0^\infty\frac{x^3\mathrm{d}x}{\mathrm{e}^x\pm1}. \tag{3}$$

由习题7.18公式(16),对极端相对论性理想气体,有 $pV=\bar{E}/3$,得

$$p=\frac{u}{3}=\frac{g_s}{6\pi^2}\frac{(kT)^4}{(\hbar c)^3}\int_0^\infty\frac{x^3\,\mathrm{d}x}{\mathrm{e}^x\pm 1}. \tag{4}$$

熵密度可利用化学势等于零来求得,需要注意的是统计物理学中的化学势习惯是以每个粒子的吉布斯函数来定义的(见原书公式(7.10.17)),即

$$\mu=\frac{1}{N}(\bar{E}-TS+pV), \tag{5}$$

而这里的 μ,p,s 是对单位体积定义的,即 $\bar{E}=Vu$, $S=Vs$,故(5)式化为

$$\mu=\frac{V}{N}(u-Ts+p). \tag{6}$$

今化学势 $\mu=0$,即得

$$s=\frac{1}{T}(u+p)=\frac{1}{T}\left(u+\frac{1}{3}u\right)=\frac{4u}{3T}, \tag{7}$$

$$s=k\,\frac{2gs}{3\pi^2}\left(\frac{kT}{\hbar c}\right)^3\int_0^\infty\frac{x^3\,\mathrm{d}x}{\mathrm{e}^x\pm 1}. \tag{8}$$

公式(2),(3),(4),(8)中,"+"号对应费米子(电子、中微子),"−"号对应玻色子(光子).

(iii) 计算中需用到原书附录B5公式(B5.6)

$$\int_0^\infty\frac{x^{\nu-1}\,\mathrm{d}x}{\mathrm{e}^x+1}=(1-2^{1-\nu})\int_0^\infty\frac{x^{\nu-1}\,\mathrm{d}x}{\mathrm{e}^x-1}, \tag{9}$$

$\nu=3$:

$$\int_0^\infty\frac{x^2\,\mathrm{d}x}{\mathrm{e}^x+1}=\frac{3}{4}\int_0^\infty\frac{x^2\,\mathrm{d}x}{\mathrm{e}^x-1}, \tag{10}$$

$\nu=4$:

$$\int_0^\infty\frac{x^3\,\mathrm{d}x}{\mathrm{e}^x+1}=\frac{7}{8}\int_0^\infty\frac{x^3\,\mathrm{d}x}{\mathrm{e}^x-1}. \tag{11}$$

再注意到各粒子的自旋简并因子,可得

$$n_{\mathrm{e}}=2\times\frac{3}{4}n_\gamma=\frac{3}{2}n_\gamma,$$

$$n_\nu=6\times\frac{3}{4}\times\frac{1}{2}n_\gamma=\frac{9}{4}n_\gamma,$$

故有

$$n_e : n_\nu : n_\gamma = \frac{3}{2} : \frac{9}{4} : 1. \tag{12}$$

$$u_e = 2 \times \frac{7}{8} u_\gamma = \frac{7}{4} u_\gamma,$$

$$u_\nu = 6 \times \frac{7}{8} \times \frac{1}{2} u_\gamma = \frac{21}{8} u_\gamma,$$

得

$$u_e : u_\nu : u_\gamma = \frac{7}{4} : \frac{21}{8} : 1. \tag{13}$$

(iv)
$$n_t = n_e + n_\nu + n_\gamma = \left(\frac{3}{2} + \frac{9}{4} + 1\right) n_\gamma = \frac{19}{4} n_\gamma,$$

或

$$\frac{n_t}{n_\gamma} = \frac{19}{4}. \tag{14}$$

类似得

$$\frac{u_t}{u_\gamma} = \frac{p_t}{p_\gamma} = \frac{s_t}{s_\gamma} = \frac{43}{8}. \tag{15}$$

7.34　按照牛顿力学，一物体从质量为 M、半径为 R 的球形星体的逃逸速度 v_E 可以由物理的动能等于引力势能而得出：$v_E = \sqrt{\frac{2GM}{R}}$，其中 G 为引力常数. 若令光微粒的动能为 $\frac{1}{2}mc^2$，则光微粒不能逃逸出星体的条件是该星体的质量 $M > c^2R/2G$. 这个结果是 18 世纪末由约翰·米歇尔（John Michell，英国）和拉普拉斯（P. S. Laplace，法国）导出的. 当时称之为暗星，其半径为 $R = 2GM/c^2$. 虽然推导所依据的两条（牛顿力学与光微粒的动能公式）都不对，但其结果与相对论的结果一致. 1939 年，奥本海默（Oppenheimer）应用广义相对论导出了与上式相同的结果，后惠勒（Wheeler）于 1969 年将其命名为黑洞，上式也就是黑洞的半径.

按照贝肯斯坦（Bekenstein）与霍金（Hawking）的理论，黑洞的熵正比于其面积 A：$S = \frac{kc^3}{4G\hbar}A$. 试问：

(i) 当两个质量同为 M 的球形黑洞坍缩成一个黑洞时，其熵是增加还是减少？

(ii) 黑洞的内能由爱因斯坦关系 $E = Mc^2$ 给出. 试应用热力学

公式,导出黑洞的温度 T 与其质量 M 的关系.

(iii) 设有一黑洞的温度为 2.7 K(现在宇宙背景辐射的温度),试估算该黑洞的质量.

(参看主要参考书目[8],pp. 289—291.)

解　(i)

$$\begin{aligned}\Delta S &= S_2 - 2S_1 = \frac{kc^3}{4G\hbar}(A_2 - 2A_1)\\ &= \frac{kc^3}{4G\hbar}4\pi(R_2^2 - 2R_1^2)\\ &= \frac{\pi kc^3}{G\hbar}\left[\left(\frac{2G}{c^2}2M\right)^2 - 2\left(\frac{2G}{c^2}M\right)^2\right]\\ &= \frac{8\pi GkM^2}{c\hbar} > 0.\end{aligned} \tag{1}$$

表明熵增加.

(ii) 利用热力学公式 $\frac{1}{T}=\frac{\partial S}{\partial E}$ 及爱因斯坦关系 $E=Mc^2$,

$$\frac{1}{T} = \frac{1}{c^2}\frac{\partial}{\partial M}\left[\frac{kc^3}{4G\hbar}4\pi\left(\frac{2G}{c^2}M\right)^2\right] = \frac{8\pi kG}{\hbar c^3}M,$$

得

$$T = \frac{\hbar c^3}{8\pi kG}\frac{1}{M}. \tag{2}$$

表示质量越小的黑洞温度越高.

(iii) 由公式(2)

$$\begin{aligned}M &= \frac{\hbar c^3}{8\pi kG}\frac{1}{T}\\ &= \frac{1.05\times 10^{-34}\ \mathrm{J\cdot s}\times(3\times 10^8)^3(\mathrm{m\cdot s^{-1}})^3}{8\times 3.14\times 1.38\times 10^{-23}\ \mathrm{J\cdot K^{-1}}\times 6.7\times 10^{-11}\ \mathrm{N\cdot m^2\cdot kg^{-2}}\times 2.7\,\mathrm{K}}\\ &\approx 4.5\times 10^{22}\ \mathrm{kg}.\end{aligned}$$

7.35　铁磁固体低温下的元激发称为自旋波或磁波子(magnon),它是一种玻色型的元激发(或准粒子),其能谱为

$$\varepsilon = \alpha p^{\gamma},$$

其中 $p=|\boldsymbol{p}|$,α 和 γ 均为常数.

(i) 求这种准粒子的态密度 $D(\varepsilon)$.

(ii) 已知在足够低的温度下(使 $\varepsilon_{\max}/kT\gg 1$,$\varepsilon_{\max}$ 是类似德拜频

率的截止能量，它决定了准粒子的总自由度数；此处无需知道细节），热容 $C \sim T^{3/2}$. 试由此确定 γ.

解　(i) 准粒子的态密度 $D(\varepsilon)$可按题 7.17 同样的方法计算（这里考虑的是三维情形）

$$D(\varepsilon)\mathrm{d}\varepsilon = \frac{V}{h^3}4\pi p^2\mathrm{d}p = \frac{V}{h^3}4\pi p^2\frac{\mathrm{d}p}{\mathrm{d}\varepsilon}\mathrm{d}\varepsilon, \tag{1}$$

由准粒子能谱

$$\varepsilon = \alpha p^{\gamma}, \tag{2}$$

得

$$p = \left(\frac{\varepsilon}{\alpha}\right)^{\frac{1}{\gamma}}, \tag{3}$$

$$\frac{\mathrm{d}p}{\mathrm{d}\varepsilon} = \alpha^{-\frac{1}{\gamma}}\frac{1}{\gamma}\varepsilon^{\frac{1}{\gamma}-1}. \tag{4}$$

代入(1)式，得

$$\begin{aligned} D(\varepsilon) &= \frac{4\pi V}{h^3}\left(\frac{\varepsilon}{\alpha}\right)^{\frac{2}{\gamma}}\cdot\alpha^{-\frac{1}{\gamma}}\frac{1}{\gamma}\varepsilon^{\frac{1}{\gamma}-1} \\ &= \frac{4\pi V}{\gamma h^3}\alpha^{-\frac{3}{\gamma}}\varepsilon^{\frac{3}{\gamma}-1} \\ &= A\varepsilon^{\frac{3}{\gamma}-1}, \end{aligned} \tag{5}$$

其中 $A = \frac{4\pi V}{\gamma h^3}\alpha^{-3/\gamma}$ 为与 ε 无关的常数.

(ii) 注意到准粒子数不固定，故其化学势 $\mu = 0$. 于是有

$$\bar{E} = \int_0^{\varepsilon_{\max}}\frac{\varepsilon D(\varepsilon)\mathrm{d}\varepsilon}{e^{\varepsilon/kT}-1}. \tag{6}$$

将(5)式代入(6)式，得

$$\bar{E} = A\int_0^{\varepsilon_{\max}}\frac{\varepsilon^{\frac{3}{\gamma}}\mathrm{d}\varepsilon}{e^{\varepsilon/kT}-1}. \tag{7}$$

令 $x = \varepsilon/kT$，(7)式化为

$$\bar{E} = A(kT)^{\frac{3}{\gamma}+1}\int_0^{\varepsilon_{\max}/kT}\frac{x^{\frac{3}{\gamma}}\mathrm{d}x}{e^x-1}. \tag{8}$$

当温度足够低，使 $\varepsilon_{\max}/kT \gg 1$，(8)式的积分上限可近似代以$\infty$，于是有

$$\bar{E} \approx A(kT)^{\frac{3}{\gamma}+1}\int_0^{\infty}\frac{x^{\frac{3}{\gamma}}\mathrm{d}x}{\mathrm{e}^x-1}, \tag{9}$$

上式中的积分为一常数,与 T 无关,不必计算出.(9)式表明

$$\bar{E} \sim T^{\frac{3}{\gamma}+1}, \tag{10}$$

热容量

$$C=\left(\frac{\partial \bar{E}}{\partial T}\right)_V \sim \left(\frac{3}{\gamma}+1\right)T^{\frac{3}{\gamma}} \sim T^{\frac{3}{\gamma}}. \tag{11}$$

与实验结果 $C \sim T^{3/2}$ 比较,即得

$$\gamma=2, \tag{12}$$

由此准粒子能谱也最终确定为

$$\varepsilon=\alpha p^2. \tag{13}$$

确定准粒子能谱是凝聚态物理学的重要课题之一.一种办法是从微观理论计算.另一种办法是根据唯象考虑提出假设的形式,其中含有待定参数,进而可算出相应的准粒子态密度,然后再计算某观测量(本题中是热容).最后与实验测量结果比较,即可确定准粒子能谱的形式.本题即是一个例子.

7.36 试应用热力学平衡判据,在(E,V,N)不变的条件下,通过求熵的极大,求出近独立子系所组成的系统平衡态的三种分布.(说明:题 7.36,7.37,7.38 主要目的是希望读者能领会到最可几方法和热力学平衡判据之间存在一一对应的关系.这些也是热力学和统计物理学在解决问题时如何结合运用的例子.)

解 因 $S>k\ln W(\{a_\lambda\})$,故求 S 的极大即求 $\ln W(\{a_\lambda\})$的极大,对下列三种情况,$W(\{a_\lambda\})$分别为:

(a) 定域子系 $W(\{a_\lambda\})=n!\prod\limits_\lambda\frac{g_\lambda^{a_\lambda}}{a_\lambda!}$, (1a)

(b) 全同费米子 $W(\{a_\lambda\})=\prod\limits_\lambda\frac{g_\lambda!}{a_\lambda!\,(g_\lambda-a_\lambda)!}$, (1b)

(c) 全同玻色子 $W(\{a_\lambda\})=\prod\limits_\lambda\frac{(g_\lambda+a_\lambda-1)!}{a_\lambda!\,(g_\lambda-1)!}$. (1c)

问题化为求 $\ln W(\{a_\lambda\})$在 N,E 不变下的条件极值,引入拉氏乘子 α,β,可得

$$\delta \ln W(\{a_\lambda\}) - \alpha \delta N - \beta \delta E = 0. \tag{2}$$

由原书(7.2.11)、(7.9.9)和(7.9.18)式，对(1a)—(1c)式分别有

$$-\sum_\lambda \left\{\ln \frac{a_\lambda}{g_\lambda} + \alpha + \beta\varepsilon_\lambda\right\}\delta a_\lambda = 0, \tag{3a}$$

$$\sum_\lambda \left\{\ln \frac{g_\lambda - a_\lambda}{a_\lambda} - \alpha - \beta\varepsilon_\lambda\right\}\delta a_\lambda = 0, \tag{3b}$$

$$\sum_\lambda \left\{\ln \frac{g_\lambda + a_\lambda}{a_\lambda} - \alpha - \beta\varepsilon_\lambda\right\}\delta a_\lambda = 0, \tag{3c}$$

即得

$$\bar{a}_\lambda = g_\lambda e^{-\alpha-\beta\varepsilon_\lambda} \quad \text{(麦克斯韦 - 玻尔兹曼分布)}, \tag{4a}$$

$$\bar{a}_\lambda = \frac{g_\lambda}{e^{\alpha+\beta\varepsilon_\lambda} + 1} \quad \text{(费米 - 狄拉克分布)}, \tag{4b}$$

$$\bar{a}_\lambda = \frac{g_\lambda}{-e^{\alpha+\beta\varepsilon_\lambda} - 1} \quad \text{(玻色 - 爱因斯坦分布)}. \tag{4c}$$

7.37　试应用热力学平衡判据，在(T,V,N)不变的条件下，通过求自由能极小，求出近独立子系所组成的系统平衡态的三种分布. 对于分布$\{a_\lambda\}$，自由能可表达为

$$F(\{a_\lambda\}) = E(\{a_\lambda\}) - TS(\{a_\lambda\}) = E(\{a_\lambda\}) - kT\ln W(\{a_\lambda\}),$$

由于 T 已给定，求 $F(\{a_\lambda\})$极小的约束条件只有一个，即 $\delta N=0$.

解　仿照题 7.36，为使符号 α,β 与原书一致，将求 $\delta F=0$ 改写成 $\beta\delta F=0$. 引入拉氏乘子 α，需求 $\beta\delta F+\alpha\delta N=0$，亦即

$$\alpha\delta N + \beta\delta E - \delta\ln W = 0. \tag{1}$$

对三种情况分别有

(a) 定域子系　$$\sum_\lambda \left\{\alpha + \beta\varepsilon_\lambda + \ln \frac{a_\lambda}{g_\lambda}\right\}\delta a_\lambda = 0, \tag{2a}$$

(b) 全同费米子　$$\sum_\lambda \left\{\alpha + \beta\varepsilon_\lambda - \ln \frac{g_\lambda - a_\lambda}{a_\lambda}\right\}\delta a_\lambda = 0, \tag{2b}$$

(c) 全同玻色子　$$\sum_\lambda \left\{\alpha + \beta\varepsilon_\lambda - \ln \frac{g_\lambda + a_\lambda}{a_\lambda}\right\}\delta a_\lambda = 0. \tag{2c}$$

立即得三种分布(略).

7.38　试应用热力学平衡判据，在(T,V,μ)不变的条件下，通过求巨势的极小，求出近独立子系所组成的平衡态的三种分布. 巨势

Ψ 的定义为 $\Psi = F - G = F - \mu N$(见原书(7.10.18)),对于分布 $\{a_\lambda\}$,巨势可表为

$$\Psi\{a_\lambda\} = E(\{a_\lambda\}) - TS(\{a_\lambda\}) - \mu N(\{a_\lambda\}).$$

由于 T,μ 均已给定,故求出 $\Psi(\{a_\lambda\})$的极小时无约束条件.

解 为使 α,β 与原书符号一致,将 $\delta\Psi = 0$ 改写成 $\beta\delta\Psi = 0$,于是有

$$\alpha\delta N + \beta\delta E - \delta\ln W = 0 \quad (\alpha = -\beta\mu), \qquad (1)$$

与题 7.37 公式(1)相比,立即可得平衡态的三种分布,顺便提一下题 7.9 和题 7.10 也是热力学与统计物理学相结合求解的例子.

第八章　统计系综理论

8.1　设有 N 个粒子组成的系统处于平衡态，满足经典极限条件.

(i) 试由正则系综的几率分布导出系统微观能量处在 E 与 $E+\mathrm{d}E$ 之间的几率 $P(E)\mathrm{d}E$（$P(E)$ 为正则系综按能量的几率分布）.

(ii) 证明使 $P(E)$ 取极大值的能量满足方程

$$\frac{\Sigma''(E)}{\Sigma'(E)} = \beta,$$

其中 $\Sigma(E)$ 定义为（见原书公式(8.3.14)）

$$\Sigma(E) = \frac{1}{N!h^s}\int_{H\leqslant E}\mathrm{d}\Omega,$$

$H=H(q_1,\cdots,q_s;p_1,\cdots,p_s)$ 为系统的哈密顿量.

(iii) 将上述结果用到单原子分子理想气体，证明：

$$E = \left(\frac{3N}{2}-1\right)\frac{1}{\beta} \approx \frac{3}{2}NkT.$$

这个结果说明什么？

解　(i) 正则系综的几率分布为

$$\rho_s = \frac{1}{Z_N}\mathrm{e}^{-\beta E_s}, \tag{1}$$

上式代表系统处于微观态 s 的几率，亦即 ρ_s 是系统按态的几率分布. 为了求出系统按能量的几率分布，只需从(1)式出发，对能量在 E 与 $E+\mathrm{d}E$ 之间的态求和，即

$$P(E)\mathrm{d}E = \sum_{\substack{s\\(E,E+\mathrm{d}E)}}\rho_s = \frac{1}{Z_N}\mathrm{e}^{-\beta E}\sum_{\substack{s\\(E,E+\mathrm{d}E)}}1\,. \tag{2}$$

在满足经典极限的条件下，(2)式右方对量子态的求和可以用对相体积的积分表示

$$\sum_{\substack{s\\(E,E+\mathrm{d}E)}} 1 = \frac{1}{N!h^{3N}} \int_{(E,E+\mathrm{d}E)} \mathrm{d}\Omega\ , \tag{3}$$

这里为简单,已设粒子为质点.按原书公式(8.3.14)

$$\Sigma(E) = \frac{1}{N!h^{3N}}\int_{H\leqslant E} \mathrm{d}\Omega, \tag{4}$$

于是有

$$\frac{1}{N!h^{3N}} \int_{(E,E+\mathrm{d}E)} \mathrm{d}\Omega = \Sigma(E+\mathrm{d}E) - \Sigma(E) = \Sigma'(E)\mathrm{d}E, \tag{5}$$

则(2)式可表为

$$P(E)\mathrm{d}E = \frac{1}{Z_N}\mathrm{e}^{-\beta E}\Sigma'(E)\mathrm{d}E. \tag{6}$$

(ii) $P(E)$的极值由下列方程决定,即

$$\frac{\mathrm{d}P(E)}{\mathrm{d}E} = \frac{1}{Z_N}\{\mathrm{e}^{-\beta E}(-\beta)\Sigma'(E) + \mathrm{e}^{-\beta E}\Sigma''(E)\} = 0, \tag{7}$$

亦即极值点的能量所满足的方程为

$$\beta = \frac{\Sigma''(E)}{\Sigma'(E)}. \tag{8}$$

(iii) 对单原子分子理想气体,利用原书公式(8.3.18)

$$\Sigma(E) = K\frac{V^N}{N!h^{3N}}(2mE)^{\frac{3N}{2}} = CE^{\frac{3N}{2}}, \tag{9}$$

其中 C 为与 E 无关的部分,

$$C = K\frac{V^N}{N!h^{3N}}(2m)^{\frac{3N}{2}}. \tag{10}$$

由(9)式,

$$\Sigma'(E) = \frac{3N}{2}CE^{\frac{3N}{2}-1}, \tag{11}$$

$$\Sigma''(E) = \frac{3N}{2}\left(\frac{3N}{2}-1\right)CE^{\frac{3N}{2}-2}, \tag{12}$$

则方程(8)化为

$$\frac{\Sigma''(E)}{\Sigma'(E)} = \left(\frac{3N}{2}-1\right)\frac{1}{E} = \beta. \tag{13}$$

因 $N\gg 1$,故有

$$\widetilde{E} \approx \frac{3N}{2}kT. \tag{14}$$

上述结果表明：使 $P(E)$ 取极大的能量正是平均能量亦即最可几能量 $\widetilde{E}$ 等于平均能量 $\bar{E}$，这也为原书图 8.10.1 提供了证明.

8.2　设有 N 个经典一维谐振子组成的系统，其哈密顿量为

$$H(q_1,\cdots,q_N,p_1,\cdots,p_N)=\sum_{i=1}^{N}\left(\frac{p_i^2}{2m}+\frac{1}{2}m\omega^2q_i^2\right).$$

(i) 计算相空间 $H\leqslant E$ 的相体积所对应的微观态数，即

$$\Sigma(E,N)=\frac{1}{h^N}\int_{H\leqslant E}\cdots\int \mathrm{d}q_1\cdots\mathrm{d}q_N\,\mathrm{d}p_1\cdots\mathrm{d}p_N.$$

(ii) 由公式 $S=k\ln\Sigma(E,N)$，计算熵 S.

(iii) 计算内能与热容，并将熵表为 (T,N) 的函数.

解　(i)

$$\Sigma(E,N)=\frac{1}{h^N}\int_{H\leqslant E}\cdots\int \mathrm{d}q_1\cdots\mathrm{d}q_N\,\mathrm{d}p_1\cdots\mathrm{d}p_N. \tag{1}$$

对 $H\leqslant E$，作变数变换，令

$$p_i'=p_i/\sqrt{2mE},\quad q_i'=\sqrt{m/2E}\,\omega q_i, \tag{2}$$

则 $H\leqslant E$ 化为

$$\sum_{i=1}^{N}(p_i'^2+q_i'^2)\leqslant 1. \tag{3}$$

由(1)式，得

$$\Sigma(E,N)=\frac{1}{h^N}\left(\frac{2E}{\omega}\right)^N K, \tag{4}$$

其中

$$K=\int_{\sum_{i=1}^{N}(p_i'^2+q_i'^2)\leqslant 1}\cdots\int \mathrm{d}q_1'\cdots\mathrm{d}q_N'\,\mathrm{d}p_1'\cdots\mathrm{d}p_N', \tag{5}$$

K 的几何意义为 $2N$ 维空间单位球的体积，由原书 §8.3 公式(8.3.17)、(8.3.24)，得

$$K=\frac{\pi^N}{N!}, \tag{6}$$

代入(4)式，得

$$\Sigma(E,N)=\frac{1}{N!}\left(\frac{E}{\hbar\omega}\right)^N. \tag{7}$$

(ii) 利用斯特令公式,可得

$$S(E,N)=k\ln\Sigma(E,N)=Nk\left\{\ln\left(\frac{E}{N\hbar\omega}\right)+1\right\}. \tag{8}$$

(iii) 由 $\frac{1}{T}=\left(\frac{\partial S}{\partial E}\right)_N$,得

$$\frac{1}{T}=\frac{Nk}{E},\Rightarrow E=NkT, \tag{9}$$

$$C=\frac{\partial E}{\partial T}=Nk. \tag{10}$$

若将(9)式代入(8)式,则得用 T,N 表达的熵

$$S(T,N)=Nk\left\{\ln\left(\frac{kT}{\hbar\omega}\right)+1\right\}. \tag{11}$$

上式与原书中(7.7.5)式的 Z 代入(7.4.15)式所得结果相符.

8.3 有两种不同分子组成的混合理想气体,处于平衡态. 设该气体满足经典极限条件;且可以把分子当作质点(即忽略其内部运动自由度). 试用正则系综求该气体的 $p,\bar{E},S,\mu_i(i=1,2)$.

解 混合理想气体的微观总能量为

$$E=E_{1s}+E_{2s'}=\sum_{i=1}^{N_1}\varepsilon_i'+\sum_{i=1}^{N_2}\varepsilon_i'', \tag{1}$$

其中 ε_i' 与 ε_i'' 分别代表第一种与第二种分子的微观能量.

系统的配分函数为

$$\begin{aligned}Z_{N_1,N_2}&=\sum_s\sum_{s'}e^{-\beta(E_{1s}+E_{2s'})}\\&=\left(\sum_s e^{-\beta E_{1s}}\right)\left(\sum_{s'}e^{-\beta E_{2s'}}\right)\\&=Z_{N_1}\cdot Z_{N_2}.\end{aligned} \tag{2}$$

在经典极限的条件满足时(参看原书公式(8.4.36)与(8.4.37)),有

$$Z_{N_1}=\frac{Z_1^{N_1}}{N_1!},\quad Z_1=\frac{V}{h^3}\left(\frac{2\pi m_1}{\beta}\right)^{3/2}, \tag{3}$$

$$Z_{N_2}=\frac{Z_2^{N_2}}{N_2!},\quad Z_2=\frac{V}{h^3}\left(\frac{2\pi m_2}{\beta}\right)^{3/2}. \tag{4}$$

于是有

$$\ln Z_{N_1,N_2}=\ln Z_{N_1}+\ln Z_{N_2}$$

$$= N_1 \ln Z_1 - \ln N_1! + N_2 \ln Z_2 - \ln N_2!. \tag{5}$$

直接推广原书 8.4.6 小节相关公式,可得

$$\begin{aligned}\bar{E} &= -\frac{\partial}{\partial \beta}\ln Z_{N_1,N_2} = -N_1 \frac{\partial}{\partial \beta}\ln Z_1 - N_2 \frac{\partial}{\partial \beta}\ln Z_2 \\ &= N_1 \frac{3}{2}\frac{1}{\beta} + N_2 \frac{3}{2}\frac{1}{\beta} = (N_1 + N_2)\frac{3}{2}kT,\end{aligned} \tag{6}$$

$$p = \frac{1}{\beta}\frac{\partial}{\partial V}\ln Z_{N_1,N_2} = \frac{1}{\beta}\left(N_1 \frac{1}{V} + N_2 \frac{1}{V}\right) = \frac{(N_1 + N_2)kT}{V}, \tag{7}$$

$$\begin{aligned}S &= k\left(\ln Z_{N_1,N_2} - \beta \frac{\partial}{\partial \beta}\ln Z_{N_1,N_2}\right) \\ &= N_1 k\left(\ln Z_1 - \beta\frac{\partial}{\partial \beta}\ln Z_1\right) - k\ln N_1! \\ &\quad + N_2 k\left(\ln Z_2 - \beta\frac{\partial}{\partial \beta}\ln Z_2\right) - k\ln N_2! \\ &= \sum_{i=1,2}\left\{\frac{3}{2}N_i k\ln T + N_i k\ln\frac{V}{N_i} + \frac{3}{2}N_i k\left[\frac{5}{3} + \ln\left(\frac{2\pi m_i k}{h^2}\right)\right]\right\} \\ &= \sum_{i=1,2} N_i k\left\{\frac{3}{2}\ln T + \ln\frac{V}{N_i} + \left[\frac{5}{2} + \frac{3}{2}\ln\left(\frac{2\pi m_i k}{h^2}\right)\right]\right\},\end{aligned} \tag{8}$$

为求化学势 μ_i,可先求自由能

$$\begin{aligned}F &= \bar{E} - TS \\ &= \sum_{i=1,2} N_i \frac{3}{2}kT - T\sum_{i=1,2} N_i k\left\{\frac{3}{2}\ln T + \ln\frac{V}{N_i}\right. \\ &\quad \left. + \left[\frac{5}{2} + \frac{3}{2}\ln\left(\frac{2\pi m_i k}{h^2}\right)\right]\right\},\end{aligned} \tag{9}$$

$$\begin{aligned}\mu_i &= \left(\frac{\partial F}{\partial N_i}\right)_{T,V} \\ &= \frac{3}{2}kT - Tk\left\{\frac{3}{2}\ln T + \ln\frac{V}{N_i} + \left[\frac{5}{2} + \frac{3}{2}\ln\left(\frac{2\pi m_i k}{h^2}\right)\right]\right\} \\ &\quad - TN_i k\left\{-\frac{1}{N_i}\right\} \\ &= -kT\left\{\frac{3}{2}\ln T + \ln\frac{V}{N_i} + \frac{3}{2}\ln\left(\frac{2\pi m_i k}{h^2}\right)\right\}.\end{aligned} \tag{10}$$

顺便提一下,μ_i 是强度量,故(10)式右方必须是强度量,这是一个简单的检查办法(如果计算出的结果不是强度量,那一定错了).

8.4 设有处于室温下的单原子分子组成的稀薄气体,原子的自旋为 $\hbar/2$,相应的磁矩为 μ,处于外磁场 $\mathscr{H}$ 中.磁矩只能取两种状态:$\sigma_i=+1$ 与 -1,分别代表磁矩相对磁场反平行与平行,气体的总粒子数为 N,体积为 V,处于平衡态,哈密顿量为

$$H=\sum_{i=1}^{N}\boldsymbol{p}_i^2/2m-\boldsymbol{M}\cdot\vec{\mathscr{H}}=\sum_{i=1}^{N}\boldsymbol{p}_i^2/2m-\left(\sum_{i=1}^{N}\sigma_i\mu\right)\mathscr{H},$$

其中 $M=\sum_{i=1}^{N}\sigma_i\mu$ 为气体的微观总磁矩,$\mathscr{H}$ 为外磁场(对于稀薄气体等稀薄介质,其磁化强度都很小,可以忽略介质对磁场的影响,因此,作用到每个粒子上的磁场,只需考虑外磁场即可).

(i) 计算正则系综的配分函数 Z_N;

(ii) 求气体的自由能 F,熵 S,内能 $\bar{E}$ 和热容 $C_{V,\mathscr{H}}$;

(iii) 证明总磁矩 M 的平均值为 $\overline{M}=-\left(\dfrac{\partial F}{\partial\mathscr{H}}\right)_{T,V}$,并由此计算 $\overline{M}$.

解 (i)

$$Z_N=\sum_{\{\boldsymbol{p}_i\}}\sum_{\{\sigma_i\}}\mathrm{e}^{-\beta\sum\limits_{i=1}^{N}\boldsymbol{p}_i^2/2m+\beta\sum\limits_{i=1}^{N}\sigma_i\mu\mathscr{H}},\tag{1}$$

其中$\{\boldsymbol{p}_i\}$与$\{\sigma_i\}$分别为$(\boldsymbol{p}_1,\boldsymbol{p}_2,\cdots,\boldsymbol{p}_N)$与$(\sigma_1,\sigma_2,\cdots,\sigma_N)$的简记.

由于平动能与塞曼能彼此独立,可以分别计算,记为 Z_N^{t} 与 Z_N^{i}:

$$Z_N=Z_N^{\mathrm{t}}\cdot Z_N^{\mathrm{i}},\tag{2}$$

$$Z_N^{\mathrm{t}}=\sum_{\{\boldsymbol{p}_i\}}\mathrm{e}^{-\beta\sum\limits_i\boldsymbol{p}_i^2/2m}=\frac{(Z^{\mathrm{t}})^N}{N!}=\frac{1}{N!}\left[\frac{V}{h^3}(2\pi mkT)^{\frac{3}{2}}\right]^N.\tag{3}$$

(3)式中已利用平动能级为准连续,而可以将求和代之以积分. $\dfrac{1}{N!}$ 因子来自粒子全同性.对自旋自由度部分,需按能级求和来计算:

$$Z_N^{\mathrm{i}}=(Z^{\mathrm{i}})^N,\tag{4}$$

$$Z^{\mathrm{i}}=\sum_{\sigma_i=\pm1}\mathrm{e}^{\beta\sigma_i\mu\mathscr{H}}=\mathrm{e}^{\beta\mu\mathscr{H}}+\mathrm{e}^{-\beta\mu\mathscr{H}}=2\cosh\left(\frac{\mu\mathscr{H}}{kT}\right),\tag{5}$$

最后

$$Z_N=\frac{1}{N!}\left[\frac{V}{h^3}(2\pi mkT)^{\frac{3}{2}}\right]^N\cdot\left[2\cosh\left(\frac{\mu\mathscr{H}}{kT}\right)\right]^N.\tag{6}$$

（ii）

$$F=-kT\ln Z_N$$

$$=-NkT\left\{\ln\frac{V}{N}+\frac{3}{2}\ln\left(\frac{2\pi mkT}{h^2}\right)+1\right\}$$

$$-NkT\ln\left[2\cosh\left(\frac{\mu\mathscr{H}}{kT}\right)\right],\tag{7}$$

$$S=-\left(\frac{\partial F}{\partial T}\right)_{V,\mathscr{H}}$$

$$=Nk\left\{\ln\frac{V}{N}+\frac{3}{2}\ln T+\frac{3}{2}\ln\left(\frac{2\pi mk}{h^2}\right)+\frac{5}{2}\right\}$$

$$+Nk\left\{\ln\left[2\cosh\left(\frac{\mu\mathscr{H}}{kT}\right)\right]-\left(\frac{\mu\mathscr{H}}{kT}\right)\tanh\left(\frac{\mu\mathscr{H}}{kT}\right)\right\},\tag{8}$$

其中第一项代表平动自由度的熵，第二项代表自旋自由度的熵.

$$\bar{E}=-\frac{\partial\ln Z_N}{\partial\beta}=NkT^2\frac{\partial}{\partial T}(\ln Z^{\mathrm{t}}+\ln Z^{\mathrm{i}})$$

$$=\frac{3}{2}NkT-N\mu\mathscr{H}\tanh\left(\frac{\mu\mathscr{H}}{kT}\right),\tag{9}$$

$$C_{V,\mathscr{H}}=\left(\frac{\partial\bar{E}}{\partial T}\right)_{V,\mathscr{H}}=\frac{3}{2}Nk+Nk\left(\frac{\mu\mathscr{H}}{kT}\right)^2\mathrm{sech}^2\left(\frac{\mu\mathscr{H}}{kT}\right).\tag{10}$$

（iv）注意到微观总磁矩与哈密顿量之间有如下关系

$$M=\sum_i\sigma_i\mu=-\frac{\partial H}{\partial\mathscr{H}},\tag{11}$$

$$\bar{M}=\frac{1}{Z_N}\sum_{\{\boldsymbol{p}_i\}}\sum_{\{\sigma_i\}}M\mathrm{e}^{-\beta H}=\frac{1}{Z_N}\sum_{\{\boldsymbol{p}_i\}}\sum_{\{\sigma_i\}}\left(-\frac{\partial H}{\partial\mathscr{H}}\right)\mathrm{e}^{-\beta H}$$

$$=\frac{1}{Z_N}\left(\frac{1}{\beta}\frac{\partial}{\partial\mathscr{H}}\sum_{\{\boldsymbol{p}_i\}}\sum_{\{\sigma_i\}}\mathrm{e}^{-\beta H}\right)$$

$$=\frac{1}{\beta}\frac{\partial}{\partial\mathscr{H}}\ln Z_N=-\left(\frac{\partial F}{\partial\mathscr{H}}\right)_{T,V}.\tag{12}$$

由(7)式，注意到平动自由度相应的自由能与 $\mathscr{H}$ 无关，直接求微商，即得

$$\bar{M}=NkT\frac{2\sinh\left(\frac{\mu\mathscr{H}}{kT}\right)}{2\cosh\left(\frac{\mu\mathscr{H}}{kT}\right)}\cdot\frac{\mu}{kT}=N\mu\tanh\left(\frac{\mu\mathscr{H}}{kT}\right).\tag{13}$$

8.5 有一极端相对论性的理想气体,粒子的能谱为 $\varepsilon = cp$($p=|\boldsymbol{p}|$,c 为光速),并满足非简并条件. 设粒子的内部运动自由度可以忽略(即可将粒子看成质点). 试用正则系综求该气体的 $p,\bar{E}$,S,μ,C_V,C_p.

解 N 个粒子的系统的配分函数为

$$Z_N = \sum_s \mathrm{e}^{-\beta E_s}. \tag{1}$$

当粒子的能量准连续,并在满足非简并条件的情况下,对系统量子态的求和,可以用相空间积分代替,于是

$$Z_N = \frac{Z^N}{N!} \tag{2}$$

仍然成立,其中 Z 为子系配分函数

$$Z = \int \mathrm{e}^{-\beta\varepsilon}\,\frac{\mathrm{d}\omega}{h^2} = \frac{V}{h^3}\int_0^\infty \mathrm{e}^{-\beta\varepsilon}\,4\pi p^2\,\mathrm{d}p. \tag{3}$$

对于极端相对论性粒子

$$\varepsilon = cp, \tag{4}$$

则(3)式化为

$$Z = \frac{4\pi V}{h^3}\int_0^\infty \mathrm{e}^{-\beta cp}\,p^2\,\mathrm{d}p = \frac{4\pi V}{(hc)^3}\beta^{-3}\int_0^\infty \mathrm{e}^{-x}x^2\,\mathrm{d}x, \tag{5}$$

其中第二步已令 $x=\beta cp$.(5)式右边的积分可用分部积分求出(等于 2),于是得

$$Z = \frac{8\pi V}{(hc)^3}(kT)^3. \tag{6}$$

下面不按上题的办法,而是先求出自由能 F(以 T,V,N 为独立变量时,F 是特性函数),再用熟知的热力学公式即可求出其他诸量. 将(6)式代入(2)式

$$Z_N = \frac{V^N T^{3N}}{N!}\left[\frac{8\pi k^3}{(hc)^3}\right]^N, \tag{7}$$

$$F = -kT\ln Z_N = -NkT\left\{3\ln T + \ln\frac{V}{N} + \left[1 + \ln\frac{8\pi k^3}{(hc)^3}\right]\right\}. \tag{8}$$

其中用到斯特令公式 $\ln N! \approx N(\ln N - 1)$. 由(8)式出发,直接微商,可得 p 与 $\bar{E}$:

$$p=-\left(\frac{\partial F}{\partial V}\right)_{T,N}=\frac{NkT}{V},\tag{9}$$

$$\bar{E}=-T^2\frac{\partial}{\partial T}\left(\frac{F}{T}\right)=T^2 3Nk\frac{1}{T}=3NkT.\tag{10}$$

由(9)与(10)式,可见满足 $p=\frac{\bar{E}}{3V}$,与题 7.18(ii)的结果一致.

$$S=-\left(\frac{\partial F}{\partial T}\right)_{V,N}=Nk\left\{3\ln T+\ln\frac{V}{N}+\left[1+\ln\frac{8\pi k^3}{(hc)^3}\right]\right\}$$

$$+NkT\cdot 3\frac{1}{T}$$

$$=Nk\left\{3\ln T+\ln\frac{V}{N}+\left[4+\ln\frac{8\pi k^3}{(hc)^3}\right]\right\},\tag{11}$$

$$\mu=\left(-\frac{\partial F}{\partial N}\right)_{T,V}$$

$$=-kT\left\{3\ln T+\ln\frac{V}{N}+\left[1+\ln\frac{8\pi k^3}{(hc)^3}\right]\right\}-NkT\left\{-\frac{1}{N}\right\}$$

$$=-kT\left\{3\ln T+\ln\frac{V}{N}+\ln\frac{8\pi k^3}{(hc)^3}\right\},\tag{12}$$

$$C_V=\left(\frac{\partial\bar{E}}{\partial T}\right)_V=3Nk,\tag{13}$$

$$C_p=\left(\frac{\partial H}{\partial T}\right)_p=4Nk\quad(H\equiv\bar{E}+pV=4NkT).\tag{14}$$

8.6 对实际气体,分子之间的相互作用必须考虑.设气体满足经典极限条件.试问气体分子质心的速度分布是否仍然遵从麦克斯韦速度分布?(用计算加以论证)

解 为简单起见,设气体分子可看成质点(即忽略内部自由度;这一假设并不必要,放弃这一假设不影响结果),并设分子之间为两两相互作用,则气体的微观总能量可表为

$$E=\sum_{i=1}^{N}\boldsymbol{p}_i^2/2m+\sum_{i<j}\phi(r_{ij}).\tag{1}$$

在满足经典极限条件下,正则系综的几率分布可表为

$$\rho(\boldsymbol{r}_1,\boldsymbol{r}_2,\cdots,\boldsymbol{r}_N;\boldsymbol{p}_1,\boldsymbol{p}_2,\cdots,\boldsymbol{p}_N)\mathrm{d}^3\boldsymbol{r}_1\cdots\mathrm{d}^3\boldsymbol{r}_N\mathrm{d}^3\boldsymbol{p}_1\cdots\mathrm{d}^3\boldsymbol{p}_N$$

$$=\frac{1}{Z_N N!h^{3N}}\mathrm{e}^{-\beta E}\mathrm{d}^3\boldsymbol{r}_1\cdots\mathrm{d}^3\boldsymbol{r}_N\mathrm{d}^3\boldsymbol{p}_1\cdots\mathrm{d}^3\boldsymbol{p}_N.\tag{2}$$

令 $P(\boldsymbol{p}_1)\mathrm{d}^3\boldsymbol{p}_1$ 代表第一个分子的动量处于 $\mathrm{d}^3\boldsymbol{p}_1$ 内的几率，它应等于(2)式的 N 粒子相空间分布几率对所有粒子坐标以及 $\boldsymbol{p}_2,\cdots,\boldsymbol{p}_N$ 积分，即

$$P(\boldsymbol{p}_1)\mathrm{d}^3\boldsymbol{p}_1 = \left[\int\cdots\int\rho\,\mathrm{d}^3\boldsymbol{r}_1\cdots\mathrm{d}^3\boldsymbol{r}_N\mathrm{d}^3\boldsymbol{p}_2\cdots\mathrm{d}^3\boldsymbol{p}_N\right]\mathrm{d}^3\boldsymbol{p}_1. \tag{3}$$

注意到相互作用能与粒子动量无关，故完成积分后，(3)式化为

$$P(\boldsymbol{p}_1)\mathrm{d}^3\boldsymbol{p}_1 = C\mathrm{e}^{-\boldsymbol{p}_1^2/2mkT}\mathrm{d}^3\boldsymbol{p}_1, \tag{4}$$

常数 C 由归一化条件决定，即

$$\begin{aligned}\int P(\boldsymbol{p}_1)\mathrm{d}^3\boldsymbol{p}_1 &= C\iiint_{-\infty}^{\infty}\mathrm{e}^{-(p_{1x}^2+p_{1y}^2+p_{1z}^2)/2mkT}\mathrm{d}p_{1x}\mathrm{d}p_{1y}\mathrm{d}p_{1z}\\ &= C(2\pi mkT)^{3/2} = 1,\end{aligned} \tag{5}$$

于是得

$$C = \left(\frac{1}{2\pi mkT}\right)^{3/2}. \tag{6}$$

对任何一个分子均有相同的结果，故可省去(4)式中动量的下标，并用速度代替动量变量，最后得

$$P(\boldsymbol{v})\mathrm{d}^3\boldsymbol{v} = \left(\frac{m}{2\pi kT}\right)^{3/2}\mathrm{e}^{-m\boldsymbol{v}^2/2kT}\mathrm{d}^3\boldsymbol{v}. \tag{7}$$

上述计算结果表明，即使对相互作用不能忽略的情形(如稠密气体或液体)，只要满足经典极限条件，麦克斯韦速度分布仍然成立. 尽管麦克斯韦分布在原书§7.12中是由相互作用可以忽略的麦克斯韦-玻尔兹曼分布导出的，但本题的证明告诉我们，麦克斯韦分布适用的条件更宽.

8.7　一实际气体处于平衡态. 设气体满足经典极限条件，分子之间的相互作用为带吸引力的刚球势(原书公式(8.5.21)).

(i) 计算正则系综的配分函数到最低阶修正(相对于理想气体而言).

(ii) 证明在此近似下的物态方程为范德瓦耳斯方程，并定出参数 a 与 b.

(iii) 计算内能 $\bar{E}$ 和熵 S，讨论 a，b 对 $\bar{E}$ 和 S 的影响.

解　(i) 系统微观总能量的经典形式为

$$E = K + \Phi = \sum_{i=1}^{N} \boldsymbol{p}_i^2/2m + \sum_{i<j} \phi(r_{ij}), \tag{1}$$

配分函数为

$$\begin{aligned} Z_N &= \frac{1}{N!h^{3N}} \int \cdots \int \mathrm{e}^{-\beta(K+\Phi)} \mathrm{d}^3 \boldsymbol{r}_1 \cdots \mathrm{d}^3 \boldsymbol{r}_N \mathrm{d}^3 \boldsymbol{p}_1 \cdots \mathrm{d}^3 \boldsymbol{p}_N \\ &= \frac{1}{N!h^{3N}} \left(\frac{2\pi m}{\beta} \right)^{\frac{3N}{2}} Q_N(\beta, V), \end{aligned} \tag{2}$$

其中

$$Q_N(\beta, V) = \int \cdots \int \mathrm{e}^{-\beta \sum\limits_{i<j} \phi(r_{ij})} \mathrm{d}^3 \boldsymbol{r}_1 \cdots \mathrm{d}^3 \boldsymbol{r}_N. \tag{3}$$

令

$$f_{ij} \equiv f(r_{ij}) = \mathrm{e}^{-\beta\phi(r_{ij})} - 1, \tag{4}$$

则(3)式可表为

$$\begin{aligned} Q_N(\beta, V) &= \int \cdots \int \prod_{i<j} (1 + f_{ij}) \mathrm{d}^3 \boldsymbol{r}_1 \cdots \mathrm{d}^3 \boldsymbol{r}_N \\ &= \int \cdots \int \left(1 + \sum_{i<j} f_{ij} + \sum_{i<j} \sum_{i'<j'} f_{ij} f_{i'j'} + \cdots \right) \mathrm{d}^3 \boldsymbol{r}_1 \cdots \mathrm{d}^3 \boldsymbol{r}_N. \end{aligned} \tag{5}$$

作近似，只保留上式被积函数中前两项，有

$$Q_N \approx \int \cdots \int \left(1 + \sum_{i<j} f_{ij}\right) \mathrm{d}^3 \boldsymbol{r}_1 \cdots \mathrm{d}^3 \boldsymbol{r}_N, \tag{6}$$

重复原书(8.5.8)式以下诸式的计算，可得

$$Q_N \approx V^N \left(1 + \frac{N^2}{2V} \int f_{12} \mathrm{d}^3 \boldsymbol{r}_1 \right). \tag{7}$$

令

$$B = -\frac{N}{2} \int f_{12} \mathrm{d}^3 \boldsymbol{r}_1, \tag{8}$$

则得

$$Q_N = V^N \left(1 - \frac{N}{V} B\right), \tag{9}$$

$$\begin{aligned} \ln Q_N &= N \ln V + \ln\left(1 - \frac{N}{V} B\right) \\ &\approx N \ln V - \frac{N}{V} B. \end{aligned} \tag{10}$$

以上第二步已对对数项作展开并保留到最低阶.由(2)与(10)式,得

$$\ln Z_N = N\ln\left[\frac{1}{h^3}\left(\frac{2\pi m}{\beta}\right)^{3/2}\right] + N\ln V - \frac{N}{V}B - \ln N!. \tag{11}$$

若令相互作用势为带吸引力的刚球势,即

$$\phi(r) = \begin{cases} +\infty, & \text{当 } r < r_0, \\ -\phi_0\left(\dfrac{r_0}{r}\right)^6, & \text{当 } r \geqslant r_0. \end{cases} \tag{12}$$

按原书(8.5.21)式及以后诸式的计算,得

$$\begin{cases} B = Nb - \dfrac{Na}{kT}, \\ b = \dfrac{2\pi}{3}r_0^3, \\ a = \dfrac{2\pi}{3}r_0^3\phi_0. \end{cases} \tag{13}$$

(ii)

$$p = \frac{1}{\beta}\frac{\partial}{\partial V}\ln Z_N = \frac{1}{\beta}\frac{\partial}{\partial V}\ln Q_N, \tag{14}$$

将(10)式代入(14)式,得

$$\begin{aligned} p &\approx kT\left(\frac{N}{V} + \frac{N}{V^2}B\right) \\ &= \frac{NkT}{V}\left(1 + \frac{Nb}{V} - \frac{Na}{VkT}\right) \\ &= \frac{NkT}{V}\left(1 + \frac{Nb}{V}\right) - \frac{N^2a}{V^2} \\ &\approx \frac{NkT}{V - Nb} - \frac{N^2a}{V^2}, \end{aligned} \tag{15}$$

亦即

$$\left(p + \frac{N^2a}{V^2}\right)(V - Nb) = NkT. \tag{16}$$

上式正是范德瓦耳斯方程.

(iii) 将(11)式代入用正则系综计算内能的普遍公式

$$\bar{E} = -\frac{\partial}{\partial\beta}\ln Z_N, \tag{17}$$

注意到 $B=Nb-Na\beta$,B 的第二项与 β 有关,于是得

$$\bar{E}=\frac{3}{2}\frac{N}{\beta}+\frac{N}{V}\frac{\partial B}{\partial\beta}=\frac{3}{2}NkT-\frac{N^2a}{V}. \tag{18}$$

上式表明,对于(12)式中带吸引力的刚球势,参数 b 对内能无影响;(15)式中只出现参数 a,它反映吸引力部分对 $\bar{E}$ 的影响,其结果是使 $\bar{E}$ 中多了一负项,物理上是合理的.

按正则系综计算熵的公式

$$S=k\left(\ln Z_N-\beta\frac{\partial}{\partial\beta}\ln Z_N\right)=k(\ln Z_N+\beta\bar{E}), \tag{19}$$

将(11)与(18)式代入(19)式,经简单运算,可得

$$S=Nk\left\{\frac{3}{2}\ln T+\ln\frac{V}{N}-\frac{Nb}{V}+\left[\frac{5}{2}+\frac{3}{2}\ln\left(\frac{2\pi mk}{h^2}\right)\right]\right\}, \tag{20}$$

注意到 $Nb/V\ll1$,故上式{ }中的第三项可以改写为

$$-\frac{Nb}{V}\approx\ln\left(1-\frac{Nb}{V}\right), \tag{21}$$

因而{ }中的第二、三两项可合并写成

$$\ln\frac{V}{N}-\frac{Nb}{V}\approx\ln\frac{V}{N}\cdot\left(1-\frac{Nb}{V}\right)=\ln\frac{V-Nb}{N}, \tag{22}$$

于是(20)式可表为

$$S=Nk\left\{\frac{3}{2}\ln T+\ln\frac{V-Nb}{N}+\left[\frac{5}{2}+\frac{3}{2}\ln\left(\frac{2\pi mk}{h^2}\right)\right]\right\}. \tag{23}$$

若 $b=0$,公式(23)即回到理想气体的熵(见原书公式(8.4.41)).对于带吸引力的刚球势,两个参数中只有 b 出现在熵的公式(23)中,而参数 a 并不出现.公式(23)中参数 b 可以理解成由于刚球不可入,减少了分子运动的有效空间,从而减少了空间的混乱度.而吸引力部分对熵并未产生影响.

8.8 设被吸附在液体表面上的分子形成一种二维气体,分子之间相互作用为两两作用的短程力,且只与两分子的质心距离有关.试根据正则系综,证明在第二位力系数的近似下,该气体的物态方程为

$$pA=NkT\left(1+\frac{B_2}{A}\right),$$

其中 A 为液面的面积,B_2 由下式给出

$$B_2 = -\frac{N}{2}\int(e^{-\phi(r)/kT}-1)2\pi r dr.$$

解 正则系综计算压强的公式为

$$p = \frac{1}{\beta}\frac{\partial}{\partial V}\ln Z_N, \tag{1}$$

上式是针对体积为 V 的三维气体.若对二维气体,相应的公式为

$$p = \frac{1}{\beta}\frac{\partial}{\partial A}\ln Z_N, \tag{2}$$

其中 A 为限制气体运动的二维空间的面积.

微观总能量为

$$E = K + \Phi = \sum_{i=1}^{N}\boldsymbol{p}_i^2/2m + \sum_{i<j}\phi_{ij}, \tag{3}$$

正则系综的配分函数为(注意到每个粒子的自由度为 2)

$$Z_N = \frac{1}{N!h^{2N}}\int\cdots\int e^{-\beta(K+\Phi)}\,d^2\boldsymbol{r}_1\cdots d^2\boldsymbol{r}_N d^2\boldsymbol{p}_1\cdots d^2\boldsymbol{p}_N, \tag{4}$$

其中 $d^2\boldsymbol{r}_i = dx_i dy_i$ 与 $d^2\boldsymbol{p}_i = dp_{ix}dp_{iy}$ 分别代表二维空间与动量空间的体元.完成对动量的积分后,得

$$Z_N = \frac{1}{N!\lambda_T^{2N}}Q_N(\beta,A), \tag{5}$$

其中

$$\lambda_T = \frac{h}{\sqrt{2\pi mkT}}, \tag{6}$$

$$Q_N(\beta,A) = \int\cdots\int e^{-\beta\sum\limits_{i<j}\phi_{ij}}\,d^2\boldsymbol{r}_1\cdots d^2\boldsymbol{r}_N. \tag{7}$$

令

$$f_{ij} \equiv e^{-\beta\phi_{ij}} - 1, \tag{8}$$

则有

$$\begin{aligned} Q_N &= \int\cdots\int\prod_{i<j}(1+f_{ij})\,d^2\boldsymbol{r}_1\cdots d^2\boldsymbol{r}_N \\ &= \int\cdots\int\Big(1+\sum_{i<j}f_{ij}+\sum_{i<j}\sum_{i'<j'}f_{ij}f_{i'j'}+\cdots\Big)\,d^2\boldsymbol{r}_1\cdots d^2\boldsymbol{r}_N. \end{aligned} \tag{9}$$

取近似,在(9)式中只保留前两项,可得

$$Q_N \approx A^N\left(1+\frac{N^2}{2A}\int f_{12}\,\mathrm{d}^2\boldsymbol{r}_1\right). \tag{10}$$

以上计算中已忽略边界效应(参看原书(8.5.13)式之后的说明).令

$$B_2=-\frac{N}{2}\int f_{12}\,\mathrm{d}^2\boldsymbol{r}_1, \tag{11}$$

则(10)式化为

$$Q_N = A^N\left(1-\frac{N}{A}B_2\right), \tag{12}$$

$$\ln Q_N = N\ln A+\ln\left(1-\frac{N}{A}B_2\right)\approx N\ln A-\frac{N}{A}B_2. \tag{13}$$

代入压强公式(2),得

$$pA = NkT\left(1+\frac{B_2}{A}\right). \tag{14}$$

取极坐标,(11)式可表为

$$\begin{aligned} B_2 &= -\frac{N}{2}\int f_{12}(r)2\pi r\mathrm{d}r \\ &= -\frac{\pi N}{2}\int\left(\mathrm{e}^{-\phi(r)/kT}-1\right)r\mathrm{d}r. \end{aligned} \tag{15}$$

***8.9**　物质磁性的起源是纯量子力学性质的,这一点可以从玻尔-范莱文(Bohr-van Leeuwen)定理看出.该定理可以表述为:遵从经典力学和经典统计力学的系统的磁化率严格等于零.

提示:由公式 $\chi=\left(\frac{\partial\mathscr{M}}{\partial\mathscr{H}}\right)_{T,V}$,$\mathscr{M}=-\left(\frac{\partial F}{\partial\mathscr{H}}\right)_{T,V}$ 及 $F=-kT\ln Z_N$,只需证明正则系综的配分函数 Z_N 与磁场 $\mathscr{H}$ 无关即可.设矢势为 $\mathbf{A}$(磁场由 $\mathbf{A}$ 定出),处于磁场中的 N 个带电粒子系统的微观总能量(即系统的哈密顿量)可以表为

$$E=\sum_{i=1}^{N}\frac{1}{2m}\left(\boldsymbol{p}_i+\frac{e_i}{c}\mathbf{A}(\boldsymbol{r}_i)\right)^2+\Phi(\boldsymbol{r}_1,\cdots,\boldsymbol{r}_N),$$

其中 Φ 代表粒子之间的相互作用能.由正则系综出发,在满足经典极限条件下,证明 Z_N 与 $\mathbf{A}$ 无关.

解　在满足经典极限的条件下,对题设的系统,正则系综的配分函数为

$$Z_N=\frac{1}{N!h^{3N}}\int\cdots\int \mathrm{e}^{-\beta E(\boldsymbol{r}_1,\cdots,\boldsymbol{r}_N,\boldsymbol{p}_1,\cdots,\boldsymbol{p}_N;\boldsymbol{A}(\boldsymbol{r}_1),\cdots,\boldsymbol{A}(\boldsymbol{r}_N))}\mathrm{d}^3\boldsymbol{r}_1\cdots\mathrm{d}^3\boldsymbol{r}_N\mathrm{d}^3\boldsymbol{p}_1\cdots\mathrm{d}^3\boldsymbol{p}_N$$

$$=\frac{1}{N!h^{3N}}\int\cdots\int \mathrm{e}^{-\beta\sum_i\left[\boldsymbol{p}_i+\frac{e_i}{c}\boldsymbol{A}(\boldsymbol{r}_i)\right]^2/2m-\beta\Phi(\boldsymbol{r}_1,\cdots,\boldsymbol{r}_N)}\mathrm{d}^3\boldsymbol{r}_1\cdots\mathrm{d}^3\boldsymbol{r}_N\mathrm{d}^3\boldsymbol{p}_1\cdots\mathrm{d}^3\boldsymbol{p}_N$$

$$=\frac{1}{N!h^{3N}}\int\cdots\int \mathrm{e}^{-\beta\Phi(\boldsymbol{r}_1,\cdots,\boldsymbol{r}_N)}\mathrm{d}^3\boldsymbol{r}_1\cdots\mathrm{d}^3\boldsymbol{r}_N$$

$$\cdot\int\cdots\int \mathrm{e}^{-\beta\sum_i\left[\boldsymbol{p}_i+\frac{e_i}{c}\boldsymbol{A}(\boldsymbol{r}_i)\right]^2/2m}\mathrm{d}^3\boldsymbol{p}_1\cdots\mathrm{d}^3\boldsymbol{p}_N. \tag{1}$$

将上式中对动量积分的那部分作变量变换,令

$$\boldsymbol{p}_i'=\boldsymbol{p}_i+\frac{e_i}{c}\boldsymbol{A}(\boldsymbol{r}_i), \tag{2}$$

按多重积分的变量变换,有

$$\mathrm{d}^3\boldsymbol{p}_1\cdots\mathrm{d}^3\boldsymbol{p}_N=|J|\,\mathrm{d}^3\boldsymbol{p}_1'\cdots\mathrm{d}^3\boldsymbol{p}_N', \tag{3}$$

其中

$$J=\frac{\partial(p_{1x},p_{1y},p_{1z},\cdots,p_{Nx},p_{Ny},p_{Nz})}{\partial(p_{1x}',p_{1y}',p_{1z}',\cdots,p_{Nx}',p_{Ny}',p_{Nz}')}. \tag{4}$$

注意到(2)式的第二项与动量无关,不难看出

$$J=1, \tag{5}$$

故(1)式中对动量的积分部分化为

$$\int\cdots\int \mathrm{e}^{-\beta\sum_i\boldsymbol{p}_i'^2/2m}\mathrm{d}^3\boldsymbol{p}_1'\cdots\mathrm{d}^3\boldsymbol{p}_N'. \tag{6}$$

将(6)式代入(1)式,得

$$Z_N=\frac{1}{N!h^{3N}}\int\cdots\int \mathrm{e}^{-\beta E(\boldsymbol{r}_1,\cdots,\boldsymbol{r}_N,\boldsymbol{p}_1',\cdots,\boldsymbol{p}_N')}\mathrm{d}^3\boldsymbol{r}_1\cdots\mathrm{d}^3\boldsymbol{r}_N\mathrm{d}^3\boldsymbol{p}_1'\cdots\mathrm{d}^3\boldsymbol{p}_N'. \tag{7}$$

(7)式中的 $E(\boldsymbol{r}_1,\cdots,\boldsymbol{r}_N,\boldsymbol{p}_1',\cdots,\boldsymbol{p}_N')$ 相当于原来(1)式的 $E(\boldsymbol{r}_1,\cdots,\boldsymbol{r}_N,\boldsymbol{p}_1,\cdots,\boldsymbol{p}_N;\boldsymbol{A}(\boldsymbol{r}_1),\cdots,\boldsymbol{A}(\boldsymbol{r}_N))$ 中取 $\boldsymbol{A}=0$ 的情形. 由此可见

$$Z_N(\beta,V,N,\boldsymbol{A})=Z_N(\beta,V,N,\boldsymbol{A}=0), \tag{8}$$

亦即 Z_N 与 $\boldsymbol{A}$ 无关. 由此证明遵从经典力学与经典统计的系统不可能有磁性.

实际上,物质磁性的来源有两部分,一是电子的自旋(也可以是核自旋),另一部分是由于电子的轨道运动. 自旋是非经典自由度,必须用量子力学描述. 而电子的轨道运动如果用经典理论来处理,则本

题已证明不可能出现磁性，只有根据量子力学与量子统计理论，才能正确描述物质的磁性.

8.10　试用巨正则系综求解题 8.3，并与正则系综的结果比较.

解　有两种不同分子的巨正则系综示意如图. 图中系统与两个大热源及大粒子源（简称源 1 与源 2）接触. 源 1 与源 2 有相同的温度，但由不同的分子构成. 系统通过两个带有半透膜（分别只允许一种分子通过）的管道分别与源 1 及源 2 接触. 仿照原书 § 8.7 从微正

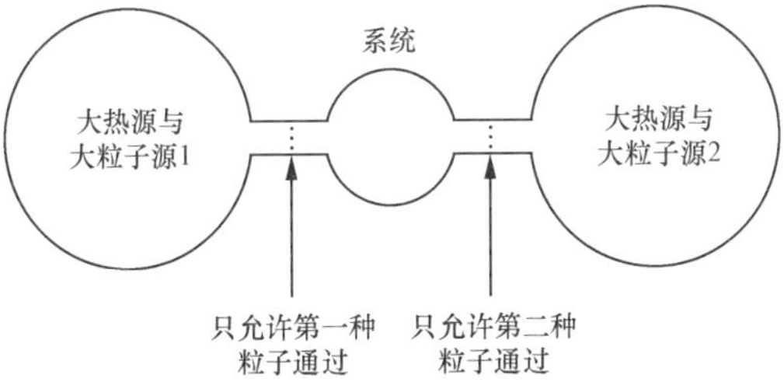

题 8.10 图　有两种粒子的巨正则系综

则系综导出巨正则系综的方法，不难求出巨正则系综的几率

$$\rho(N_1, E_{1s}; N_2, E_{2s'}) = \frac{1}{\Xi} e^{-\alpha_1 N_1 - \alpha_2 N_2 - \beta(E_{1s} + E_{2s'})}, \tag{1}$$

其中 $N_1, N_2, E_{1s}, E_{2s'}$ 分别代表两种分子的粒子数与能量，

$$\beta = \frac{1}{kT}, \tag{2}$$

$$\alpha_1 = -\mu_1/kT, \quad \alpha_2 = -\mu_2/kT, \tag{3}$$

其中 μ_1 与 μ_2 分别代表两种分子的化学势. 今巨配分函数 Ξ 可表为

$$\begin{aligned} \Xi &= \sum_{N_1=0}^{\infty} \sum_{N_2=0}^{\infty} \sum_{s} \sum_{s'} e^{-\alpha_1 N_1 - \alpha_2 N_2 - \beta(E_{1s} + E_{2s'})} \\ &= \left(\sum_{N_1=0}^{\infty} \sum_{s} e^{-\alpha_1 N_1 - \beta E_{1s}} \right) \left(\sum_{N_2=0}^{\infty} \sum_{s'} e^{-\alpha_2 N_2 - \beta E_{2s'}} \right) \\ &= \Xi_1 \cdot \Xi_2. \end{aligned} \tag{4}$$

对满足经典极限条件的理想气体（分子看成质点），有如下熟知的结果

$$\Xi_1 = \sum_{N_1=0}^{\infty} e^{-\alpha_1 N_1} \frac{Z_1^{N_1}}{N_1!} = \exp\{e^{-\alpha_1} Z_1\}, \tag{5a}$$

$$\Xi_2 = \sum_{N_2=0}^{\infty} e^{-\alpha_2 N_2} \frac{Z_2^{N_2}}{N_2!} = \exp\{e^{-\alpha_2} Z_2\}, \tag{5b}$$

$$Z_1 = \frac{V}{h^3}\left(\frac{2\pi m_1}{\beta}\right)^{3/2}, \tag{6a}$$

$$Z_2 = \frac{V}{h^3}\left(\frac{2\pi m_2}{\beta}\right)^{3/2}. \tag{6b}$$

于是有

$$\ln\Xi = \ln\Xi_1 + \ln\Xi_2 = e^{-\alpha_1} Z_1 + e^{-\alpha_2} Z_2. \tag{7}$$

注意今有两个不同的 α,即 α_1 与 α_2,两种分子的平均数分别为

$$\overline{N}_1 = -\frac{\partial}{\partial \alpha_1}\ln\Xi_1 = e^{-\alpha_1} Z_1, \tag{8a}$$

$$\overline{N}_2 = -\frac{\partial}{\partial \alpha_2}\ln\Xi_2 = e^{-\alpha_2} Z_2. \tag{8b}$$

第 $i(i=1,2)$种分子的化学势、总压强、内能与熵为

$$\begin{aligned}\mu_i &= -kT\alpha_i = -kT\ln\frac{Z_i}{\overline{N}_i} \\ &= -kT\left\{\frac{3}{2}\ln T + \ln\frac{V}{N_i} + \frac{3}{2}\ln\left(\frac{2\pi m_i k}{h^2}\right)\right\},\end{aligned} \tag{9}$$

$$\begin{aligned}p &= \frac{1}{\beta}\frac{\partial}{\partial V}\ln\Xi = \frac{1}{\beta}\frac{\partial}{\partial V}\{e^{-\alpha_1} Z_1 + e^{-\alpha_2} Z_2\} \\ &= \frac{1}{\beta}\left\{\frac{\overline{N}_1}{V} + \frac{\overline{N}_2}{V}\right\} = \frac{(\overline{N}_1 + \overline{N}_2)kT}{V},\end{aligned} \tag{10}$$

$$\overline{E} = -\frac{\partial}{\partial\beta}\ln\Xi = -\frac{\partial}{\partial\beta}\{e^{-\alpha_1} Z_1 + e^{-\alpha_2} Z_2\} = (\overline{N}_1 + \overline{N}_2)\frac{3}{2}kT, \tag{11}$$

$$\begin{aligned}S &= k\left(\ln\Xi_1 + \ln\Xi_2 - \alpha_1\frac{\partial}{\partial\alpha_1}\ln\Xi_1 - \alpha_2\frac{\partial}{\partial\alpha_2}\ln\Xi_2 - \beta\frac{\partial}{\partial\beta}\ln\Xi_1 - \beta\frac{\partial}{\partial\beta}\ln\Xi_2\right) \\ &= \sum_{i=1,2}\overline{N}_i k\left\{\frac{3}{2}\ln T + \ln\frac{V}{N_i} + \left[\frac{5}{2} + \frac{3}{2}\ln\left(\frac{2\pi m_i k}{h^2}\right)\right]\right\}.\end{aligned} \tag{12}$$

8.11 试用巨正则系综求解题 8.5,并与正则系综的结果比较.

解 巨配分函数与配分函数的关系

$$\varXi = \sum_{N=0}^{\infty} \mathrm{e}^{-\alpha N} Z_N, \tag{1}$$

这是普遍成立的. 对理想气体,Z_N 与子系配分函数 Z 的关系为

$$Z_N = \frac{Z^N}{N!}, \tag{2}$$

于是得

$$\varXi = \sum_{N=0}^{\infty} \frac{(\mathrm{e}^{-\alpha} Z)^N}{N!} = \exp\{\mathrm{e}^{-\alpha} Z\}, \tag{3}$$

$$\ln\varXi = \mathrm{e}^{-\alpha} Z. \tag{4}$$

对极端相对论性粒子,由题 8.5,

$$Z = \frac{8\pi V}{(hc)^3}\beta^{-3}, \tag{5}$$

于是

$$\ln\varXi = \frac{8\pi V}{(hc)^3}\mathrm{e}^{-\alpha}\beta^{-3}. \tag{6}$$

由(6)式出发,可得

$$\bar{N} = -\frac{\partial}{\partial\alpha}\ln\varXi = -\frac{\partial}{\partial\alpha}(\mathrm{e}^{-\alpha} Z) = \mathrm{e}^{-\alpha} Z, \tag{7}$$

由(7)式并用(5)式,得

$$\mu = -kT\alpha = -kT\ln\frac{Z}{N} = -kT\left\{3\ln T + \ln\frac{V}{N} + \ln\frac{8\pi k^3}{(hc)^3}\right\}, \tag{8}$$

$$\bar{E} = -\frac{\partial}{\partial p}\ln\varXi = \frac{3}{\beta}\mathrm{e}^{-\alpha} Z = 3\bar{N}kT, \tag{9}$$

$$p = \frac{1}{\beta}\frac{\partial}{\partial V}\ln\varXi = \frac{1}{\beta}\frac{1}{V}\mathrm{e}^{-\alpha} Z = \frac{\bar{N}kT}{V}, \tag{10}$$

比较(9)式与(10)式,得

$$p = \frac{\bar{E}}{3V}, \tag{11}$$

$$\begin{aligned} S &= k\left(\ln\varXi - \alpha\frac{\partial}{\partial\alpha}\ln\varXi - \beta\frac{\partial}{\partial\beta}\ln\varXi\right) \\ &= k(\bar{N} + \alpha\bar{N} + \beta\bar{E}) \\ &= \bar{N}k\left\{4 + \ln\frac{8\pi V(kT)^3}{\bar{N}(hc)^3}\right\} \end{aligned}$$

$$= \bar{N}k\left\{3\ln T + \ln\frac{V}{\bar{N}} + \left[4 + \ln\frac{8\pi k^3}{(hc)^3}\right]\right\}, \tag{12}$$

$$C_V = \left(\frac{\partial \bar{E}}{\partial T}\right)_V = 3Nk, \tag{13}$$

$$C_p = \left(\frac{\partial H}{\partial T}\right)_p = 4Nk. \tag{14}$$

上式中用到焓的定义式

$$\begin{aligned} H &\equiv \bar{E} + pV \\ &= 3NkT + NkT = 4NkT. \end{aligned} \tag{15}$$

以上全部结果与题 8.5 用正则系综计算的结果一致.

8.12 考虑自由电子气体的电子自旋对磁化率的贡献(泡利顺磁性). 这里不考虑电子轨道运动对磁性的贡献(朗道抗磁性),则单粒子哈密顿量为

$$\varepsilon = \frac{\boldsymbol{p}^2}{2m} - \mu_B \boldsymbol{\sigma} \cdot \vec{\mathscr{H}},$$

其中 $\mu_B = e\hbar/2mc$, $\boldsymbol{\sigma}\cdot\vec{\mathscr{H}}$的本征值为$\pm\mathscr{H}$.

(i) 计算巨配分函数,证明

$$\ln\Xi = \ln\Xi_+ + \ln\Xi_-,$$

$$\ln\Xi_\pm = \frac{V}{\lambda_T^3} f_{5/2}(z e^{\pm\beta\mu_B\mathscr{H}}) \quad (z = e^{\beta\mu}).$$

(ii) 计算电子磁矩相对磁场平行与反平行的平均数 $\bar{N}_+$ 与 $\bar{N}_-$.

(iii) 计算弱场($\mu_B\mathscr{H}/kT \ll 1$)下电子气体的平均总磁矩

$$\bar{M} = \mu_B(\bar{N}_+ - \bar{N}_-).$$

(iv) 求零场磁化率 $\chi \equiv \left.\frac{\partial M}{\partial \mathscr{H}}\right|_{\mathscr{H}\to 0}$ 及 $\chi/\bar{N}$, $\bar{N} = \bar{N}_+ + \bar{N}_-$ 为总电子数.

(v) 证明在低温极限下(指 $\ln z = \beta\mu \gg 1$), $\chi/\bar{N} \approx \frac{3}{2}\frac{\mu_B^2}{\varepsilon_F}$,其中 ε_F 为费米能,低温极限下可取化学势 $\mu \approx \varepsilon_F$.

(vi) 证明高温极限($z \ll 1$)下, $\chi/\bar{N} = \mu_B^2/kT$.

解　(i)

$$\Xi=\sum_{N=0}^{\infty}\sum_{s}\mathrm{e}^{-\alpha N-\beta E_{Ns}}=\sum_{N=0}^{\infty}\sum_{s}\mathrm{e}^{\beta\mu N-\beta E_{Ns}}. \tag{1}$$

令 $n_{\boldsymbol{p}}^{+}$ 代表动量为 $\boldsymbol{p}$、自旋磁矩平行于磁场的电子数，$n_{\boldsymbol{p}}^{-}$ 代表动量为 $\boldsymbol{p}$、自旋磁矩反平行于磁场的电子数，则 E_{Ns} 可用 $E_{\boldsymbol{p}}(n_{\boldsymbol{p}}^{+},n_{\boldsymbol{p}}^{-})$ 表达，得

$$\begin{aligned}\Xi&=\sum_{N=0}^{\infty}\mathrm{e}^{\beta\mu N}\sum_{\{n_{\boldsymbol{p}}^{+},n_{\boldsymbol{p}}^{-}\}}{}'\ \mathrm{e}^{-\beta\sum\limits_{p}E_{\boldsymbol{p}}(n_{\boldsymbol{p}}^{+},n_{\boldsymbol{p}}^{-})}\\&=\sum_{N=0}^{\infty}\sum_{\{n_{\boldsymbol{p}}^{+},n_{\boldsymbol{p}}^{-}\}}{}'\exp\left\{\beta\sum_{\boldsymbol{p}}\left(\mu+\mu_{\mathrm{B}}\mathscr{H}-\frac{\boldsymbol{p}^{2}}{2m}\right)n_{\boldsymbol{p}}^{+}\right\}\\&\quad\cdot\exp\left\{\beta\sum_{\boldsymbol{p}}\left(\mu-\mu_{\mathrm{B}}\mathscr{H}-\frac{\boldsymbol{p}^{2}}{2m}\right)n_{\boldsymbol{p}}^{-}\right\},\end{aligned} \tag{2}$$

上式中 $\sum\limits_{\{n_{\boldsymbol{p}}^{+},n_{\boldsymbol{p}}^{-}\}}{}'$ 右上角的"$'$"表示求和应满足限制条件

$$\left.\begin{aligned}&N_{+}=\sum_{\boldsymbol{p}}n_{\boldsymbol{p}}^{+},\quad N_{-}=\sum_{\boldsymbol{p}}n_{\boldsymbol{p}}^{-},\\&N_{+}+N_{-}=N.\end{aligned}\right\} \tag{3}$$

注意到(2)式还要对一切 N(从 0 到∞)求和，从而解除了对总粒子数的限制条件(3)，于是(2)式可改成无限制条件下的求和：

$$\begin{aligned}\Xi&=\sum_{\{n_{\boldsymbol{p}}^{+}\}}\sum_{\{n_{\boldsymbol{p}}^{-}\}}\exp\left\{\beta\sum_{\boldsymbol{p}}(\mu+\mu_{\mathrm{B}}\mathscr{H}-p^{2}/2m)n_{\boldsymbol{p}}^{+}\right\}\\&\quad\cdot\exp\left\{\beta\sum_{\boldsymbol{p}}(\mu-\mu_{\mathrm{B}}\mathscr{H}-p^{2}/2m)n_{\boldsymbol{p}}^{-}\right\}\\&=\sum_{\{n_{\boldsymbol{p}}^{+}\}}\prod_{\boldsymbol{p}}\exp[\beta(\mu+\mu_{\mathrm{B}}\mathscr{H}-p^{2}/2m)n_{\boldsymbol{p}}^{+}]\\&\quad\cdot\sum_{\{n_{\boldsymbol{p}}^{-}\}}\prod_{\boldsymbol{p}}\exp[\beta(\mu-\mu_{\mathrm{B}}\mathscr{H}-p^{2}/2m)n_{\boldsymbol{p}}^{-}]\\&=\prod_{\boldsymbol{p}}\sum_{n_{\boldsymbol{p}}^{+}=0,1}\exp[\beta(\mu+\mu_{\mathrm{B}}\mathscr{H}-p^{2}/2m)n_{\boldsymbol{p}}^{+}]\\&\quad\cdot\prod_{\boldsymbol{p}}\sum_{n_{\boldsymbol{p}}^{-}=0,1}\exp[\beta(\mu-\mu_{\mathrm{B}}\mathscr{H}-p^{2}/2m)n_{\boldsymbol{p}}^{-}]\end{aligned}$$

$$= \prod_{p}[1+e^{\beta(\mu+\mu_B\mathscr{H}-p^2/2m)}]\prod_{p}[1+e^{\beta(\mu-\mu_B\mathscr{H}-p^2/2m)}], \tag{4}$$

$$\ln\Xi = \sum_{p}\ln[1+e^{\beta(\mu+\mu_B\mathscr{H}-p^2/2m)}]+\sum_{p}\ln[1+e^{\beta(\mu-\mu_B\mathscr{H}-p^2/2m)}]$$

$$= \ln\Xi_{+}+\ln\Xi_{-}, \tag{5}$$

$$\ln\Xi_{\pm} = \sum_{p}\ln[1+e^{\beta(\mu\pm\mu_B\mathscr{H}-p^2/2m)}]. \tag{6}$$

利用原书 7.15.2 小节中的计算,令 Ξ_0 代表无磁场时,不计自旋简并的巨配分函数,即

$$\ln\Xi_0 = \sum_{p}\ln[1+e^{\beta(\mu-p^2/2m)}]$$

$$= \int_0^{\infty} D(\varepsilon)\mathrm{d}\varepsilon\cdot\ln(1+ze^{-\beta\varepsilon}) \quad (z=e^{\beta\mu}). \tag{7}$$

将不计自旋简并的态密度 $D(\varepsilon)$代入,

$$\ln\Xi_0 = \frac{2\pi V}{h^3}(2m)^{3/2}\int_0^{\infty}\varepsilon^{1/2}\ln(1+ze^{-\beta\varepsilon})\mathrm{d}\varepsilon$$

$$= \frac{2\pi V}{h^3}\left(\frac{2m}{\beta}\right)^{3/2}\int_0^{\infty}x^{1/2}\ln(1+ze^{-x})\mathrm{d}x$$

$$= \frac{V}{\lambda_T^3}f_{5/2}(z). \tag{8}$$

于是得

$$\ln\Xi_{\pm}(T,\mu,V,\mathscr{H}) = \frac{V}{\lambda_T^3}f_{5/2}(ze^{\pm\beta\mu_B\mathscr{H}}). \tag{9}$$

(ii)

$$\overline{N}_{\pm} = -\frac{\partial}{\partial\alpha}\ln\Xi_{\pm} = z\frac{\partial}{\partial z}\ln\Xi_{\pm} = \frac{V}{\lambda_T^3}f_{3/2}(ze^{\pm\beta\mu_B\mathscr{H}}). \tag{10}$$

最后一步已利用递推关系

$$z\frac{\partial}{\partial z}f_{\nu}(z) = f_{\nu-1}(z), \tag{11}$$

于是有

$$\overline{N} = \overline{N}_{+}+\overline{N}_{-} = \frac{V}{\lambda_T^3}[f_{3/2}(ze^{\beta\mu_B\mathscr{H}})+f_{3/2}(ze^{-\beta\mu_B\mathscr{H}})]. \tag{12}$$

(iii) 平均总磁矩为

$$\overline{M} = \mu_B(\overline{N}_+ - \overline{N}_-) = \mu_B \frac{V}{\lambda_T^3}[f_{3/2}(ze^{\beta\mu_B\mathscr{H}}) - f_{3/2}(ze^{-\beta\mu_B\mathscr{H}})]. \tag{13}$$

在 $\mu_B\mathscr{H}/kT \ll 1$ 的弱场下,可将 $f_{3/2}(ze^{\pm\beta\mu_B\mathscr{H}})$ 的宗量 $e^{\pm\beta\mu_B\mathscr{H}}$ 展开,只保留到 $\beta\mu_B\mathscr{H}$ 的一阶,得

$$\begin{aligned} f_{3/2}(ze^{\pm\beta\mu_B\mathscr{H}}) &\approx f_{3/2}[z(1\pm\beta\mu_B\mathscr{H})] \approx f_{3/2}(z) \pm z\beta\mu_B\mathscr{H}\frac{\partial}{\partial z}f_{3/2}(z) \\ &= f_{3/2}(z) \pm \beta\mu_B\mathscr{H}f_{1/2}(z), \end{aligned} \tag{14}$$

最后一步再次利用了递推关系.将(14)式代入(13)式,得

$$\overline{M} = \frac{2\mu_B^2}{kT}\frac{V}{\lambda_T^3}f_{1/2}(z)\mathscr{H}. \tag{15}$$

又,在弱场近似下,

$$\begin{aligned} \overline{N} &\approx \frac{V}{\lambda_T^3}[f_{3/2}(z) + \beta\mu_B\mathscr{H}f_{1/2}(z)] + \frac{V}{\lambda_T^3}[f_{3/2}(z) - \beta\mu_B\mathscr{H}\cdot f_{1/2}(z)] \\ &= 2\frac{V}{\lambda_T^3}f_{3/2}(z). \end{aligned} \tag{16}$$

总粒子数与无外磁场时的结果相同.

(iv)

$$\chi = \frac{\partial\overline{M}}{\partial\mathscr{H}}\bigg|_{\mathscr{H}\to 0} = \frac{2\mu_B^2}{kT}\frac{V}{\lambda_T^3}f_{1/2}(z). \tag{17}$$

利用(16)式,得

$$\frac{\chi}{\overline{N}} = \frac{\mu_B^2}{kT}\frac{f_{1/2}(z)}{f_{3/2}(z)}. \tag{18}$$

一般情形下只能数值求解.

(v) 低温极限: $\ln z = \beta\mu \gg 1$,利用原书附录(B5.10)与(B5.11)式,略去修正小项,则得

$$f_{1/2}(z) \approx \frac{2}{\sqrt{\pi}}(\ln z)^{1/2}, \tag{19}$$

$$f_{3/2}(z) \approx \frac{4}{3\sqrt{\pi}}(\ln z)^{3/2}, \tag{20}$$

代入(18)式,注意到 $\ln z = \beta\mu = \mu/kT$,并近似取 $\mu \approx \varepsilon_F$,于是得

$$\frac{\chi}{\overline{N}} \approx \frac{3\mu_B^2}{2kT}\frac{1}{\ln z} = \frac{3\mu_B^2}{2\mu} \approx \frac{3\mu_B^2}{2\varepsilon_F}. \tag{21}$$

上述结果与习题 7.28 的结果相符.

(vi) 在高温极限($z \ll 1$)下,由原书附录(B5.2)式,有

$$f_\nu(z) \approx z,$$

$$\overline{N} \approx \frac{2V}{\lambda_T^3}z,$$

$$\chi \approx \frac{2\mu_B^2}{kT}\frac{V}{\lambda_T^3}z,$$

故有

$$\frac{\chi}{\overline{N}} \approx \frac{\mu_B^2}{kT}.$$

8.13 证明平衡态三种系综的熵可以统一表达为吉布斯熵的形式,即

$$S = -k\sum_i \rho_i \ln\rho_i,$$

其中 $\sum\limits_i$ 代表对三种系综各自宏观条件所允许的一切量子态求和, ρ_i 为相应系综的几率分布.

解 (i) 对微正则系综,上式 S 应表达为

$$S = -k{\sum_s}' \rho_s \ln\rho_s, \tag{1}$$

式中 ${\sum\limits_s}'$ 代表对 $E \leqslant E_s \leqslant E + \Delta E(\Delta E \ll E)$ 的一切量子态求和.

由原书公式(8.3.4′)和(8.3.11),有

$$\rho_s = \frac{1}{\Omega(E,V,N)} \quad \left({\sum_s}' 1 = \Omega\right). \tag{2}$$

代入(1)式,得

$$S = -k\frac{1}{\Omega}\left({\sum_s}' 1\right)\ln\frac{1}{\Omega} = k\ln\Omega(E,V,N). \tag{3}$$

与原书熵的公式(8.3.12)相符,得证.

(ii) 对正则系综, $S = -k\sum\limits_i \rho_i \ln\rho_i$ 应表达为

$$S=-k\sum_s \rho_s \ln\rho_s, \tag{4}$$

其中

$$\rho_s=\frac{1}{Z_N}e^{-\beta E_s}\quad \left(\sum_s \rho_s=1\right). \tag{5}$$

由原书公式(8.4.17),得

$$S=-k\sum_s \rho_s(-\ln Z_N-\beta E_s)=k\left(\ln Z_N-\beta\frac{\partial}{\partial\beta}\ln Z_N\right). \tag{6}$$

与原书公式(8.4.20)相符,得证.

(iii) 对巨正则系综,$S=-k\sum_i \rho_i\ln\rho_i$ 应表达为

$$S=-k\sum_N\sum_s \rho_{Ns}\ln\rho_{Ns}. \tag{7}$$

由原书公式(8.7.11),(8.7.12),(8.7.13),有

$$\rho_{Ns}=\frac{1}{\Xi}e^{-\alpha N-\beta E_s}\quad \left(\sum_{N=0}^{\infty}\sum_s \rho_{Ns}=1\right), \tag{8}$$

$$\Xi=\sum_{N=0}^{\infty}\sum_s e^{-\alpha N-\beta E_s}, \tag{9}$$

代入(7)式,有

$$\begin{aligned}S&=-k\sum_N\sum_s \rho_{Ns}\ln\rho_{Ns}\\&=k\sum_N\sum_s \rho_{Ns}(\ln\Xi+\alpha N+\beta E_s)\\&=k(\ln\Xi+\alpha\bar{N}+\beta\bar{E}).\end{aligned} \tag{10}$$

利用原书公式(8.7.15)和(8.7.16),

$$\bar{N}=-\frac{\partial}{\partial\alpha}\ln\Xi, \tag{11}$$

$$\bar{E}=-\frac{\partial}{\partial\beta}\ln\Xi, \tag{12}$$

最后得

$$S=k\left(\ln\Xi-\alpha\frac{\partial}{\partial\alpha}\ln\Xi-\beta\frac{\partial}{\partial\beta}\ln\Xi\right). \tag{13}$$

与原书公式(8.7.21)相符,得证.

8.14　设有一 N 个相互作用可以忽略的粒子(可看成质点)组

成的系统,在满足经典极限的条件下,巨正则系综的几率分布为

$$\rho_N(q_1,\cdots,p_{3N})\mathrm{d}\Omega_N = \frac{1}{\Xi N!h^{3N}}\mathrm{e}^{-\alpha N-\beta E_N(q_1,\cdots,p_{3N})}\mathrm{d}\Omega_N.$$

(i) 试证明巨正则系综的总粒子数是 N 的几率为

$$P(N) = \frac{1}{\Xi}\mathrm{e}^{-\alpha N}Z_N,$$

其中 Z_N 是总粒子数为 N 时的正则系综配分函数.

(ii) 证明使 $P(N)$取极大的总粒子数满足下面的关系:

$$\alpha = \frac{\partial \ln Z_N}{\partial N}.$$

(证明时,直接求 $\ln P(N)$的极大更方便.)

(iii) 上式进一步可以化为

$$N = \mathrm{e}^{-\alpha}Z,$$

其中 Z 为单粒子的配分函数,即 $Z=\frac{V}{h^3}\left(\frac{2\pi m}{\beta}\right)^{3/2}$. 上述结果说明什么?

解　(i) 在经典极限条件下,巨正则系综按系统微观态的几率可表为

$$\rho_N(q_1,\cdots,p_{3N})\mathrm{d}\Omega_N = \frac{1}{\Xi N!h^{3N}}\mathrm{e}^{-\alpha N-\beta E_N(q_1,\cdots,p_{3N})}\mathrm{d}\Omega_N, \tag{1}$$

(1)式代表系统的总粒子数为 N、微观态处于 $\mathrm{d}\Omega_N$ 内的几率. 为求总粒子数为 N 的几率 $P(N)$,只需将(1)式对粒子数为 N 的相空间积分,即

$$P(N) = \frac{1}{\Xi N!h^{3N}}\mathrm{e}^{-\alpha N}\int \mathrm{e}^{-\beta E_N(q_1,\cdots,p_{3N})}\mathrm{d}\Omega_N. \tag{2}$$

又 N 个粒子的正则系综的配分函数为

$$Z_N = \frac{1}{N!h^{3N}}\int \mathrm{e}^{-\beta E_N(q_1,\cdots,p_{3N})}\mathrm{d}\Omega_N, \tag{3}$$

故得

$$P(N) = \frac{1}{\Xi}\mathrm{e}^{-\alpha N}Z_N. \tag{4}$$

(ii) 由(4)式得

$$\ln P(N) = -\alpha N + \ln Z_N - \ln \Xi. \tag{5}$$

对 $P(N)$求极大可以对 $\ln P(N)$求极大代之. 注意到 Z_N 是对某一特定值 N 求出的,故 Z_N 与 N 有关;而 Ξ 是对一切可能的 N 求和得出的,故与 N 无关. 于是有

$$\frac{\partial \ln P(N)}{\partial N} = -\alpha + \frac{\partial \ln Z_N}{\partial N} = 0, \tag{6}$$

亦即

$$\alpha = \frac{\partial \ln Z_N}{\partial N}. \tag{7}$$

使 $P(N)$取极大的 N 值由方程(7)决定.

(iii) 对题设的满足经典极限条件的 N 个无相互作用、可看成质点的粒子,有

$$Z_N = \frac{Z^N}{N!}, \tag{8}$$

$$Z = \frac{V}{h^3}\left(\frac{2\pi m}{\beta}\right)^{3/2}. \tag{9}$$

由(8)式,

$$\begin{aligned} \ln Z_N &= N\ln Z - \ln N! \\ &= N\ln Z - N(\ln N - 1), \end{aligned} \tag{10}$$

得

$$\frac{\partial \ln Z_N}{\partial N} = \ln Z - \ln N = \ln \frac{Z}{N}, \tag{11}$$

代入(7)式,得

$$\alpha = \ln \frac{Z}{N}, \tag{12}$$

或

$$N = e^{-\alpha} Z. \tag{13}$$

上式代表使 $P(N)$取极大的 N 值. 与巨正则系综的平均值

$$\overline{N} = e^{-\alpha} Z \tag{14}$$

比较,可以看出使 $P(N)$取极大的 N 值就是平均值 $\overline{N}$. 本题用一特例,通过计算再次验证了原书图 8.10.2 的结论.

8.15　当 $N \gg 1$ 时,在取对数值的情况下,用全部求和(或积分)

中的最大项代替全部求和(或积分)是很好的近似. 原书(7.4.23)式就是一例. 本题及题 8.16 是另外两个例子.

正则系综的配分函数可表为

$$Z_N = \int_0^\infty e^{-\beta E}\Sigma'(E)\mathrm{d}E = \int_0^\infty P(E)\mathrm{d}E,$$

为简单,已省去 $\Sigma'(E,V,N)$ 中的参量 V,N. 原书 § 8.10 和习题 8.1 已证明,被积函数 $P(E)=e^{-\beta E}\Sigma'(E)$在 $E=\bar{E}$ 处有尖锐成峰的极大.

(i) 根据 $P(E)$在 $\bar{E}$ 的极大是尖锐成峰的性质,将 $\ln p(E)$在 $E=\bar{E}$ 处展开,保留到二阶项,证明 $P(E)$可表为

$$P(E) = e^{-\beta F}\exp\left\{-\frac{(E-\bar{E})^2}{2kT^2C_V}\right\},$$

其中 $F=\bar{E}-TS$ 为自由能.

(ii) 将 $P(E)$的上式代入 Z_N 的公式,完成积分,证明

$$\ln Z_N = -\beta F + O(\ln N).$$

因 $N\gg 1, N\gg \ln N$,故上式右边第二项可以忽略,于是得

$$\ln Z_N = -\beta F,或\ F = -kT\ln Z_N.$$

解 (i) 将 $\ln P(E)$在其极大处即 $E=\bar{E}$ 处展开,保留到二阶项,得

$$\ln P(E) \approx \{\ln[e^{-\beta E}\Sigma'(E)]\}_{E=\bar{E}} + \frac{1}{2}A(E-\bar{E})^2, \tag{1}$$

上式右边第一项等于 $-\beta(\bar{E}-TS)=-\beta F$, $F=\bar{E}-TS$ 为自由能;第二项中的 A 为

$$A = \left\{\frac{\partial^2}{\partial E^2}[-\beta E + \ln\Sigma'(E)]\right\}_{E=\bar{E}} \approx \frac{1}{2}\frac{\partial^2}{\partial \bar{E}^2}\frac{S}{k} = -\frac{1}{2kT^2C_V}. \tag{2}$$

上式中已利用 $\ln P(E)$在 $\bar{E}$ 点尖锐成峰的性质,近似将{…}中的第二项先取 $E=\bar{E}$,再微商,用(2)式,(1)式可表为

$$P(E) = e^{-\beta F}\exp\left\{-\frac{(E-\bar{E})^2}{2kT^2C_V}\right\}. \tag{3}$$

(ii) 将(3)式代入 Z_N 的公式

$$Z_N = \int_0^\infty P(E)\mathrm{d}E = e^{-\beta F}\int_0^\infty \exp\left\{-\frac{(E-\bar{E})^2}{2kT^2C_V}\right\}\mathrm{d}E, \tag{4}$$

令 $x=(E-\bar{E})/\sqrt{2kT^2C_V}$，则(4)式化为

$$Z_N = \mathrm{e}^{-\beta F}\sqrt{2kT^2C_V}\int_0^{\infty}\mathrm{e}^{-x^2}\mathrm{d}x = \mathrm{e}^{-\beta F}\sqrt{2\pi kT^2C_V}. \tag{5}$$

因 $C_V \sim O(N)$，

$$\ln Z_N = -\beta F + O(\ln N),$$

当 $N\gg 1$ 时，$N\gg \ln N$，故上式右边第二项可以忽略. 于是得

$$\ln Z_N = -\beta F \quad 或 \quad F = -kT\ln Z_N. \tag{6}$$

以上计算表明，当 $N\gg 1$ 时，在取对数的情况下，正则配分函数的求和中，用最大项可以代替全部求和(或积分).

8.16　巨正则系综的巨配分函数可以表为

$$\Xi = \sum_{N=0}^{\infty}\mathrm{e}^{-\alpha N}Z_N(T,V) = \sum_{N=0}^{\infty}P(N),$$

原书§8.10与习题8.15已经证明，

$$P(N) = \mathrm{e}^{-\alpha N}Z_N(T,V)$$

在 $N=\bar{N}$ 处有尖锐成峰的极大.

(i) 试根据 $P(N)$ 在 $\bar{N}$ 的极大是尖锐成峰的性质，将 $\ln P(N)$ 在 $N=\bar{N}$ 处展开，保留到二阶项，证明 $P(N)$ 可表为

$$P(N) = \mathrm{e}^{-\alpha\bar{N}}Z_{\bar{N}}(T,V)\exp\left\{-\frac{1}{2kT}\left(\frac{\partial\mu}{\partial\bar{N}}\right)_{T,V}(N-\bar{N})^2\right\}.$$

(ii) 将 $P(N)$ 的上式代入 Ξ 的公式，并将对 N 的求和代之以积分

$$\sum_{N=0}^{\infty} \longrightarrow \int_0^{\infty}\mathrm{d}N,$$

证明

$$\begin{aligned}\ln\Xi &= \ln\left[\mathrm{e}^{-\alpha\bar{N}}Z_{\bar{N}}(T,V)\right] + O(\ln N)\\ &= \ln\left[\mathrm{e}^{-\alpha\bar{N}}Z_{\bar{N}}(T,V)\right].\end{aligned}$$

最后一步用到当 $N\gg 1$ 时，$N\gg\ln N$，故 $O(\ln N)$ 项可以忽略.

解　(i) 将 $\ln P(N)$ 在 $N=\bar{N}$ 处展开，保留到二阶项，得

$$\ln P(N) = \ln\left[\mathrm{e}^{-\alpha\bar{N}}Z_{\bar{N}}(T,V)\right] + \frac{1}{2}B(N-\bar{N})^2, \tag{1}$$

其中

$$B=\left\{\frac{\partial^2}{\partial N^2}\ln[\mathrm{e}^{-\alpha N}Z_N(T,V)]\right\}_{N=\bar{N}}$$
$$=\left\{\frac{\partial^2}{\partial N^2}[-\alpha N+\ln Z_N(T,V)]\right\}_{N=\bar{N}}$$
$$=\left\{\frac{\partial^2}{\partial N^2}\ln Z_N(T,V)\right\}_{N=\bar{N}}\approx\frac{\partial^2}{\partial \bar{N}^2}\ln Z_{\bar{N}}(T,V),\tag{2}$$

最后一步利用了 $\ln P(N)$ 在 $\bar{N}$ 处尖锐成峰的性质,近似将{…}中的 N 用 $\bar{N}$ 代替. 又

$$F=-kT\ln Z_{\bar{N}}(T,V),\tag{3}$$

故(2)式化为

$$B=-\frac{1}{kT}\frac{\partial^2 F}{\partial \bar{N}^2}=-\frac{1}{kT}\left(\frac{\partial\mu}{\partial\bar{N}}\right)_{T,V},\tag{4}$$

于是(1)式可表为

$$P(N)=\mathrm{e}^{-\alpha\bar{N}}Z_{\bar{N}}(T,V)\exp\left\{-\frac{1}{2kT}\left(\frac{\partial\mu}{\partial\bar{N}}\right)_{T,V}(N-\bar{N})^2\right\}.\tag{5}$$

(ii)

$$\Xi=\sum_{N=0}^{\infty}P(N)$$
$$\approx\mathrm{e}^{-\alpha\bar{N}}Z_{\bar{N}}(T,V)\sum_{N=0}^{\infty}\exp\left\{-\frac{1}{2kT}\left(\frac{\partial\mu}{\partial\bar{N}}\right)_{T,V}(N-\bar{N})^2\right\}$$
$$\approx\mathrm{e}^{-\alpha\bar{N}}Z_{\bar{N}}(T,V)\int_0^{\infty}\exp\left\{-\frac{1}{2kT}\left(\frac{\partial\mu}{\partial\bar{N}}\right)_{T,V}(N-\bar{N})^2\right\}\mathrm{d}N,$$

令 $x=\sqrt{\frac{1}{2kT}\left(\frac{\partial\mu}{\partial\bar{N}}\right)_{T,V}}(N-\bar{N})$,于是得

$$\Xi=\mathrm{e}^{-\alpha\bar{N}}Z_{\bar{N}}(T,V)\sqrt{2kT\left(\frac{\partial\bar{N}}{\partial\mu}\right)_{T,V}}\int_0^{\infty}\mathrm{e}^{-x^2}\mathrm{d}x$$
$$=\mathrm{e}^{-\alpha\bar{N}}Z_{\bar{N}}(T,V)\sqrt{2\pi kT\left(\frac{\partial\bar{N}}{\partial\mu}\right)_{T,V}},\tag{6}$$

注意到 $\left(\frac{\partial\bar{N}}{\partial\mu}\right)_{T,V}\sim O(\bar{N})$,故有

$$\ln\Xi=\ln[\mathrm{e}^{-\alpha\bar{N}}Z_{\bar{N}}(T,V)]+O(\ln N).\tag{7}$$

当 $N\gg1$ 时，上式右边第二项可以忽略，于是得

$$\ln\Xi=\ln[e^{-\alpha\bar{N}}Z_{\bar{N}}(T,V)]. \tag{8}$$

以上计算表明，当 $N\gg1$ 时，在取对数的情况下，巨配分函数的求和中，用最大项代替全部求和是很好的近似.

(8)式还可以表达成熟悉的形式：

$$\begin{aligned}\ln\Xi&=-\alpha\bar{N}+\ln Z_{\bar{N}}(T,V)=\frac{\mu}{kT}\bar{N}+\ln Z_{\bar{N}}\\&=-\frac{1}{kT}(-kT\ln Z_{\bar{N}}-\bar{N}\mu)=-\frac{1}{kT}(F-G),\end{aligned} \tag{9}$$

或

$$\Psi\equiv F-G=-kT\ln\Xi. \tag{10}$$

8.17　在体积为 V 的容器中装有理想气体，处于平衡态. 设气体满足经典极限条件，总分子数为 N. 为简单，将分子当作质点. 今考查 V 内一个固定体积 v，把 v 内的气体分子看成系统，把周围的气体分子当作大热源和大粒子源. 试应用巨正则系综，在 $V\to\infty$，$N\to\infty$，但保持 $N/V=$常数的极限（即热力学极限）下，证明在体积 v 内有 n 个分子的几率为

$$P_n=\frac{1}{n!}e^{-\bar{n}}(\bar{n})^n,$$

其中 $\bar{n}=\frac{v}{V}N$ 为体积 v 内的平均分子数.

解　把 v 内的气体看成系统，把周围的气体当作大热源与大粒子源. 在满足经典极限的条件下，巨正则系综的几率分布可表为

$$\rho_n(q_1,\cdots,p_{3n})=\frac{1}{\Xi n!h^{3n}}e^{-\alpha n-\beta E_n(q_1,\cdots,p_{3n})}. \tag{1}$$

今巨配分函数为

$$\Xi=\sum_{n=0}^{N}\frac{1}{n!h^{3n}}e^{-\alpha n}\int e^{-\beta E_n(q_1,\cdots,p_{3n})}d\Omega_n, \tag{2}$$

注意对系统总粒子数 n 的求和应从 0 到 N，N 是体积为 V 的容器中的总粒子数. 由于 $N\gg1$，且当满足经典极限条件时，自然满足非简并条件，故必有 $\alpha>0$. 于是 $e^{-\alpha n}$ 在 n 大时很小，故可将(2)式中对 n 的求和上限 N 代之以∞. 这样，(2)式化为

$$\varXi = \sum_{n=0}^{\infty} \mathrm{e}^{-\alpha n} Z_n, \tag{3}$$

其中 Z_n 为 v 内有 n 个粒子时的配分函数,即

$$Z_n = \frac{1}{n!h^{3n}}\int \mathrm{e}^{-\beta E_n(q_1,\cdots,p_{3n})}\,\mathrm{d}\Omega_n = \frac{Z_v^n}{n!}, \tag{4}$$

Z_v 为处于 v 内的分子的子系配分函数,即

$$Z_v = \frac{v}{h^3}\left(\frac{2\pi m}{\beta}\right)^{3/2}. \tag{5}$$

将(4)式代入(3)式,得

$$\varXi = \sum_{n=0}^{\infty} \frac{(\mathrm{e}^{-\alpha} Z_v)^n}{n!} = \exp\{\mathrm{e}^{-\alpha} Z_v\}, \tag{6}$$

$$\ln \varXi = \mathrm{e}^{-\alpha} Z_v. \tag{7}$$

令 P_n 代表 v 内有 n 个分子的几率,将(1)式对 $\mathrm{d}\Omega_n$ 积分,得

$$\begin{aligned} P_n &= \frac{1}{\varXi n!h^{3n}}\mathrm{e}^{-\alpha n}\int \mathrm{e}^{-\beta E_n}\,\mathrm{d}\Omega_n \\ &= \frac{1}{\varXi}\mathrm{e}^{-\alpha n} Z_N \\ &= \frac{1}{\varXi}\mathrm{e}^{-\alpha n}\frac{Z_v^n}{n!} = \frac{1}{\varXi n!}(\mathrm{e}^{-\alpha} Z_v)^n. \end{aligned} \tag{8}$$

令 $\bar{n}$ 代表 v 内气体分子的平均数,按巨正则系综的公式,并利用(7)式,得

$$\bar{n} = -\frac{\partial}{\partial \alpha}\ln\varXi = \mathrm{e}^{-\alpha} Z_v = \ln\varXi, \tag{9}$$

故有

$$\varXi = \mathrm{e}^{\bar{n}}. \tag{10}$$

利用(9)与(10)式,则(8)式化为

$$P_n = \frac{1}{n!}\mathrm{e}^{-\bar{n}}(\bar{n})^n. \tag{11}$$

对处于平衡态的气体,在重力影响可忽略的情况下(通常如此),气体的密度宏观上是均匀的,故有

$$\bar{n} = \frac{v}{V}N. \tag{12}$$

8.18　设有一单原子分子理想气体与某一固体吸附面接触达到平衡. 被吸附分子可以在吸附面上作二维运动，其能量为 $\frac{1}{2m}(p_x^2+p_y^2)-\varepsilon_0$，$-\varepsilon_0$ 是束缚能（ε_0 为正常数）. 试将被吸附分子看成系统，把外部气体当作大热源和大粒子源，应用巨正则系综计算被吸附分子在单位面积上的平均数.

（这是题 7.14 的另一种求解方法. 另外还可以比较与原书 § 8.8 例 2 的区别.）

解　令 N 代表被吸附在固体表面的分子总数，应用巨正则系综，得

$$\Xi=\sum_{N=0}^{\infty}\mathrm{e}^{-\alpha N}Z_N, \tag{1}$$

$$Z_N=\frac{Z^N}{N!}, \tag{2}$$

其中 Z 为吸附在固体表面上作二维运动的分子的（或子系的）配分函数. 在满足经典极限条件下，

$$\begin{aligned}Z&=\frac{1}{h^2}\int\mathrm{e}^{-\beta\varepsilon}\mathrm{d}x\mathrm{d}y\mathrm{d}p_x\mathrm{d}p_y\\&=\frac{1}{h^2}\int\mathrm{e}^{-\beta[(p_x^2+p_y^2)/2m-\varepsilon_0]}\mathrm{d}x\mathrm{d}y\mathrm{d}p_x\mathrm{d}p_y\\&=\frac{A}{h^2}(2\pi mkT)\mathrm{e}^{\varepsilon_0/kT},\end{aligned} \tag{3}$$

其中 A 为吸附面的面积. 将(2)式代入(1)式，得

$$\Xi=\sum_{N=0}^{\infty}\frac{(\mathrm{e}^{-\alpha}Z)^N}{N!}=\exp\{\mathrm{e}^{-\alpha}Z\}, \tag{4}$$

$$\ln\Xi=\mathrm{e}^{-\alpha}Z=\frac{A}{h^2}(2\pi mkT)\mathrm{e}^{-\alpha+\varepsilon_0/kT}, \tag{5}$$

最后一步用到公式(3).

$$\overline{N}=-\frac{\partial}{\partial\alpha}\ln\Xi=\frac{A}{h^2}(2\pi mkT)\mathrm{e}^{-\alpha+\varepsilon_0/kT}. \tag{6}$$

令 $n=\overline{N}/A$，它代表被吸附的分子的分子数面密度. 由(6)式有

$$n=\frac{1}{h^2}(2\pi mkT)\mathrm{e}^{-\alpha+\varepsilon_0/kT}. \tag{7}$$

现在需要确定 $e^{-\alpha}$. 令 μ 与 μ' 分别代表被吸附气体与外部气体的化学势,利用相变平衡条件,有

$$\mu = \mu'. \tag{8}$$

又 $\alpha=-\mu/kT,\alpha'=-\mu'/kT$,故有

$$\alpha = \alpha'. \tag{9}$$

对外部单原子分子理想气体,其 α' 是熟知的,

$$\overline{N}' = e^{-\alpha'}Z' = e^{-\alpha'}\frac{V}{h^3}(2\pi mkT)^{3/2}, \tag{10}$$

即有

$$e^{-\alpha'} = \frac{n'h^3}{(2\pi mkT)^{3/2}} \quad (n' = \overline{N}'/V). \tag{11}$$

将(11)式代入(7)式(代替 $e^{-\alpha}$),得

$$\bar{n} = \frac{n'h}{(2\pi mkT)^{1/2}}e^{\varepsilon_0/kT}, \tag{12}$$

利用外部理想气体满足的物态方程

$$p' = n'kT, \tag{13}$$

最后得

$$n = \frac{h}{(2\pi m)^{1/2}}\frac{p'}{(kT)^{3/2}}e^{\varepsilon_0/kT}. \tag{14}$$

8.19　由巨正则系综证明下列涨落公式:

$$\overline{(a_\lambda - \bar{a}_\lambda)^2} = \bar{a}_\lambda\left(1 \pm \frac{\bar{a}_\lambda}{g_\lambda}\right),$$

其中"+"对应理想玻色气体,"−"对应理想费米气体.

注:从上面的结果立即看出,当满足非简并条件,即 $\frac{\bar{a}_\lambda}{g_\lambda} \ll 1$ 时,上式化为

$$\overline{(a_\lambda - \bar{a}_\lambda)^2} = \bar{a}_\lambda.$$

由此可见,全同费米子之间的有效排斥(源于泡利不相容原理)使 ε_λ 能级上的粒子占据数的涨落减弱(起抑制作用);而全同玻色子之间的有效吸引使涨落加强.

解

$$\overline{(a_\lambda - \bar{a}_\lambda)^2} = \overline{a_\lambda^2} - \bar{a}_\lambda^2. \tag{1}$$

先求$\overline{a_\lambda^2}$. 改一下符号，将 $\lambda\to k$. 按原书(8.9.16)式，有

$$\overline{a_k^2}=\frac{1}{\Xi}\sum_{\{a_\lambda\}}a_k^2W(\{a_\lambda\})\mathrm{e}^{-\sum_\lambda(\alpha+\beta\varepsilon_\lambda)a_\lambda}. \tag{2}$$

按原书推导公式(8.9.17)同样的办法，(2)式可化为

$$\overline{a_k^2}=\frac{\sum_{a_k}a_k^2W_k\mathrm{e}^{-(\alpha+\beta\varepsilon_k)a_k}}{\sum_{a_k}W_k\mathrm{e}^{-(\alpha+\beta\varepsilon_k)a_k}}, \tag{3}$$

其中

$$W_k=\begin{cases}\dfrac{g_k!}{a_k!(g_k-a_k)!} & (\text{费米子}), \quad (4a)\\[2ex] \dfrac{(g_k+a_k-1)!}{a_k!(g_k-a_k)!} & (\text{玻色子}). \quad (4b)\end{cases}$$

令

$$\Xi_k\equiv\sum_{a_k}W_k\mathrm{e}^{-(\alpha+\beta\varepsilon_k)a_k}, \tag{5}$$

计算可得(见原书(8.9.9)式及以下诸式)

$$\Xi_k=(1\pm\mathrm{e}^{-\alpha-\beta\varepsilon_k})^{\pm g_k}, \tag{6}$$

其中“+”与“−”分别对应理想费米气体与理想玻色气体. (3)式进一步可表为

$$\overline{a_k^2}=\frac{1}{\Xi_k}\left(\frac{\partial^2}{\partial\alpha^2}\sum_{a_k}W_k\mathrm{e}^{-(\alpha+\beta\varepsilon_k)a_k}\right)=\frac{1}{\Xi_k}\frac{\partial^2\Xi_k}{\partial\alpha^2}. \tag{7}$$

利用原书公式(8.9.17)

$$\bar{a}_k=-\frac{\partial\ln\Xi_k}{\partial\alpha}=-\frac{1}{\Xi_k}\frac{\partial\Xi_k}{\partial\alpha}, \tag{8}$$

则有

$$\frac{\partial\bar{a}_k}{\partial\alpha}=-\frac{1}{\Xi_k}\frac{\partial^2\Xi_k}{\partial\alpha^2}+\frac{1}{\Xi_k^2}\frac{\partial\Xi_k}{\partial\alpha}\cdot\frac{\partial\Xi_k}{\partial\alpha}=-\overline{a_k^2}+\bar{a}_k^2. \tag{9}$$

将(9)式代入(1)式，得

$$\overline{(a_k-\bar{a}_k)^2}=\overline{a_k^2}-\bar{a}_k^2=-\frac{\partial\bar{a}_k}{\partial\alpha}. \tag{10}$$

由

$$\bar{a}_k = \frac{g_k}{e^{\alpha+\beta\varepsilon_k} \pm 1}, \tag{11}$$

对 α 求微商,得

$$\begin{aligned}\frac{\partial \bar{a}_k}{\partial \alpha} &= \frac{g_k e^{\alpha+\beta\varepsilon_k}}{(e^{\alpha+\beta\varepsilon_k} \pm 1)^2} = \frac{g_k(e^{\alpha+\beta\varepsilon_k} \pm 1 \mp 1)}{(e^{\alpha+\beta\varepsilon_k} \pm 1)^2} \\ &= \frac{g_k}{e^{\alpha+\beta\varepsilon_k} \pm 1} \mp \frac{\bar{a}_k^2}{g_k} = \bar{a}_k\left(1 \mp \frac{\bar{a}_k}{g_k}\right),\end{aligned} \tag{12}$$

其中上面的符号对应理想费米气体,下面的符号对应理想玻色气体.(12)式可改写为

$$\overline{(a_\lambda - \bar{a}_\lambda)^2} = \bar{a}_\lambda\left(1 \pm \frac{\bar{a}_\lambda}{g_\lambda}\right), \tag{13}$$

其中"+"对应理想玻色气体,"−"对应理想费米气体.可以看出,对费米子,泡利不相容原理的排斥作用对涨落起抑制作用;而玻色子之间的有效吸引使涨落加强.

第九章　相变和临界现象的统计理论简介

*9.1　范德瓦耳斯方程的另一种推导方法是作平均场近似. 设气体的哈密顿量为

$$H=\sum_{i=1}^{N}\frac{\boldsymbol{p}_i^2}{2m}+\sum_{i<j}\phi(r_{ij}),$$

今假设第 i 个分子所受其他分子的相互作用可以用平均场 $\phi_{\mathrm{mf}}(\boldsymbol{r})$ 来近似表达,即 H 近似用下列平均场哈密顿量代替：

$$H_{\mathrm{mf}}=\sum_{i=1}^{N}\left\{\frac{\boldsymbol{p}_i^2}{2m}+\phi_{\mathrm{mf}}(\boldsymbol{r}_i)\right\}.$$

现作为对平均场的进一步简化,假设 $\phi_{\mathrm{mf}}(\boldsymbol{r})$ 取下列形式：

$$\phi_{\mathrm{mf}}(\boldsymbol{r})=\begin{cases}\infty, & r<r_0,\\ \bar{\phi}, & r\geqslant r_0,\end{cases}$$

其中 $\bar{\phi}$ 是一常数. 上述互作用势相当于直径为 r_0 的刚球,在 $r>r_0$ 时互作用势为常数.

(i) 证明正则系综的配分函数为

$$Z_N=\frac{1}{N!}\left[\frac{1}{h^3}\left(\frac{2\pi m}{\beta}\right)^{3/2}(V-V_0)\mathrm{e}^{-\beta\bar{\phi}}\right]^N.$$

提示：$\int\mathrm{e}^{-\beta\phi_{\mathrm{mf}}(\boldsymbol{r})}\mathrm{d}^3\boldsymbol{r}=(V-V_0)\mathrm{e}^{-\beta\bar{\phi}}$, V_0 代表由于刚球不可入、在空间积分时应从总体积中扣除的部分.

(ii) 令 $V_0\equiv Nb,\bar{\phi}\equiv\frac{N^2}{V}a$,证明由上述 Z_N 计算的压强遵从范德瓦耳斯方程.①

---

① 参看 F. Reif, Fundamentals of Statistical and Thermal Physics, McGraw-Hill Book Co., 1965, p. 426. 该书对 $V_0=Nb,\bar{\phi}=\frac{N^2}{V}a$ 的选取亦有详细的讨论.

注：在原书§3.10中我们曾经看到，范德瓦耳斯方程所相应的临界指数与平均场理论的结果相同. 这里以更直接的方式说明了范德瓦耳斯方程是一个平均场理论.

解 (i) 在平均场近似下，气体的哈密顿量可近似表为

$$H_{\mathrm{mf}}=\sum_{i=1}^{N}\left\{\frac{\boldsymbol{p}_i^2}{2m}+\phi_{\mathrm{mf}}(\boldsymbol{r}_i)\right\},\tag{1}$$

从形式上看公式(1)与处于外场中的理想气体的哈密顿量相似. 这里平均场 $\phi_{\mathrm{mf}}(\boldsymbol{r})$ 起了某种"外场"的作用. 在平均场近似下，正则系综的配分函数为

$$\begin{aligned}Z_N&=\frac{1}{N!h^{3N}}\int\cdots\int \mathrm{e}^{-\beta H_{\mathrm{mf}}}\mathrm{d}^3\boldsymbol{r}_1\cdots\mathrm{d}^3\boldsymbol{r}_N\mathrm{d}^3\boldsymbol{p}_1\cdots\mathrm{d}^3\boldsymbol{p}_N\\&=\frac{1}{N!}\left\{\frac{1}{h^3}\iint \mathrm{e}^{-\beta[\boldsymbol{p}^2/2m+\phi_{\mathrm{mf}}(\boldsymbol{r})]}\mathrm{d}^3\boldsymbol{r}\mathrm{d}^3\boldsymbol{p}\right\}^N\\&=\frac{Z^N}{N!},\end{aligned}\tag{2}$$

其中 Z 为子系(即分子)配分函数

$$\begin{aligned}Z&=\frac{1}{h^3}\iint \mathrm{e}^{-\beta[\boldsymbol{p}^2/2m+\phi_{\mathrm{mf}}(\boldsymbol{r})]}\mathrm{d}^3\boldsymbol{r}\mathrm{d}^3\boldsymbol{p}\\&=\frac{1}{h^3}\left(\frac{2\pi m}{\beta}\right)^{3/2}\int \mathrm{e}^{-\beta\phi_{\mathrm{mf}}(\boldsymbol{r})}\mathrm{d}^3\boldsymbol{r},\end{aligned}\tag{3}$$

以上第二步已完成对动量的积分.

今对平均场作进一步简化，设 $\phi_{\mathrm{mf}}(\boldsymbol{r})$ 取下列形式

$$\phi_{\mathrm{mf}}(\boldsymbol{r})=\begin{cases}\infty, & 当\ r<r_0,\\ \bar{\phi}, & 当\ r\geqslant r_0,\end{cases}\tag{4}$$

其中 $\bar{\phi}$ 为一常数. 将(4)式代入(3)式的空间积分中，注意到当 $r<r_0$ 时，$\mathrm{e}^{-\beta\phi_{\mathrm{mf}}(\boldsymbol{r})}=0$，故有

$$\int \mathrm{e}^{-\beta\phi_{\mathrm{mf}}(\boldsymbol{r})}\mathrm{d}^3\boldsymbol{r}=\int_{(V-V_0)}\mathrm{e}^{-\beta\bar{\phi}}\mathrm{d}^3\boldsymbol{r}=\mathrm{e}^{-\beta\bar{\phi}}(V-V_0).\tag{5}$$

由(4)式表示的平均场代表具有平均作用势 $\bar{\phi}$ 的刚球，其中 r_0 为刚球直径. 由于刚球不可入，如图所示，虚线以内是其他分子不可进入的空间，其体积为 V_0，

$$V_0=\frac{4\pi}{3}r_0^3.\tag{6}$$

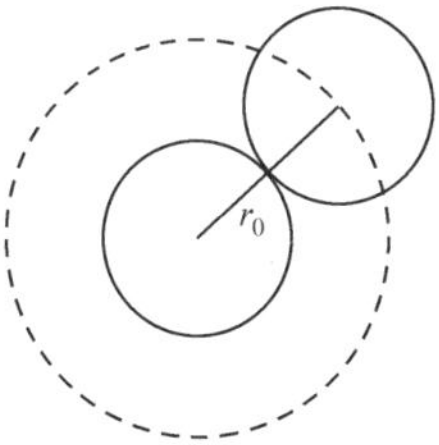

题 9.1 图

(5)式中$(V-V_0)$表示空间积分范围应从总体积 V 中扣除 V_0，即反映刚球分子不可入的那部分(即图中虚线球的体积). 将(5)式代入(3)式，得

$$Z=\frac{1}{h^3}\left(\frac{2\pi m}{\beta}\right)^{3/2}(V-V_0)\mathrm{e}^{-\beta\bar{\phi}}. \tag{7}$$

由(2)及(7)式，得

$$Z_N=\frac{1}{N!}\left[\frac{1}{h^3}\left(\frac{2\pi m}{\beta}\right)^{3/2}(V-V_0)\mathrm{e}^{-\beta\bar{\phi}}\right]^N.$$

(ii) $$\ln Z_N=N\left\{\ln(V-V_0)-\beta\bar{\phi}+\ln\frac{1}{h^3}\left(\frac{2\pi m}{\beta}\right)^{3/2}\right\}-\ln N!. \tag{8}$$

令

$$V_0=Nb,\quad \bar{\phi}=\frac{N}{V}a, \tag{9}$$

则得

$$\ln Z_N=N\ln(V-Nb)-\beta\frac{N^2a}{V}+N\ln\frac{1}{h^3}\left(\frac{2\pi m}{\beta}\right)^{3/2}-\ln N!. \tag{10}$$

将(10)式代入压强公式

$$\begin{aligned}p&=\frac{1}{\beta}\frac{\partial}{\partial V}\ln Z_N\\&=\frac{1}{\beta}\left\{\frac{N}{V-Nb}+\beta\frac{N^2a}{V^2}\right\}\\&=\frac{NkT}{V-Nb}+\frac{N^2a}{V^2},\end{aligned} \tag{11}$$

亦即

$$\left(p-\frac{N^2a}{V^2}\right)(V-Nb)=NkT. \tag{12}$$

这样就证明了范德瓦耳斯方程是平均场近似的结果.

*9.2 伊辛模型的哈密顿量为

$$H=-J\sum_{\langle ij\rangle}s_is_j-\mu\mathscr{H}\sum_i s_i,$$

在平均场近似下(即原书公式(9.1.10)与(9.1.11)),证明正则系综的配分函数为原书公式(9.1.14)

$$Z_N=\left[2\cosh\left(\frac{\mu\mathscr{H}}{kT}+\frac{zJ}{kT}\bar{s}\right)\right]^N,$$

以及确定 $\bar{s}$ 的自洽方程为原书公式(9.1.17)

$$\bar{s}=\tanh\left(\frac{\mu\mathscr{H}}{kT}+\frac{zJ}{kT}\bar{s}\right).$$

解 伊辛模型的哈密顿量为

$$H=-J\sum_{\langle ij\rangle}s_is_j-\mu\mathscr{H}\sum_i s_i. \tag{1}$$

平均场近似下,(1)式简化为

$$H_{\mathrm{MF}}=-\sum_{i=1}^N\mu(\mathscr{H}+\bar{h})s_i, \tag{2}$$

$$\bar{h}=\frac{zJ}{\mu}\bar{s}. \tag{3}$$

H_{MF}具有近独立子系哈密顿量的形式,不同的是,今 $\bar{h}$ 含有 $\bar{s}$,需要自洽确定.由(2)式,正则系综的配分函数为

$$\begin{aligned}Z_N&=\sum_{s_1}\sum_{s_2}\cdots\sum_{s_N}\exp\left\{\sum_i\mu(\mathscr{H}+\bar{h})s_i/kT\right\}\\&=\sum_{s_1}\sum_{s_2}\cdots\sum_{s_N}\prod_i e^{\mu(\mathscr{H}+\bar{h})s_i/kT}\\&=\prod_i\left(\sum_{s_i=\pm1}e^{\mu(\mathscr{H}+\bar{h})s_i}\right)\\&=\prod_i\left[e^{\mu(\mathscr{H}+\bar{h})/kT}+e^{-\mu(\mathscr{H}+\bar{h})/kT}\right]\\&=\left[2\cosh\left(\frac{\mu\mathscr{H}}{kT}+\frac{zJ}{kT}\bar{s}\right)\right]^N.\end{aligned} \tag{4}$$

平均场近似下系统的自由能为

$$F = -kT\ln Z_N$$
$$= -NkT\left[\ln 2 + \ln\cosh\left(\frac{\mu\mathscr{H}}{kT} + \frac{zJ}{kT}\bar{s}\right)\right], \tag{5}$$

系统总磁矩的平均值为

$$\bar{\mathscr{M}} = N\mu\bar{s} = -\left(\frac{\partial F}{\partial\mathscr{H}}\right)_T = N\mu\tanh\left(\frac{\mu\mathscr{H}}{kT} + \frac{zJ}{kT}\bar{s}\right), \tag{6}$$

由上式得确定 $\bar{s}$ 的自洽方程

$$\bar{s} = \tanh\left(\frac{\mu\mathscr{H}}{kT} + \frac{zJ}{kT}\bar{s}\right). \tag{7}$$

*9.3 证明伊辛模型在平均场近似下的临界指数为 $\beta=\frac{1}{2}$，$\alpha=0,\gamma=1,\delta=3$.

解 详细推导见原书 9.1.3 小节，此处只列出要点.

(a) 由自洽方程

$$\bar{s} = \tanh\left(\frac{\mu\mathscr{H}}{kT} + \frac{zJ}{kT}\bar{s}\right), \tag{1}$$

当 $\mathscr{H}=0$ 时，(1)式化为

$$\bar{s} = \tanh\left(\frac{zJ}{kT}\bar{s}\right), \tag{2}$$

其中 $\bar{s}=\bar{\mathscr{M}}(T,0)/N\mu$. 对方程(2)，用作图法可解出

$$\frac{1}{N\mu}\bar{\mathscr{M}}(T,0) = \begin{cases} 0, & \text{当 } T > T_c, \\ \pm\bar{s}_0, & \text{当 } T < T_c. \end{cases} \tag{3}$$

(b) 考查 $T\to T_c^-$ 时序参量的行为，因 $T\to T_c^-$ 时，$\bar{s}$ 是接近于零的小量，由展开式

$$\tanh \approx x - \frac{x^3}{3} \quad (x \ll 1), \tag{4}$$

可解得

$$\bar{s} = \sqrt{3}(T_c - T)^{1/2} \quad (T \to T_c^-), \tag{5}$$

即有

$$\bar{\mathscr{M}} \sim (T_c - T)^{1/2} \quad (T \to T_c^-), \tag{6}$$

与临界指数 β 的定义比较，即得

$$\beta = \frac{1}{2}. \tag{7}$$

(c) 由自由能 F 求出 $\bar{E}$,进而求出 $C_{\mathscr{H}}$. 再利用 $T \to T_c$ 时 $\bar{s}$ 的解(见原书公式(9.1.26))

$$\bar{s} = \begin{cases} 0, & \text{当 } T \to T_c^+, \\ \sqrt{3}\left(1 - \dfrac{T}{T_c}\right)^{1/2}, & \text{当 } T \to T_c^-, \end{cases} \tag{8}$$

可得

$$C_{\mathscr{H}} = \begin{cases} 0, & \text{当 } T \to T_c^+, \\ 3NkT_c, & \text{当 } T \to T_c^-, \end{cases} \tag{9}$$

上式表明在 $T = T_c$ 处,$C_{\mathscr{H}}$ 有一有限的跃度. 与临界指数 α 的定义式比较(参看原书 3.10.1 小节),即得

$$\alpha = 0. \tag{10}$$

(d) 为了确定临界指数 γ 与 δ,必须考查 $\mathscr{H} \neq 0$ 的情形. 由

$$\bar{\mathscr{M}} = N\mu\bar{s}, \tag{11}$$

$$\chi = \frac{\partial \bar{\mathscr{M}}}{\partial \mathscr{H}} = N\mu \frac{\partial \bar{s}}{\partial \mathscr{H}}, \tag{12}$$

由自洽方程(1)出发,对 $\mathscr{H}$ 求偏微商,得

$$\frac{\partial \bar{s}}{\partial \mathscr{H}} = (1 - \tanh^2 y)\left(\frac{\mu}{kT} + \frac{T_c}{T}\frac{\partial \bar{s}}{\partial \mathscr{H}}\right), \tag{13}$$

其中

$$y = \frac{\mu\mathscr{H}}{kT} + \frac{T_c}{T}\bar{s}, \tag{14}$$

由(13)式,可得

$$\begin{aligned} \chi &= \frac{N\mu^2}{kT} \frac{(1 - \tanh^2 y)}{1 - \dfrac{T_c}{T}(1 - \tanh^2 y)} \\ &= \frac{N\mu^2}{k} \frac{1 - \bar{s}^2}{T - T_c + T_c\bar{s}^2}. \end{aligned} \tag{15}$$

以上第二步再次利用了自洽方程(1). 注意到临界指数 γ 定义中所针对的是零场磁化率,即指 $\mathscr{H} \to 0$ 时的 χ,故在讨论 $T \to T_c$ 的极限时,可以用 $\mathscr{H} = 0$ 时的解 $\bar{s}$,即公式(8)代入(15)式(必须先考查 $\mathscr{H} \neq 0$ 时

的 χ，再取 $\mathscr{H}\to 0$ 极限！).

当 $T\to T_c^+$ 时，$\bar{s}=0$，代入(15)式，得

$$\chi=\frac{N\mu^2}{k}\frac{1}{T-T_c}=\frac{C}{T-T_c}\sim(T-T_c)^{-1}\quad(T\to T_c^+),\tag{16}$$

当 $T\to T_c^-$ 时，将 $\bar{s}=\sqrt{3}\left(1-\frac{T}{T_c}\right)^{1/2}$ 代入(15)式，得

$$\chi=\frac{N\mu^2}{k}\frac{1-3\left(1-\frac{T}{T_c}\right)}{T-T_c+3T_c\left(1-\frac{T}{T_c}\right)}$$

$$\approx\frac{N\mu^2}{2k}\frac{1}{T_c-T}\sim(T_c-T)^{-1}\quad(T\to T_c^-),\tag{17}$$

将(16)、(17)式与临界指数 γ 的定义比较，即得

$$\gamma=1.\tag{18}$$

(e) 考查 $T=T_c$，$\mathscr{H}\approx 0$ 时，$\bar{\mathscr{M}}$ 与 $\mathscr{H}$ 的关系. 这时(1)式化为

$$\bar{s}=\tanh\left(\frac{\mu\mathscr{H}}{kT_c}+\bar{s}\right),\tag{19}$$

再次利用展开式(4)，得

$$\bar{s}\approx\frac{\mu\mathscr{H}}{kT_c}+\bar{s}-\frac{1}{3}\left(\frac{\mu\mathscr{H}}{kT_c}+\bar{s}\right)^3,\tag{20}$$

略去 $\left(\frac{\mu\mathscr{H}}{kT_c}+\bar{s}\right)^3$ 中含 $\mu\mathscr{H}$ 的项，即得 $\bar{s}\sim\mathscr{H}^{1/3}$，于是有

$$\bar{\mathscr{M}}(T_c,\mathscr{H})\sim\mathscr{H}^{1/3},\tag{21}$$

与临界指数 δ 的定义比较，即得

$$\delta=3.\tag{22}$$

* **9.4**　对一维伊辛模型，在磁场为零的情况下，由原书公式(9.2.10)、(9.2.11)，证明在热力学极限下，正则系综的配分函数为

$$Z_N=2^N\left(\cosh\frac{J}{kT}\right)^N,$$

并由此计算自由能、内能、熵与热容.

解　重新把原书公式(9.2.10)与(9.2.11)列于下：

$$\lambda_\pm=e^{J/kT}\left\{\cosh\left(\frac{\mu\mathscr{H}}{kT}\right)\pm\sqrt{\cosh^2\left(\frac{\mu\mathscr{H}}{kT}\right)-2e^{-2J/kT}\sinh\left(\frac{2J}{kT}\right)}\right\},\tag{1}$$

$$Z_N = \lambda_+^N \left[1 + \left(\frac{\lambda_-}{\lambda_+}\right)^N\right], \tag{2}$$

其中 $\lambda_\pm$ 是转移矩阵 $\hat{\boldsymbol{P}}$ 的两个本征值，$\lambda_+ > \lambda_-$. 在热力学极限下(即 $N \to \infty$ 的极限下)，$\left(\frac{\lambda_-}{\lambda_+}\right)^N$ 项可以略去，于是有

$$Z_N = \lambda_+^N, \tag{3}$$

当 $\mathscr{H}=0$ 时，

$$\lambda_+ = e^{J/kT} + e^{-J/kT} = 2\cosh\left(\frac{J}{kT}\right). \tag{4}$$

故在热力学极限下

$$Z_N = 2^N \left(\cosh\frac{J}{kT}\right)^N. \tag{5}$$

*9.5　对一维伊辛模型，磁场为零时：

(i) 若取周期性边界条件，即令 $s_{N+1} = s_1$，其哈密顿量为

$$H = -J\sum_{i=1}^{N} s_i s_{i+1},$$

其正则系综的配分函数为

$$Z_N = \sum_{s_1=\pm 1} \cdots \sum_{s_N=\pm 1} \exp\{Ks_1s_2 + Ks_2s_3 + \cdots + Ks_Ns_1\}$$

$$(K \equiv J/kT),$$

利用恒等式

$e^{Kss'} \equiv \cosh K + ss'\sinh K$　(对 s, s' 取 ± 1 的任何值均成立)，

又利用 $s_i = \pm 1, s_i^2 = 1$，故 $\sum\limits_{s_i=\pm 1} s_i = 0, \sum\limits_{s_i=\pm 1} s_i^2 = 2$，试证明

$$Z_N = 2^N\{(\cosh K)^N + (\sinh K)^N\},$$

并证明在 $N \to \infty$ 的极限下(即热力学极限下)，对 $T > 0$ 的一切温度，有

$$Z_N = 2^N(\cosh K)^N.$$

(ii) 若取自由边界条件，即 s_1 与 s_N 可以独立取值，此时 H 为

$$H = -J(s_1s_2 + s_2s_3 + \cdots + s_{N-1}s_N),$$

相应有

$$Z_N = \sum_{s_1=\pm 1} \cdots \sum_{s_N=\pm 1} \exp\{Ks_1s_2 + Ks_2s_3 + \cdots + Ks_{N-1}s_N\}.$$

证明：

$$Z_N = 2^N(\cosh K)^N.$$

即与周期性边条件下的结果(在热力学极限下)相同.这告诉我们,在热力学极限下,配分函数(因而一切热力学量)与边界条件的选择无关.

解 (i) 取周期性边条件,即令 $s_{N+1}=s_1$,则有

$$Z_N = \sum_{s_1}\sum_{s_2}\cdots\sum_{s_N}\exp\{Ks_1s_2 + Ks_2s_3 + \cdots + Ks_Ns_1\}, \tag{1}$$

其中 $K=J/kT$. 利用恒等式

$$\begin{aligned} e^{Kss'} &= \frac{1}{2}(e^{Kss'} + e^{-Kss'}) + \frac{1}{2}(e^{Kss'} - e^{-Kss'}) \\ &= \cosh(Kss') + \sinh(Kss'), \end{aligned} \tag{2}$$

注意到 s 与 s' 的取值均为 ± 1,故 ss' 的取值也只能是 ± 1: 若 $s=s'$,则 $ss'=+1$;若 $s\neq s'$,则 $ss'=-1$. 又因

$$\begin{cases} \cosh(\pm K) = \cosh K, \\ \sinh(\pm K) = \pm \sinh K, \end{cases} \tag{3}$$

故(2)式可表为

$$e^{Kss'} = \cosh K + ss'\sinh K. \tag{4}$$

将(1)式各指数因子按(4)式表达,并相乘,得

$$\begin{aligned} Z_N = \sum_{s_1}\sum_{s_2}\cdots\sum_{s_N}\Big\{ &(\cosh K)^N \\ &+ \cosh K^{N-1}(s_1s_2 + s_2s_3 + \cdots + s_Ns_1)\sinh K \\ &+ \cdots \\ &+ (s_1^2s_2^2\cdots s_N^2)(\sinh K)^N\Big\}. \end{aligned} \tag{5}$$

因 $s_i=\pm 1, s_i^2=1$,故有

$$\begin{cases} \displaystyle\sum_{s_i=\pm 1} s_i = 0, \\ \displaystyle\sum_{s_i=\pm 1} s_i^2 = 2. \end{cases} \tag{6}$$

(5)式中除首末两项外对自旋求和均为零,最后得

$$Z_N = 2^N(\cosh K)^N + 2^N(\sinh K)^N$$

$$= 2^N(\cosh K)^N\left[1+\left(\frac{\sinh K}{\cosh K}\right)^N\right]. \tag{7}$$

对于 $T>0$ 的一切温度,有

$$\frac{\sinh K}{\cosh K}<1, \tag{8}$$

故在热力学极限下,(7)式右边第二项趋于零,于是得

$$Z_N = 2^N(\cosh K)^N. \tag{9}$$

(ii) 若选自由边条件,则 Z_N 可表为

$$Z_N = \sum_{s_1}\sum_{s_2}\cdots\sum_{s_N}\exp\{Ks_1s_2+Ks_2s_3+\cdots+Ks_{N-1}s_N\}, \tag{10}$$

与周期性边条件的情况不同,今两端的自旋 s_1 与 s_N 均只出现一次,对它们的求和很容易完成. 比如从包含 s_1 的项开始,

$$Z_N = \left(\sum_{s_1}e^{Ks_1s_2}\right)\sum_{s_2}\cdots\sum_{s_N}\exp\{Ks_2s_3+\cdots+Ks_{N-1}s_N\}, \tag{11}$$

利用(4)式,

$$\sum_{s_1=\pm1}e^{Ks_1s_2} = \sum_{s_1=\pm1}(\cosh K+s_1s_2\sinh K) = 2\cosh K, \tag{12}$$

无论 s_2 取什么值,上式中含 $\sinh K$ 的项求和后总是零. 将(11)式从对 s_1 自旋求和开始,逐个完成对 $s_2, s_3, \cdots, s_N$ 的求和(也可以反过来做,从 s_N 开始,然后逐个完成对 $s_{N-1}, \cdots, s_2, s_1$ 的求和),最后可得

$$Z_N = (2\cosh K)^N. \tag{13}$$

如果不取热力学极限,(13)式与(7)式不同. 只有在热力学极限下,(7)式化为(9)式,而与(13)式相同. 表明在热力学极限下的结果与边条件的选取无关.

9.6 根据一维伊辛模型严格解求得的自由能,求在 $\mathscr{H}=0, T\to 0$ 时的极限,并进而证明一维伊辛模型在 $\mathscr{H}=0$ 时的基态为铁磁态.

解 由原书公式(9.2.13),一维伊辛模型严格解所得的自由能为

$$F = -NJ - NkT\left\{\cos h\left(\frac{\mu\mathscr{H}}{kT}\right)+\sqrt{\sin h^2\left(\frac{\mu\mathscr{H}}{kT}\right)+e^{-4J/kJ}}\right\}. \tag{1}$$

在 $\mathscr{H}=0, T\to 0$ 时,F 的极限为

$$F = -NJ. \tag{2}$$

由于 $F\equiv\bar{E}-TS$，在 $T\to0$ 时，$F=\bar{E}$. 这表明 N 个自旋的取向必定是相同的，亦即一维伊辛模型在 $\mathscr{H}=0,T\to0$ 时的最低能态（基态）是铁磁态.

***9.7** 对伊辛模型，证明磁化率 χ 与自旋关联函数 $g(i,j)\equiv\overline{(s_i-\bar{s}_i)(s_j-\bar{s}_j)}$ 有下列关系（原书公式(9.4.2)）：

$$\chi=\beta\mu^2\sum_i\sum_j g(i,j).$$

解 系统的哈密顿量

$$H=-J\sum_{\langle ij\rangle}s_is_j-\mathscr{H}\mu\sum_i s_i \tag{1}$$

可以写成

$$H=-J\sum s_is_j-\mathscr{H}\mathscr{M}, \tag{2}$$

其中

$$\mathscr{M}=\mu\sum_i s_i \tag{3}$$

为系统的微观总磁矩.

正则系综的几率分布为

$$\rho=\frac{1}{Z_N}\mathrm{e}^{-\beta H}, \tag{4}$$

$$Z_N=\sum_{\{s_i\}}\mathrm{e}^{-\beta H}=\sum_{\{s_i\}}\exp\left\{\beta J\sum s_is_j+\beta\mathscr{H}\mathscr{M}\right\}. \tag{5}$$

对 $\mathscr{M}$ 求平均，有

$$\begin{aligned}\bar{\mathscr{M}}&=\sum_{\{s_i\}}\mathscr{M}\rho\\&=\frac{1}{Z_N}\sum_{\{s_i\}}\mathscr{M}\exp\left\{\beta J\sum s_is_j+\beta\mathscr{H}\mathscr{M}\right\}\\&=\frac{1}{\beta}\frac{1}{Z_N}\frac{\partial}{\partial\mathscr{H}}\sum_{\{s_i\}}\exp\left\{\beta J\sum s_is_j+\beta\mathscr{H}\mathscr{M}\right\}\\&=\frac{1}{\beta}\frac{1}{Z_N}\frac{\partial Z_N}{\partial\mathscr{H}},\end{aligned} \tag{6}$$

$$\begin{aligned}\chi&=\frac{\partial\bar{\mathscr{M}}}{\partial\mathscr{H}}\\&=-\frac{1}{\beta}\frac{1}{Z_N^2}\frac{\partial Z_N}{\partial\mathscr{H}}\cdot\frac{\partial Z_N}{\partial\mathscr{H}}+\frac{1}{\beta}\frac{1}{Z_N}\frac{\partial^2Z_N}{\partial\mathscr{H}^2}\end{aligned}$$

$$=-\beta\left(\frac{1}{\beta}\frac{1}{Z_N}\frac{\partial Z_N}{\partial \mathscr{H}}\right)^2+\beta\frac{1}{\beta^2}\frac{1}{Z_N}\frac{\partial^2 Z_N}{\partial \mathscr{H}^2}$$

$$=-\beta\bar{\mathscr{M}}^2+\beta\overline{\mathscr{M}^2}. \tag{7}$$

上式右边第二项推导过程如下：

$$\frac{1}{\beta^2}\frac{1}{Z_N}\frac{\partial^2 Z_N}{\partial \mathscr{H}^2}=\frac{1}{\beta^2}\frac{1}{Z_N}\frac{\partial^2}{\partial \mathscr{H}^2}\sum_{\{s_i\}}\exp\left\{\beta J\sum s_i s_j+\beta\mathscr{H}\mathscr{M}\right\}$$

$$=\frac{1}{Z_N}\sum_{\{s_i\}}\mathscr{M}^2\exp\left\{\beta J\sum s_i s_j+\beta\mathscr{H}\mathscr{M}\right\}$$

$$=\sum_{\{s_i\}}\mathscr{M}^2\rho$$

$$=\overline{\mathscr{M}^2}. \tag{8}$$

由(7)式，有

$$\chi=\beta(\overline{\mathscr{M}^2}-\bar{\mathscr{M}}^2)=\beta\,\overline{(\mathscr{M}-\bar{\mathscr{M}})^2}, \tag{9}$$

$$\overline{(\mathscr{M}-\bar{\mathscr{M}})^2}=\overline{\left[\mu\sum_i(s_i-\bar{s}_i)\right]^2}$$

$$=\mu^2\sum_{i,j}\overline{(s_i-\bar{s}_i)(s_j-\bar{s}_j)}$$

$$=\mu^2\sum_{i,j}g(i,j), \tag{10}$$

其中

$$g(i,j)\equiv\overline{(s_i-\bar{s}_i)(s_j-\bar{s}_j)}. \tag{11}$$

由(9)、(10)式，最后得

$$\chi=\beta\mu^2\sum_i\sum_j g(i,j). \tag{12}$$

***9.8**　根据原书 § 9.4，对伊辛模型：

(i) 证明在平均场近似下，关联函数 $g(\boldsymbol{r})$ 的傅里叶变换 $\tilde{g}(\boldsymbol{k})$ 在临界点 $T=T_c$ 遵从幂律行为

$$\tilde{g}(\boldsymbol{k})\sim k^{-2},$$

因而相应的临界指数 $\eta=0$；

(ii) 证明在临界点的邻域，关联函数遵从

$$g(\boldsymbol{r})\sim\frac{1}{r}\mathrm{e}^{-r/\xi},$$

其中关联长度 ξ 满足

$$\xi \sim (T - T_c)^{-\frac{1}{2}},$$

因而相应的临界指数 $\nu = \dfrac{1}{2}$.

解 详细推导见原书 9.4.2 小节,此处只列出要点.

(i) (a) 如果平均场近似按

$$h_i \equiv \frac{J}{\mu}\sum_j{}' s_j \to \bar{h}_i = \frac{J}{\mu}\sum_j{}' \bar{s}_j \to \bar{h} = \frac{zJ}{\mu}\bar{s}, \tag{1}$$

则自旋涨落被完全忽略.

今仍在平均场近似的框架下,但设法把自旋涨落的效果给予部分反映.具体做法是考虑到由于涨落,使 $\bar{s}_j \neq \bar{s}_i$,但假定 $\bar{s}_i$ 随空间的变化是缓慢的.结果可得

$$\bar{h}_i = \frac{zJ}{\mu}\bar{s}_i + \frac{Ja^2}{\mu}\nabla^2 \bar{s}_i, \tag{2}$$

上式右方第二项反映了 $\bar{s}_i$ 的空间变化,它是由自旋涨落引起的.

(b) 考虑了涨落修正的平均场近似下的有效哈密顿量为

$$H_{\text{eff}} = -\sum_i \mu(\mathscr{H}_i + \bar{h}_i)s_i, \tag{3}$$

从(3)式出发可以导出确定 $\bar{s}_i$ 的自洽方程

$$\bar{s}_i = \tanh\left(\frac{\mu\mathscr{H}_i}{kT} + \frac{zJ}{kT}\bar{s}_i + \frac{a^2 J}{kT}\nabla^2 \bar{s}_i\right). \tag{4}$$

(c) 考查在临界点($T = T_c$, $\mathscr{H} = 0$)的邻域自洽方程的解的行为.从(4)式可导出其等价形式

$$(t - ca^2\nabla^2)g(i,j) = \delta_{ij}, \tag{5}$$

其中 $t = (T - T_c)/T_c$, $c = 1/z$.

(d) 忽略系统中小的不均匀性(注意不能一开始就忽略),则两点关联函数只依赖于两点之间的距离,即

$$g(i,j) = g(\boldsymbol{r}_j - \boldsymbol{r}_i) = g(\boldsymbol{r}) \quad (\boldsymbol{r} = \boldsymbol{r}_j - \boldsymbol{r}_i), \tag{6}$$

作傅里叶变换

$$g(\boldsymbol{r}) = \frac{1}{V}\sum_{\boldsymbol{k}} \tilde{g}(\boldsymbol{k})e^{-i\boldsymbol{k}\cdot\boldsymbol{r}}, \tag{7}$$

$$\delta_{ij} = \frac{a^3}{V}\sum_{\boldsymbol{k}} e^{-i\boldsymbol{k}\cdot\boldsymbol{r}}, \tag{8}$$

则方程(5)化为

$$(t + ca^2k^2)\widetilde{g}(k) = a^3, \tag{9}$$

得

$$\widetilde{g}(k) = \frac{a^3}{t + ca^2k^2}. \tag{10}$$

在临界点,$t=0$,则得

$$\widetilde{g}(k) \sim k^{-2}. \tag{11}$$

与临界指数 η 的定义式(原书公式(9.3.6))

$$\widetilde{g}(k) \sim k^{-2+\eta} \tag{12}$$

比较,即得

$$\eta = 0. \tag{13}$$

(ii) 对(10)式作逆傅里叶变换,得

$$g(r) \sim \frac{1}{r}e^{-r/\xi}, \tag{14}$$

其中

$$\xi = \sqrt{\frac{ca^2}{t}} \sim t^{-\frac{1}{2}} \sim (T - T_c)^{-\frac{1}{2}}, \tag{15}$$

与临界指数 ν 的定义式(原书公式(9.3.4))

$$\xi \sim | T - T_c |^{-\nu} \tag{16}$$

比较,即得

$$\nu = \frac{1}{2}. \tag{17}$$

第十章 非平衡态统计理论

10.1 玻尔兹曼积分微分方程即原书(10.1.32)式的适用条件是什么？在推导中这些条件用在什么地方？

解 见原书10.1.5小节.

10.2 按照推导元碰撞数(10.1.22)式同样考虑，一个速度为$\boldsymbol{v}_1$、质量为m_1的分子在单位时间内与速度处于$\mathrm{d}^3\boldsymbol{v}_2$内、质量为$m_2$的分子在立体角元$\mathrm{d}\Omega$内的碰撞数为

$$\mathrm{d}\Theta_{12}=f_2\mathrm{d}^3\boldsymbol{v}_2d_{12}^2g_{12}\cos\theta\mathrm{d}\Omega.$$

(i) 由上式，证明一个速度为$\boldsymbol{v}_1$的m_1分子在单位时间内与m_2分子的碰撞数为

$$\Theta_{12}=\iint f_2\mathrm{d}^3\boldsymbol{v}_2d_{12}^2g_{12}\cos\theta\mathrm{d}\Omega=\pi d_{12}^2\int f_2g_{12}\mathrm{d}^3\boldsymbol{v}_2.$$

(ii) Θ_{12}与m_1分子的速度$\boldsymbol{v}_1$有关，对$\boldsymbol{v}_1$的平均为

$$\bar{\Theta}_{12}=\frac{1}{n_1}\int\Theta_{12}f_1\mathrm{d}^3\boldsymbol{v}_1.$$

$\bar{\Theta}_{12}$代表一个m_1分子在单位时间内与m_2分子的平均碰撞数，现设气体处于平衡态，已知

$$f_1=n_1\left(\frac{m_1}{2\pi kT}\right)^{3/2}\mathrm{e}^{-\frac{m_1v_1^2}{2kT}},\quad f_2=n_2\left(\frac{m_2}{2\pi kT}\right)^{3/2}\mathrm{e}^{-\frac{m_2v_2^2}{2kT}},$$

于是得

$$\bar{\Theta}_{12}=\pi d_{12}^2\frac{n_2(m_1m_2)^{3/2}}{(2\pi kT)^3}\iint\mathrm{e}^{-\frac{m_1v_1^2+m_2v_2^2}{2kT}}g_{12}\mathrm{d}^3\boldsymbol{v}_1\mathrm{d}^3\boldsymbol{v}_2.$$

以两分子的质心速度$\boldsymbol{v}_\mathrm{c}$和相对速度$\boldsymbol{v}_\mathrm{r}$为独立变量，$\boldsymbol{v}_\mathrm{c}$与$\boldsymbol{v}_\mathrm{r}$的定义为

$$(m_1+m_2)\boldsymbol{v}_\mathrm{c}=m_1\boldsymbol{v}_1+m_2\boldsymbol{v}_2,\quad \boldsymbol{v}_\mathrm{r}=\boldsymbol{v}_2-\boldsymbol{v}_1.$$

证明：

$$m_1\boldsymbol{v}_1^2+m_2\boldsymbol{v}_2^2=(m_1+m_2)\boldsymbol{v}_c^2+\frac{m_1m_2}{m_1+m_2}\boldsymbol{v}_r^2,$$

$$d^3\boldsymbol{v}_1d^3\boldsymbol{v}_2=d^3\boldsymbol{v}_cd^3\boldsymbol{v}_r.$$

最后证明:

$$\bar{\Theta}_{12}=\left(1+\frac{m_1}{m_2}\right)^{\frac{1}{2}}\pi n_2d_{12}^2\bar{v}_1\quad\left(\bar{v}_1=\sqrt{\frac{8kT}{\pi m_1}}\right).$$

(iii) 若气体中只有一种分子,则上式化为

$$\bar{\Theta}=\sqrt{2}\pi nd^2\bar{v}.$$

$\bar{\Theta}$ 代表处于平衡态的气体中一个分子在单位时间内的平均碰撞数. 试用上式估计在 0℃与 1 atm 下,一个氧分子的平均碰撞数. 已知氧分子的 $d=3.62\times10^{-8}$ cm,$\frac{k}{m}=\frac{R}{m^+}$,$m^+=32$ 为氧的分子量,R 为气体常数.

解 (i) $$d\Theta_{12}=f_2d^3\boldsymbol{v}_2d_{12}^2g_{12}\cos\theta d\Omega,\tag{1}$$

其中 $d_{12}=\frac{1}{2}(d_1+d_2)$,$g_{12}=|\boldsymbol{g}_{12}|=|\boldsymbol{v}_1-\boldsymbol{v}_2|$,$d\Omega=\sin\theta d\theta d\Omega$.

将(1)式对 $d\Omega$ 与 $d^3\boldsymbol{v}_2$ 积分,得

$$\begin{aligned}\Theta_{12}&=\int d\Theta_{12}=\int f_2d^3\boldsymbol{v}_2d_{12}^2g_{12}\cos\theta d\Omega\\&=d_{12}^2\int f_2g_{12}d^3\boldsymbol{v}_2\int_0^{2\pi}d\varphi\int_0^{\pi/2}\cos\theta\sin\theta d\theta\\&=\pi d_{12}^2\int f_2g_{12}d^3\boldsymbol{v}_2.\end{aligned}\tag{2}$$

(ii) $$\Theta_{12}=\int\Theta_{12}f_1d^3\boldsymbol{v}_1\bigg/\int f_1d^3\boldsymbol{v}_1=\frac{1}{n_1}\int\Theta_{12}f_1d^3\boldsymbol{v}_1.\tag{3}$$

当气体处于平衡态时,f_1,f_2 均为麦克斯韦分布,即

$$f_1=n_1\left(\frac{m_1}{2\pi kT}\right)^{3/2}e^{-m_1\boldsymbol{v}_1^2/2kT},\tag{4}$$

$$f_2=n_2\left(\frac{m_2}{2\pi kT}\right)^{3/2}e^{-m_2\boldsymbol{v}_2^2/2kT},\tag{5}$$

将(2),(4)和(5)式代入(3)式,得

$$\Theta_{12}=\pi d_{12}^2\frac{n_2(m_1m_2)^{3/2}}{(2\pi kT)^3}\iint e^{-(m_1\boldsymbol{v}_1^2+m_2\boldsymbol{v}_2^2)/2kT}g_{12}d^3\boldsymbol{v}_1d^3\boldsymbol{v}_2.\tag{6}$$

由两个分子的质心速度 $\boldsymbol{v}_c$ 与相对速度 $\boldsymbol{v}_r$ 的定义,得

$$\boldsymbol{v}_1 = \boldsymbol{v}_c - \frac{m_2}{M}\boldsymbol{v}_r, \tag{7}$$

$$\boldsymbol{v}_2 = \boldsymbol{v}_c - \frac{m_1}{M}\boldsymbol{v}_r, \tag{8}$$

其中 $M=m_1+m_2$. 易证

$$m_1\boldsymbol{v}_1^2 + m_2\boldsymbol{v}_2^2 = M\boldsymbol{v}_c^2 + \mu\boldsymbol{v}_r^2, \tag{9}$$

其中 $\mu=m_1m_2/(m_1+m_2)$.

根据多重积分的变量变换,有

$$d^3\boldsymbol{v}_1 d^3\boldsymbol{v}_2 = |J| d^3\boldsymbol{v}_c d^3\boldsymbol{v}_r, \tag{10}$$

其中

$$\begin{aligned}
J &= \frac{\partial(v_{1x}, v_{1y}, v_{1z}, v_{2x}, v_{2y}, v_{2z})}{\partial(v_{cx}, v_{cy}, v_{cz}, v_{rx}, v_{ry}, v_{rz})} \\
&= \begin{vmatrix}
1 & 0 & 0 & -\frac{m_2}{M} & 0 & 0 \\
0 & 1 & 0 & 0 & -\frac{m_2}{M} & 0 \\
0 & 0 & 1 & 0 & 0 & -\frac{m_2}{M} \\
1 & 0 & 0 & \frac{m_1}{M} & 0 & 0 \\
0 & 1 & 0 & 0 & \frac{m_1}{M} & 0 \\
0 & 0 & 1 & 0 & 0 & \frac{m_1}{M}
\end{vmatrix} \\
&= \left(\frac{m_1}{M}\right)^3 + 3\left(\frac{m_1}{M}\right)^2\left(\frac{m_2}{M}\right) + 3\left(\frac{m_1}{M}\right)\left(\frac{m_2}{M}\right)^2 + \left(\frac{m_2}{M}\right)^3 \\
&= \left(\frac{m_1}{M} + \frac{m_2}{M}\right)^3 = 1,
\end{aligned} \tag{11}$$

于是得

$$d^3\boldsymbol{v}_1 d^3\boldsymbol{v}_2 = d^3\boldsymbol{v}_c d^3\boldsymbol{v}_r, \tag{12}$$

(6)式化为

$$\bar{\Theta}_{12} = \pi d_{12}^2 \frac{n_2(m_1m_2)^{3/2}}{(2\pi kT)^{3/2}} \iint e^{-(M\boldsymbol{v}_c^2+\mu\boldsymbol{v}_r^2)/2kT} v_r d^3\boldsymbol{v}_c d^3\boldsymbol{v}_r. \tag{13}$$

又由

$$\int e^{-M\boldsymbol{v}_c^2/2kT}d^3\boldsymbol{v}_c = 4\pi\int_0^{\infty} e^{-Mv_c^2/2kT}v_c^2 dv_c = \left(\frac{2\pi kT}{M}\right)^{3/2}, \tag{14}$$

$$\int e^{-\mu\boldsymbol{v}_r^2/2kT}v_r d^2\boldsymbol{v}_r = 4\pi\int_0^{\infty} e^{-\mu v_r^2/2kT}v_r^3 dv_r = \frac{2\pi(2kT)^2}{\mu^2}, \tag{15}$$

将(14)、(15)式代入(13)式,得

$$\bar{\Theta}_{12} = \left(1+\frac{m_1}{m_2}\right)^{1/2}\pi n_2 d_{12}^2 \bar{v}_1, \tag{16}$$

其中

$$\bar{v}_1 = \sqrt{\frac{8kT}{\pi m_1}}. \tag{17}$$

(iii) 若气体中只有一种分子,则 $m_1=m_2=m, d_{12}=d, n_2=n$,(16)式化为

$$\bar{\Theta} = \sqrt{2}\pi nd^2\bar{v} = 4nd^2\sqrt{\frac{\pi kT}{m}}. \tag{18}$$

令 $m^+=N_A m$ 为分子量,又 $R=N_A k$,故

$$\frac{k}{m} = \frac{R}{m^+}, \tag{19}$$

于是有

$$\bar{\Theta} = 4nd^2\sqrt{\frac{\pi RT}{m^+}}. \tag{20}$$

在 0℃及 1 atm 下,$n=2.7\times10^{19}/\text{cm}^3$,$d$ 的单位取 cm,

$$\bar{\Theta} = 2.88\times10^{25}\frac{d^2}{\sqrt{m^+}}. \tag{21}$$

以氧气为例,氧的分子是 $m^+=32$,$d=3.62\times10^{-8}$ cm,得 0℃及1 atm 下

$$\bar{\Theta} = 6.67\times10^9. \tag{22}$$

即在标准状态,一个氧气分子每秒平均碰撞数为 6.67×10^9.

10.3 由细致平衡条件原书(10.2.18)式出发,导出平衡态的分布函数原书(10.2.25)式.

解 详细推导见原书 10.2.2 小节,此处只列出要点.

(a) 将细致平衡条件

$$f_1 f_2 = f_1' f_2' \tag{1}$$

取对数，得

$$\ln f_1 + \ln f_2 = \ln f_1' + \ln f_2'. \tag{2}$$

从(1)式到(2)式是把一个非线性的函数方程化为线性的函数方程，这是关键的一步. 由于线性方程满足叠加原理，只需找出其全部特解，再将它们线性组合，即得通解，从而得

$$\ln f = \alpha_0 + \boldsymbol{\alpha}_1 \cdot m\boldsymbol{v} + \alpha_4 \frac{1}{2} m v^2, \tag{3}$$

(3)式可改写为

$$f = C_0 \exp\left\{- C_4 \frac{1}{2} m(\boldsymbol{v} - \boldsymbol{C})^2\right\}. \tag{4}$$

(b) (4)式中包含 5 个待定常数：C_0，$\boldsymbol{C}=(C_1, C_2, C_3)$，$C_4$. 它们可以通过 5 个条件来确定：

$$n = \int f \mathrm{d}^3\boldsymbol{v}, \tag{5}$$

$$\boldsymbol{v}_0 = \frac{1}{n}\int \boldsymbol{v} f \mathrm{d}^3\boldsymbol{v}, \tag{6}$$

$$\frac{3}{2}kT = \frac{1}{n}\int \frac{m}{2}(\boldsymbol{v} - \boldsymbol{v}_0)^2 f \mathrm{d}^3\boldsymbol{v}, \tag{7}$$

其中(5)与(7)式各为 1 个条件，(6)式为 3 个条件. 最后可得

$$f = n\left(\frac{m}{2\pi kT}\right)^{3/2} \exp\{- m(\boldsymbol{v} - \boldsymbol{v}_0)^2/2kT\}. \tag{8}$$

10.4　对满足经典极限条件下的理想气体，证明平衡态下熵与 H 函数的关系为原书公式(10.2.34)，即

$$S = - kH + 常数.$$

解　见原书 10.2.3 小节.

10.5　对于经典稀薄气体，定义熵密度 $s(\boldsymbol{r},t)$，熵流密度 $\boldsymbol{J}_s$ 和熵产生率 θ 如下(见原书 § 10.3)：

$$s(\boldsymbol{r},t) = - k\int f \ln f \mathrm{d}^3\boldsymbol{v},$$

$$\boldsymbol{J}_s = - k\int \boldsymbol{v} f \ln f \mathrm{d}^3\boldsymbol{v},$$

$$\theta = - k\int (1 + \ln f)\left(\frac{\partial f}{\partial t}\right)_c \mathrm{d}^3\boldsymbol{v}.$$

试证明：

$$\frac{\partial s}{\partial t}+\nabla\cdot\boldsymbol{J}_s=\theta,$$

其中 $\theta\geqslant 0$.

解　见原书 § 10.3.

* **10.6**　原书 § 10.4 已证明，简并气体的细致平衡条件为公式(10.4.17)，即

$$\frac{f_1}{1+\eta f_1}\cdot\frac{f_2}{1+\eta f_2}=\frac{f_1'}{1+\eta f_1'}\cdot\frac{f_2'}{1+\eta f_2'},$$

其中 $\eta=+1$ 对应于理想玻色气体，$\eta=-1$ 对应于理想费米气体. 试由上述细致平衡条件出发，导出平衡态下的玻色分布与费米分布.

解　根据简并气体的 H 定理(见原书 § 10.4)，可以导出简并气体的细致平衡条件(见原书公式(10.4.17))

$$\frac{f_1}{1+\eta f_1}\cdot\frac{f_2}{1+\eta f_2}=\frac{f_1'}{1+\eta f_1'}\cdot\frac{f_2'}{1+\eta f_2'},\tag{1}$$

其中 $\eta=+1$ 与 $\eta=-1$ 分别对应玻色气体与费米气体.

细致平衡条件(1)是平衡态的必要充分条件，由(1)式出发可以导出简并气体平衡态的分布.

类似于对非简单气体由细致平衡条件导出平衡分布的办法(见原书 § 10.2)，将(1)式取对数，化为线性函数方程

$$\ln\frac{f_1}{1+\eta f_1}+\ln\frac{f_2}{1+\eta f_2}=\ln\frac{f_1'}{1+\eta f_1'}+\ln\frac{f_2'}{1+\eta f_2'},\tag{2}$$

方程(2)中各项是同一个函数 $\ln\dfrac{f}{1+\eta f}$，只是取不同的速度(或动量)变量. 由于(2)式是线性方程，其通解可由全部特解的线性组合构成. 于是通解可表为

$$\ln\frac{f}{1+\eta f}=-\alpha-\beta\varepsilon(\boldsymbol{p})+\beta\boldsymbol{v}_0\cdot\boldsymbol{p},\tag{3}$$

其中 5 个特解分别代表碰撞过程的 5 个守恒量，即粒子数、能量与动量(动量是矢量，有 3 个分量). 5 个组合系数分别取为 α，β 与 $\boldsymbol{v}_0$. (3)式可改写为

$$\frac{f}{1+\eta f}=\mathrm{e}^{-\alpha-\beta(\varepsilon(\boldsymbol{p})-\boldsymbol{v}_0\cdot\boldsymbol{p})},\tag{4}$$

即可解得

$$f=\frac{1}{\mathrm{e}^{\alpha+\beta(\varepsilon(\boldsymbol{p})-\boldsymbol{v}_0\cdot\boldsymbol{p})}-\eta},\tag{5}$$

上式中 $\eta=+1$ 与 $\eta=-1$ 分别对应玻色气体与费米气体. 将(5)式与平衡态的玻色分布与费米分布比较,可以看出(5)式中的参数 $\beta=-1/kT$,$\alpha=-\mu/kT$. 其中新出现的 $\boldsymbol{v}_0$ 代表气体宏观整体运动的速度(证明见后).

对于平衡态分布,f 不依赖于时间. 又因必须满足细致平衡条件,碰撞项为零,故玻尔兹曼方程中的运动项也应同时为零. 按原书§10.2 相同的论证,可以证明(为简单,设重力的影响可以忽略且无其他外力作用):

① 气体的温度必须是均匀的.

② $\boldsymbol{v}_0$ 的一般形式只能是

$$\boldsymbol{v}_0=\boldsymbol{a}+\boldsymbol{\omega}\times\boldsymbol{r},\tag{6}$$

其中 $\boldsymbol{a}$ 与 $\boldsymbol{\omega}$ 必须是常矢量,$\boldsymbol{a}$ 代表平动速度,$\boldsymbol{\omega}$ 代表转动的角速度. 只有当 $\boldsymbol{a}$ 与 $\boldsymbol{\omega}$ 均为常矢量时,这样的宏观整体运动速度才能保证气体处于平衡态.

③ 当 $\boldsymbol{\omega}\neq 0$,即整个气体存在刚体转动时,气体的密度将与离转轴的距离 r 有关,这将导致气体的化学势也与 r 有关.

最后证明 $\boldsymbol{v}_0$ 是气体宏观整体运动的速度. 为简单,设气体的宏观运动是匀速直线运动,且设 $\boldsymbol{v}_0$ 方向为 z 轴,又设 $\varepsilon(\boldsymbol{p})=\boldsymbol{p}^2/2m$. 于是

$$\begin{aligned}\varepsilon-\boldsymbol{v}_0\cdot\boldsymbol{p}&=\frac{1}{2m}(p_x^2+p_y^2+p_z^2)-v_0p_z\\&=\frac{1}{2m}(p_x^2+p_y^2)+\frac{1}{2m}(p_z-mv_0)^2-\frac{m}{2}v_0^2.\end{aligned}\tag{7}$$

令

$$p_x'=p_x,\quad p_y'=p_y,\quad p_z'=p_z-mv_0,\tag{8}$$

则(5)式的 f 可表为

$$f=\left\{\exp\left[\alpha'+\frac{\beta}{2m}(p_x'^2+p_y'^2+p_z'^2)\right]-\eta\right\}^{-1},\tag{9}$$

其中已令

$$\alpha'=\alpha-\beta\frac{m}{2}v_0^2.\tag{10}$$

动量 $\boldsymbol{p}'$的平均值为

$$\overline{\boldsymbol{p}'}=\iiint_{-\infty}^{\infty}\boldsymbol{p}'f\,\frac{\mathrm{d}^3\boldsymbol{p}'}{h^3}\Big/\iiint_{-\infty}^{\infty}f\,\frac{\mathrm{d}^3\boldsymbol{p}'}{h^3}.\tag{11}$$

注意到 f 是 p_x',p_y',p_z' 的偶函数,故有

$$\overline{p_x'}=\overline{p_y'}=\overline{p_z'}=0,\tag{12}$$

即得

$$\bar{p}_x=0,\quad \bar{p}_y=0,\quad \bar{p}_z=mv_0.\tag{13}$$

(13)式表明,每一粒子的平均动量为 $\bar{\boldsymbol{p}}=m\boldsymbol{v}_0$,亦即表明 $\boldsymbol{v}_0$ 代表气体的宏观整体运动速度.

10.7 考虑半导体中的低密度传导电子,设温度与密度均匀,在 x 方向加一均匀、弱静电场,并设电流已达到稳恒状态.由于假设传导电子的数密度低,满足非简并条件,故其零阶局域平衡分布为麦克斯韦分布,即

$$f^{(0)}(\boldsymbol{v})=n\left(\frac{m}{2\pi kT}\right)^{3/2}\mathrm{e}^{-\frac{mv^2}{2kT}},$$

为简单,设弛豫时间 τ 为常数(即忽略 τ 随速度的变化).试用弛豫时间近似计算电流及电导率.

解 非简并气体是简并气体在 $\lambda_T\ll\overline{\delta r}$下的极限,故仍可由简并气体的玻尔兹曼方程出发.在弛豫时间近似下,玻尔兹曼方程化为

$$\frac{\partial f}{\partial t}+\frac{\boldsymbol{p}}{m}\cdot\frac{\partial f}{\partial \boldsymbol{r}}+\boldsymbol{F}\cdot\frac{\partial f}{\partial \boldsymbol{p}}=-\frac{f-f^{(0)}}{\tau}.\tag{1}$$

对均匀、稳恒状态,f 与 $\boldsymbol{r}$ 和 t 均无关.又 $\boldsymbol{F}=-e\vec{\mathscr{E}}$,于是(1)式化为

$$-e\vec{\mathscr{E}}\cdot\frac{\partial f}{\partial \boldsymbol{p}}=-\frac{f-f^{(0)}}{\tau}.\tag{2}$$

在弱电场作用下,分布函数 f 对平衡分布 $f^{(0)}$ 的偏离很小,只需保留一级修正,即

$$f \approx f^{(0)} + f^{(1)} \quad (f^{(1)} \ll f^{(0)}), \tag{3}$$

且 $e\vec{\mathscr{E}} \cdot \dfrac{\partial f^{(1)}}{\partial \boldsymbol{p}}$可以略去. 于是(3)式化为

$$-e\vec{\mathscr{E}} \cdot \frac{\partial f^{(0)}}{\partial \boldsymbol{p}} = -\frac{f^{(1)}}{\tau}, \tag{4}$$

或

$$f^{(1)} = \frac{e\tau}{m}\vec{\mathscr{E}} \cdot \frac{\partial f^{(0)}}{\partial \boldsymbol{v}}. \tag{5}$$

由于题中所考虑的半导体传导电子数密度低,满足非简并条件,故 $f^{(0)}$ 为麦克斯韦分布,即

$$f^{(0)}(\boldsymbol{v}) = n\left(\frac{m}{2\pi kT}\right)^{3/2} \mathrm{e}^{-mv^2/2kT}, \tag{6}$$

得

$$\begin{aligned}\frac{\partial f^{(0)}}{\partial \boldsymbol{v}} &= n\left(\frac{m}{2\pi kT}\right)^{3/2} \mathrm{e}^{-mv^2/2kT}\left(-\frac{m}{kT}\boldsymbol{v}\right) \\ &= -\frac{m}{kT}\boldsymbol{v} f^{(0)},\end{aligned} \tag{7}$$

代入(5)式,得

$$f^{(1)} = -\frac{e\tau}{kT}\mathscr{E} v_x f^{(0)}. \tag{8}$$

注意到 $f^{(0)}$ 是 $\boldsymbol{v}$ 的偶函数,但 $f^{(1)}$ 不是(它含有 $v_x f^{(0)}$). 电流密度为

$$\begin{aligned} J_{\mathrm{e}} &= -e\int v_x f \, \mathrm{d}^3\boldsymbol{v} \\ &= -e\int v_x (f^{(0)} + f^{(1)}) \, \mathrm{d}^3\boldsymbol{v}. \end{aligned} \tag{9}$$

在假定 τ 与 $\boldsymbol{v}$ 无关的近似下,得

$$\begin{aligned} J_{\mathrm{e}} &= \frac{e^2\tau}{kT}\mathscr{E}\int v_x^2 f^{(0)} \, \mathrm{d}^3\boldsymbol{v} \\ &= \frac{ne^2\tau}{kT}\overline{v_x^2}\mathscr{E}. \end{aligned} \tag{10}$$

由于这里的$\overline{v_x^2}$是对 $f^{(0)}$(即平衡分布)计算的,故有

$$\overline{v_x^2} = \overline{v_y^2} = \overline{v_z^2} = \frac{1}{3}\overline{v^2} = \frac{kT}{m}, \tag{11}$$

最后一步用到能量均分定理

$$\frac{1}{2}m\overline{v^2} = \frac{3}{2}kT, \tag{12}$$

于是得

$$J_e = \frac{ne^2\tau}{m}\mathscr{E}, \tag{13}$$

电导率 σ 为

$$\sigma = \frac{ne^2\tau}{m}. \tag{14}$$

第十一章　涨落理论

11.1　由热力学量涨落几率公式原书(11.1.16)式出发,以 Δp 与 ΔS 为独立变量,证明:

$$W = W_{\max}\exp\left\{\frac{1}{2kT}\left(\frac{\partial V}{\partial p}\right)_S(\Delta p)^2 - \frac{1}{2kC_p}(\Delta S)^2\right\}.$$

进而证明:

$$\overline{\Delta S\Delta p} = 0,$$

$$\overline{(\Delta S)^2} = kC_p,$$

$$\overline{(\Delta p)^2} = -kT\left(\frac{\partial p}{\partial V}\right)_S = \frac{kT}{V\kappa_S}.$$

解　由热力学量涨落的几率公式(原书(11.1.16)式)

$$W = W_{\max}\exp\{-(\Delta T\Delta S - \Delta p\Delta V)/2kT\} \tag{1}$$

出发,选 Δp 与 ΔS 为独立变量,将 ΔT 与 ΔV 用 Δp 与 ΔS 展开,

$$\begin{aligned}\Delta T &= \left(\frac{\partial T}{\partial S}\right)_p\Delta S + \left(\frac{\partial T}{\partial p}\right)_S\Delta p \\ &= \frac{T}{C_p}\Delta S + \left(\frac{\partial V}{\partial T}\right)_p\frac{T}{C_p}\Delta p,\end{aligned} \tag{2}$$

最后一步用到

$$\left(\frac{\partial T}{\partial p}\right)_S = \left(\frac{\partial V}{\partial S}\right)_p = \left(\frac{\partial V}{\partial T}\right)_p\left(\frac{\partial T}{\partial S}\right)_p = \left(\frac{\partial V}{\partial T}\right)_p\frac{T}{C_p}, \tag{3}$$

又

$$\begin{aligned}\Delta V &= \left(\frac{\partial V}{\partial S}\right)_p\Delta S + \left(\frac{\partial V}{\partial p}\right)_S\Delta p \\ &= \left(\frac{\partial V}{\partial T}\right)_p\frac{T}{C_p}\Delta S + \left(\frac{\partial V}{\partial p}\right)_S\Delta p,\end{aligned} \tag{4}$$

以上第二步再次用到(3)式.将(2)、(4)式代入(1)式,得

$$W(\Delta p,\Delta S) = W_{\max}\exp\left\{\frac{1}{2kT}\left(\frac{\partial V}{\partial p}\right)_S(\Delta p)^2 - \frac{1}{2kC_p}(\Delta S)^2\right\}, \tag{5}$$

上式表明,Δp 与 ΔS 的涨落是相互独立的.由(5)式,得

$$\overline{\Delta S \Delta p} = 0, \tag{6}$$

$$\overline{(\Delta S)^2} = \frac{\iint_{-\infty}^{\infty} (\Delta S)^2 W(\Delta p, \Delta S) \mathrm{d}(\Delta p) \mathrm{d}(\Delta S)}{\iint_{-\infty}^{\infty} W(\Delta p, \Delta S) \mathrm{d}(\Delta p) \mathrm{d}(\Delta S)}$$

$$= \frac{\int_{-\infty}^{\infty} (\Delta S)^2 \exp\left\{-\frac{1}{2kC_p}(\Delta S)^2\right\} \mathrm{d}(\Delta S)}{\int_{-\infty}^{\infty} \exp\left\{-\frac{1}{2kC_p}(\Delta S)^2\right\} \mathrm{d}(\Delta S)}$$

$$= kC_p, \tag{7}$$

$$\overline{(\Delta p)^2} = \frac{\iint_{-\infty}^{\infty} (\Delta p)^2 W(\Delta p, \Delta S) \mathrm{d}(\Delta p) \mathrm{d}(\Delta S)}{\iint_{-\infty}^{\infty} W(\Delta p, \Delta S) \mathrm{d}(\Delta p) \mathrm{d}(\Delta S)}$$

$$= \frac{\int_{-\infty}^{\infty} (\Delta p)^2 \exp\left\{\frac{1}{2kT}\left(\frac{\partial V}{\partial p}\right)_S (\Delta p)^2\right\} \mathrm{d}(\Delta p)}{\int_{-\infty}^{\infty} \exp\left\{\frac{1}{2kT}\left(\frac{\partial V}{\partial p}\right)_S (\Delta p)^2\right\} \mathrm{d}(\Delta p)}$$

$$= -kT\left(\frac{\partial p}{\partial V}\right)_S = \frac{kT}{V\kappa_S}, \tag{8}$$

其中

$$\kappa_S \equiv -\frac{1}{V}\left(\frac{\partial V}{\partial p}\right)_S. \tag{9}$$

11.2 由热力学量涨落几率公式原书(11.1.19)式求得的 $\overline{(\Delta T)^2}$,$\overline{\Delta T \Delta V}$ 及 $\overline{(\Delta V)^2}$ 出发,证明:

$$\overline{\Delta T \Delta S} = kT,$$

$$\overline{\Delta p \Delta V} = -kT,$$

$$\overline{\Delta S \Delta V} = kT\left(\frac{\partial V}{\partial T}\right)_p,$$

$$\overline{\Delta T \Delta p} = \frac{kT^2}{C_V}\left(\frac{\partial p}{\partial T}\right)_V,$$

$$\frac{\overline{(\Delta N)^2}}{N^2} = \frac{kT}{V}\kappa_T.$$

解　由原书公式(11.1.19)

$$W(\Delta T,\Delta V) = W_{\max}\exp\left\{-\frac{C_V}{2kT^2}(\Delta T)^2 + \frac{1}{2kT}\left(\frac{\partial p}{\partial V}\right)_T(\Delta V)^2\right\} \tag{1}$$

出发,容易求得

$$\overline{(\Delta T)^2} = \frac{kT^2}{C_V}, \tag{2}$$

$$\overline{\Delta T\Delta V} = 0, \tag{3}$$

$$\overline{(\Delta V)^2} = -kT\left(\frac{\partial V}{\partial p}\right)_T = kTV\kappa_T. \tag{4}$$

为了求$\overline{\Delta T\Delta S}$,将 ΔS 用 ΔT 与 ΔV 展开

$$\begin{aligned}\overline{\Delta T\Delta S} &= \overline{\Delta T\left[\left(\frac{\partial S}{\partial T}\right)_V\Delta T + \left(\frac{\partial S}{\partial V}\right)_T\Delta V\right]}\\ &= \frac{C_V}{T}\overline{(\Delta T)^2}\\ &= kT,\end{aligned} \tag{5}$$

以上第二步用到公式(3),第三步用到公式(2). 同理

$$\begin{aligned}\overline{\Delta p\Delta V} &= \overline{\left[\left(\frac{\partial p}{\partial T}\right)_V\Delta T + \left(\frac{\partial p}{\partial V}\right)_T\Delta V\right]\Delta V}\\ &= \left(\frac{\partial p}{\partial V}\right)_T\overline{(\Delta V)^2}\\ &= \left(\frac{\partial p}{\partial V}\right)_T\left[-kT\left(\frac{\partial V}{\partial p}\right)_T\right] = -kT,\end{aligned} \tag{6}$$

$$\begin{aligned}\overline{\Delta S\Delta V} &= \overline{\left[\left(\frac{\partial S}{\partial T}\right)_V\Delta T + \left(\frac{\partial S}{\partial V}\right)_T\Delta V\right]\Delta V}\\ &= \left(\frac{\partial S}{\partial V}\right)_T\overline{(\Delta V)^2}\\ &= \left(\frac{\partial p}{\partial T}\right)_V\left[-kT\left(\frac{\partial V}{\partial p}\right)_T\right]\\ &= kT\left(\frac{\partial V}{\partial T}\right)_p,\end{aligned} \tag{7}$$

以上第三步用到麦克斯韦关系$\left(\frac{\partial S}{\partial V}\right)_T=\left(\frac{\partial p}{\partial T}\right)_V$.

$$\overline{\Delta T\Delta p}=\overline{\Delta T\left[\left(\frac{\partial p}{\partial T}\right)_V\Delta T+\left(\frac{\partial p}{\partial V}\right)_T\Delta V\right]}$$

$$=\left(\frac{\partial p}{\partial T}\right)_V\overline{(\Delta T)^2}$$

$$=\frac{kT^2}{C_V}\left(\frac{\partial p}{\partial T}\right)_V,\tag{8}$$

又由

$$Vn=N,\tag{9}$$

当 ΔV 很小时,可近似把"Δ"当作微分. 对(9)式取对数,再微分(令 N 固定),得

$$\frac{\Delta V}{V}+\frac{\Delta n}{n}=0,\tag{10}$$

于是有(利用公式(4))

$$\frac{\overline{(\Delta n)^2}}{n^2}=\frac{\overline{(\Delta V)^2}}{V^2}=\frac{kT}{V}\kappa_T.\tag{11}$$

再将 $Vn=N$ 用到 V 固定的情形,得

$$\frac{\overline{(\Delta N)^2}}{N^2}=\frac{\overline{(\Delta n)^2}}{n^2}=\frac{kT}{V}\kappa_T.\tag{12}$$

11.3　原书§11.2关于流体的密度涨落关联函数的理论,若采用原书(11.2.15)式的近似(也称为平均场近似)

$$\Delta f=f-\bar{f}=\frac{a}{2}(n-\bar{n})^2+\frac{b}{2}(\nabla n)^2,$$

试证明密度-密度关联函数$C(r)$及其傅里叶变换$\widetilde{C}(q)$为

$$C(r)=\frac{kT}{4\pi b}\frac{1}{r}\mathrm{e}^{-r/\xi}\sim\frac{1}{r}\mathrm{e}^{-r/\xi},\quad \widetilde{C}(q)=\frac{kT}{a+bq^2}.$$

解　详细推导见原书§11.2,此处只列出要点.

(a) 由 Δf 的如下展开式

$$\Delta f=\frac{a}{2}(n-\bar{n})^2+\frac{b}{2}(\nabla n)^2\tag{1}$$

出发,将$(n-\bar{n})$展成傅里叶级数,

$$n(\boldsymbol{r})-\bar{n}=\frac{1}{V}\sum_{\boldsymbol{q}}\tilde{n}_{\boldsymbol{q}}\mathrm{e}^{\mathrm{i}\boldsymbol{q}\cdot\boldsymbol{r}},\tag{2}$$

由此，$(n-\bar{n})^2$ 及$(\nabla n)^2$ 可用傅里叶级数表达，从而可得

$$\Delta f=\frac{1}{V^2}\sum_{q,q'}\tilde{n}_q^*\tilde{n}_{q'}\left(\frac{a}{2}+\frac{b}{2}\boldsymbol{q}\cdot\boldsymbol{q}'\right)\mathrm{e}^{-\mathrm{i}(\boldsymbol{q}-\boldsymbol{q}')\cdot\boldsymbol{r}},\tag{3}$$

$$\Delta F=\int\Delta f\mathrm{d}^3\boldsymbol{r}=\frac{1}{2V}\sum_q(a+bq^2)|\tilde{n}_q|^2,\tag{4}$$

以及涨落的几率(未归一化的)公式

$$W=W_{\max}\mathrm{e}^{-\Delta F/kT}=W_{\max}\exp\left\{-\frac{1}{2VkT}\sum_q(a+b\boldsymbol{q}^2)|\tilde{n}_q|^2\right\}.\tag{5}$$

作傅里叶级数展开的目的在于：在 $\boldsymbol{r}$ 空间中，不同空间点的涨落存在关联，不好计算．从 $\boldsymbol{r}$ 空间变到 $\boldsymbol{q}$ 空间后，不同 $\boldsymbol{q}$ 的模 $\tilde{n}_q$ 的涨落彼此独立，这样就很容易计算了．由(5)式直接求平均，得

$$\overline{|\tilde{n}_q|^2}=\frac{VkT}{a+bq^2}.\tag{6}$$

(b) 由关联函数的定义

$$C(\boldsymbol{r})=\overline{(n(\boldsymbol{r})-\bar{n})(n(0)-\bar{n})},\tag{7}$$

作傅里叶展开，

$$C(\boldsymbol{r})=\frac{1}{V}\sum_q\tilde{C}(\boldsymbol{q})\mathrm{e}^{\mathrm{i}\boldsymbol{q}\cdot\boldsymbol{r}},\tag{8}$$

利用$(n-\bar{n})$的傅里叶展开及(7)式，可得

$$\overline{|\tilde{n}_q|^2}=V\tilde{C}(\boldsymbol{q}),\tag{9}$$

利用(6)式，得

$$\tilde{C}(\boldsymbol{q})=\frac{kT}{a+bq^2},\tag{10}$$

$$C(\boldsymbol{r})=\frac{kT}{V}\sum_q\frac{1}{a+bq^2}\mathrm{e}^{\mathrm{i}\boldsymbol{q}\cdot\boldsymbol{r}}.\tag{11}$$

(c) 对宏观大的系统，可取热力学极限，则(11)式中的求和可代之以积分，即

$$\frac{1}{V}\sum_q\longrightarrow\frac{1}{(2\pi)^3}\int\mathrm{d}^3\boldsymbol{q},\tag{12}$$

最后可得

$$C(r)=\frac{kT}{4\pi b}\frac{1}{r}\mathrm{e}^{-r/\xi}\sim\frac{1}{r}\mathrm{e}^{-r/\xi}.\tag{13}$$

11.4　试由布朗粒子的朗之万方程原书(11.3.1)式出发，导出

布朗粒子位移平方的平均值的下列关系：

$$\overline{x^2} = 2Dt; \quad D = \frac{kT}{\alpha}.$$

解　见原书§11.3.

***11.5**　考虑大群布朗粒子的运动，证明转移几率(由原书(11.3.11)式定义)

$$f(\xi,\tau) = \frac{1}{2\sqrt{\pi D\tau}} e^{-\xi^2/4D\tau},$$

且有

$$\overline{\xi^2} = 2D\tau.$$

解　详细证明见原书§11.3.此处只列出要点.

(a) 根据转移几率分布 $f(x,t)$ 的定义，粒子数密度分布 $n(x,t)$ 满足下列积分方程

$$n(x,t+\tau) = \int_{-\infty}^{\infty} f(\xi,\tau) n(x-\xi,t) \mathrm{d}\xi. \tag{1}$$

(b) 但积分方程不好解，故设法将(1)式化为微分方程.

设 τ 在宏观意义下很小，在 τ 时间内粒子不可能转移到远处，因而 $f(\xi,\tau)$ 只在 ξ 小时才有显著的非零值，由此可将(1)式左方按 τ 展开，右方的 $n(x-\xi,\tau)$ 按 ξ 展开. 最后得

$$\frac{\partial n(x,t)}{\partial t} - D\frac{\partial^2 n(x,t)}{\partial x^2} = 0, \tag{2}$$

$$D = \overline{\xi^2}/2\tau. \tag{3}$$

方程(2)为扩散方程，D 为扩散系数，由此证明了布朗粒子的运动是一个扩散过程.

(c) 进一步证明转移几率分布 f 也满足与粒子密度 n 同样的扩散方程

$$\frac{\partial f(\xi,\tau)}{\partial \tau} - D\frac{\partial^2 f(\xi,\tau)}{\partial \xi^2} = 0. \tag{4}$$

(d) 求解(4)式，得

$$f(\xi,\tau) = \frac{1}{2\sqrt{\pi D\tau}} e^{-\xi^2/4D\tau}, \tag{5}$$

f 为高斯分布. 直接求平均，得

$$\overline{\xi^2} = \int_{-\infty}^{\infty} \xi^2 f(\xi,\tau)\mathrm{d}\xi = 2D\tau. \qquad (6)$$

***11.6** 对一维无规行走问题：

(i) 导出经过 N 步后，离出发点距离为 $x=m\lambda$（λ 为步长）的几率为原书(11.3.25)式，即

$$P_N(m) = \frac{N!}{\left[\frac{1}{2}(N+m)\right]!\left[\frac{1}{2}(N-m)\right]!}\left(\frac{1}{2}\right)^N.$$

(ii) 当 $N \gg |m| \gg 1$ 时，证明上式化为

$$P_N(m) = \sqrt{\frac{2}{\pi N}}\mathrm{e}^{-m^2/2N}.$$

(iii) 当用于描述一维布朗粒子的运动时，证明上式进一步化为原书(11.3.27)式，即

$$P(x,t)\mathrm{d}x = \frac{\mathrm{d}x}{2\sqrt{\pi D t}}\exp\left(-\frac{x^2}{4Dt}\right),$$

$P(x,t)\mathrm{d}x$ 代表 t 时刻布朗粒子位于 x 与 $x+\mathrm{d}x$ 之间的几率.

解 略，见原书§11.3.

***11.7** 设随机变量 $B(t)$ 代表布朗粒子所受的瞬时涨落力（也可以是它的瞬时速度或瞬时位置），证明当布朗粒子周围的液体处于平衡态时，时间自关联函数

$$K_{BB}(t_1,t_2) \equiv \overline{B(t_1)B(t_2)}$$

满足原书(11.4.2)—(11.4.6)式诸性质.

解 注意到原书§11.4 关于时间关联函数 $K_{BB}(t_1,t_2) \equiv \overline{B(t_1)B(t_2)}$ 的五条基本性质（即公式(11.4.2)—(11.4.6)）的证明是普遍的，对随机变量 $B(t)$ 并无特殊限制（要求 $\overline{B(t)}=0$，若 $\overline{B(t)}\neq 0$，只须用 $(B(t)-\overline{B(t)})$ 代替 $B(t)$ 即可）. 唯一的要求是对 $B(t_1)B(t_2)$ 的系综平均必须是平衡态系综.

具体到布朗运动情形，这就要求满足两条：(a) 布朗粒子周围的媒质处于平衡态；(b) 布朗粒子初始状态的影响已完全衰减掉了，亦即布朗粒子被完全热化了.

在满足上述两个条件下，与布朗运动有关的时间关联函数，如 $K_{AA}(t_1,t_2) \equiv \overline{A(t_1)A(t_2)}$，$K_{uu}(t_1,t_2) \equiv \overline{u(t_1)u(t_2)}$，均满足原书公式

(11.4.2)—(11.4.6)这五条基本性质.这里需要指出的是,读者可能已经注意到,对 $K_{uu}(t_1,t_2)=K_{uu}(s)$,由原书(11.5.15a)、(11.5.15b)式,

$$K_{uu}(s)=\begin{cases}u^2(0)\mathrm{e}^{-(2t+s)/\tau}+C\dfrac{\tau}{2}\mathrm{e}^{-s/\tau}(1-\mathrm{e}^{-2s/\tau}), & 当\ s>0,\\ u^2(0)\mathrm{e}^{-(2t+s)/\tau}+C\dfrac{\tau}{2}\mathrm{e}^{s/\tau}(1-\mathrm{e}^{-2(t+s)/\tau}), & 当\ s<0.\end{cases} \tag{1}$$

上式并不满足 $K_{uu}(-s)=K_{uu}(s)$.只有当 $s\gg\tau$,亦即布朗粒子被完全热化,(1)式才化为

$$K_{uu}(s)=C\frac{\tau}{2}\mathrm{e}^{-|s|/\tau}. \tag{2}$$

这时与粒子初速度有关的项 $u(0)\mathrm{e}^{-(2t+s)/\tau}$ 已完全衰减,对 $K_{uu}(s)$ 已无影响.

* **11.8** 推导原书公式(11.4.21),说明推导中假设涨落力的时间关联函数 $K_{AA}(s)$ 取 δ 函数近似的根据.

解 把布朗粒子看成巨分子,应用题 10.2 所求得的公式(16)

$$\bar{\Theta}_{12}=\left(1+\frac{m_1}{m_2}\right)^{1/2}\pi n_2 d_{12}^2\bar{v}_1. \tag{1}$$

令“1”与“2”分别代表布朗粒子与其周围的液体分子,则

$$\frac{m_1}{m_2}\gg 1, \tag{2}$$

$$d_{12}=\frac{1}{2}(d_1+d_2)\approx\frac{d_1}{2}, \tag{3}$$

于是(1)式化为

$$\bar{\Theta}_{12}\approx\left(\frac{m_1}{m_2}\right)^{\frac{1}{2}}\pi n_2\frac{d_1^2}{4}\bar{v}_1=\frac{1}{4}\pi d_1^2 n_2\bar{v}_2, \tag{4}$$

其中

$$\bar{v}_2=\sqrt{\frac{8kT}{\pi m_2}} \tag{5}$$

为液体分子的平均速率.

$\bar{\Theta}_{12}$ 粗略估计如下:

取 $d_1\sim 10^{-4}\,\mathrm{cm}$,$n_2\sim 10^{22}/\mathrm{cm}^3$,$\bar{v}_2\sim 6\times 10^4\,\mathrm{cm/s}$(取 0℃),则由

(4)式可得

$$\bar{\Theta}_{12} \sim 5\times10^{18} \sim 10^{19}\,\mathrm{s}^{-1}, \tag{6}$$

即布朗粒子每秒与周围液体分子的碰撞数为 10^{19} 次. 由此得

$$\tau_A \sim \frac{1}{\bar{\Theta}_{12}} \sim 10^{-19}\,\mathrm{s}, \tag{7}$$

这个时间比起速度关联函数的特征时间 $\tau=\left(\frac{\alpha}{m}\right)^{-1}\sim10^{-7}\,\mathrm{s}$ 要短得多,故在关于 $\overline{u^2(t)}$ 及 $K_{uu}(s)$ 的计算中,对 $K_{AA}(s)$ 的处理均可近似作 δ 函数,即令

$$K_{AA}(s) = C\delta(s). \tag{8}$$

* **11.9** 对于布朗运动,在对涨落力的时间关联函数 $K_{AA}(s)$ 取 δ 函数近似下,证明涨落-耗散定理原书(11.5.2)式及其等价形式(11.5.3)和(11.5.5)式.

解 由定义

$$K_{AA}(s) \equiv \overline{A(t)A(t+s)}, \tag{1}$$

今设

$$K_{AA}(s) = C\delta(s), \tag{2}$$

$$C = \frac{2kT}{m\tau}, \tag{3}$$

以上公式(3)见原书(11.4.20)式(这一步的推导费点事). 于是有

$$\int_{-\infty}^{\infty} K_{AA}(s)\mathrm{d}s = C = \frac{2kT}{m\tau} = \frac{2kT}{m}\frac{\alpha}{m} = \frac{2kT}{m^2}\alpha, \tag{4}$$

其中用到 $\tau=\left(\frac{\alpha}{m}\right)^{-1}$. (4)式可写成

$$\alpha = \frac{m^2}{2kT}\int_{-\infty}^{\infty} K_{AA}(s)\mathrm{d}s = \frac{m^2}{2kT}\int_{-\infty}^{\infty} \overline{A(t)A(t+s)}\mathrm{d}s, \tag{5}$$

上式即原书公式(11.5.2).

又因

$$A = \frac{X}{m}, \tag{6}$$

故

$$m^2\,\overline{A(t)A(t+s)} = \overline{X(t)X(t+s)}, \tag{7}$$

(5)式可表为

$$\alpha = \frac{1}{2kT}\int_{-\infty}^{\infty} K_{XX}(s)\mathrm{d}s = \frac{1}{2kT}\int_{-\infty}^{\infty} \overline{X(t)X(t+s)}\mathrm{d}s, \qquad (8)$$

上式即原书公式(11.5.3).

利用

$$D = \frac{kT}{\alpha}, \qquad (9)$$

及公式(5)及(8),得

$$\frac{1}{D} = \frac{\alpha}{kT} = \frac{m^2}{2(kT)^2}\int_{-\infty}^{\infty} K_{AA}(s)\mathrm{d}s = \frac{1}{2(kT)^2}\int_{-\infty}^{\infty} K_{XX}(s)\mathrm{d}s. \qquad (10)$$

上式即原书公式(11.5.5).

***11.10** 在对布朗粒子所受的涨落力的时间关联函数 $K_{AA}(s)$取 δ 函数近似下,导出布朗粒子速度的时间关联函数 $K_{uu}(s) = \frac{kT}{m}\mathrm{e}^{-|s|/\tau}$(即原书公式(11.5.17)),并进而证明布朗运动中涨落-耗散定理的另一种表达形式(11.5.6)式.

解 详细推导见原书 11.5.1 小节,此处仅列出要点.

(a) 由朗之万方程

$$\frac{\mathrm{d}u(t)}{\mathrm{d}t} = -\frac{u(t)}{\tau} + A(t), \qquad (1)$$

求积分,得

$$u(t) = u(0)\mathrm{e}^{-t/\tau} + \mathrm{e}^{-t/\tau}\int_0^t \mathrm{e}^{\xi/\tau}A(\xi)\mathrm{d}\xi, \qquad (2)$$

代入速度关联函数

$$K_{uu}(s) = \overline{u(t)u(t+s)}, \qquad (3)$$

因$\overline{A(\xi)}=0$,得

$$K_{uu}(s) = u^2(0)\mathrm{e}^{-(2t+s)/\tau} + \mathrm{e}^{-(2t+s)/\tau}\int_0^t \mathrm{d}\xi_1\mathrm{e}^{\xi_1/\tau}\int_0^{t+s}\mathrm{d}\xi_2\mathrm{e}^{\xi_2/\tau}\,\overline{A(\xi_1)A(\xi_2)}. \qquad (4)$$

(b) 对

$$\overline{A(\xi_1)A(\xi_2)} = K_{AA}(\xi_1,\xi_2) = K_{AA}(\xi_2-\xi_1) = K_{AA}(\eta) \quad (\eta = \xi_2-\xi_1) \qquad (5)$$

作 δ 函数近似,即令

$$K_{AA}(\eta)=C\delta(\eta),\tag{6}$$

则(4)式右方第二项的积分部分化为

$$\int_0^t d\xi_1 e^{\xi_1/\tau}\int_{-\xi_1}^{t+s-\xi_1} e^{\eta/\tau}K_{AA}(\eta)d\eta=\begin{cases}C\dfrac{\tau}{2}(e^{2t/\tau}-1), & \text{当 } s>0,\\ C\dfrac{\tau}{2}(e^{(t+s)/\tau}-1), & \text{当 } s<0,\end{cases}\tag{7}$$

将(7)式代入(4)式,得

$$K_{uu}(s)=\begin{cases}u^2(0)e^{-(2t+s)/\tau}+C\dfrac{\tau}{2}e^{-s/\tau}(1-e^{-2t/\tau}), & \text{当 } s>0,\\ u^2(0)e^{-(2t+s)/\tau}+C\dfrac{\tau}{2}e^{s/\tau}(1-e^{-(2t+s)/\tau}), & \text{当 } s<0.\end{cases}\tag{8}$$

注意到(8)式给出的 $K_{uu}(s)$ 并不是对任意 s 均满足 $K_{uu}(-s)=K_{uu}(s)$,仅当 $|s|\gg\tau$ 时才满足,这时布朗粒子初始速度的影响已完全衰减,亦即布朗粒子被周围媒质热化. 当 $|s|\gg\tau$ 时(8)式化为

$$K_{uu}(s)=C\frac{\tau}{2}e^{-|s|/\tau}.\tag{9}$$

(c) 由

$$x(t)=\int_0^t u(\xi)d\xi,\tag{10}$$

得

$$\begin{aligned}\overline{x^2(t)}&=\int_0^t\int_0^t \overline{u(\xi_1)u(\xi_2)}d\xi_1 d\xi_2\\ &=\int_0^t\int_0^t K_{uu}(\xi_2-\xi_1)d\xi_1 d\xi_2.\end{aligned}\tag{11}$$

引入新变量 $S=\dfrac{1}{2}(\xi_1+\xi_2)$, $s=\xi_2-\xi_1$. (11)式可化为

$$\overline{x^2(t)}=\int_0^{t/2}dS\int_{-2S}^{2S}K_{uu}(s)ds+\int_{t/2}^{t}dS\int_{-2(t-S)}^{2(t-S)}K_{uu}(s)ds.\tag{12}$$

今只关心 $t\gg\tau$(即布朗粒子被热化时)的情形,故可利用(9)式. 在 $t\gg\tau$ 时,可作如下近似

$$\int ds\longrightarrow\int_{-\infty}^{\infty}ds,\tag{13}$$

于是(12)式可表为

$$\overline{x^2(t)} = \int_0^t dS \int_{-\infty}^{\infty} K_{uu}(s)ds = t\int_{-\infty}^{\infty} K_{uu}(s)ds. \tag{14}$$

与$\overline{x^2(t)}=2Dt$ 比较,即得

$$D = \frac{1}{2}\int_{-\infty}^{\infty} K_{uu}(s)ds = \frac{1}{2}\int_{-\infty}^{\infty} \overline{u(t)u(t+s)}ds. \tag{15}$$

* **11.11** 考虑由电阻 R 和电感 L 串联构成的电路,设电路中没有外加电动势,整个电路处于平衡态,温度为 T. 今将电路中的电流涨落看成一种特殊的布朗运动,其朗之万方程为(原书公式(11.6.4))

$$L\frac{dI(t)}{dt} = -RI(t) + V(t),$$

在对电压涨落的时间关联函数 $K_{VV}(s)$取 δ 函数近似下,试

(i) 证明涨落电流的时间关联函数满足原书公式(11.6.16),即

$$K_{II}(s) = \frac{kT}{L}e^{-|s|/\tau},$$

其中 $\tau=(R/L)^{-1}$代表 $K_{II}(s)$的关联时间.

(ii) 证明涨落-耗散定理的公式原书(11.6.17)式.

解 (a) RL 电路的电流涨落相应的朗之万方程为

$$L\frac{dI(t)}{dt} = -RI(t) + V(t), \tag{1}$$

它与布朗粒子的朗之万方程

$$m\frac{du(t)}{dt} = -\alpha u(t) + X(t) \tag{2}$$

对比,存在如下的一一对应关系:

$$\begin{cases} I(t) \longleftrightarrow u(t); \\ L \longleftrightarrow m; \\ R \longleftrightarrow \alpha; \\ V(t) \longleftrightarrow X(t). \end{cases} \tag{3}$$

(b) 由于电压关联函数 $K_{VV}(s)\equiv\overline{V(t)V(t+s)}$的关联时间 $\tau_V\sim 10^{-14}$ s(对金属);而电流关联时间 $\tau\sim(R/L)^{-1}\sim 1$ s. 二者相比,$\tau_V \gg \tau$. 故在研究电流的关联函数 $K_{II}(s)\equiv\overline{I(t)I(t+s)}$的行为时,对其中所涉及的 $K_{VV}(s)$,可以作 δ 函数近似,即令

$$K_{VV}(s)=C\delta(s),\tag{4}$$

$$C\equiv K_{VV}(0)=\overline{V^2}.\tag{5}$$

(c) 类比对布朗粒子的 $K_{uu}(s)$的推导,不难求得在$|s|\gg\tau$时,有

$$K_{II}(s)=\frac{kT}{L}e^{-|s|/\tau}\quad(|s|\gg\tau),\tag{6}$$

(6)式完全对应于布朗粒子的速度关联函数

$$K_{uu}(s)=\frac{kT}{m}e^{-|s|/\tau}\quad(|s|\gg\tau).\tag{7}$$

(d) 同理,类比推导布朗粒子的涨落-耗散定理

$$\alpha=\frac{1}{2kT}\int_{-\infty}^{\infty}\overline{X(t)X(t+s)}\mathrm{d}s=\frac{1}{2kT}\int_{-\infty}^{\infty}K_{XX}(s)\mathrm{d}s,\tag{8}$$

不难求得 RL 电路涨落-耗散定理的对应形式

$$R=\frac{1}{2kT}\int_{-\infty}^{\infty}\overline{V(t)V(t+s)}\mathrm{d}s=\frac{1}{2kT}\int_{-\infty}^{\infty}K_{VV}(s)\mathrm{d}s.\tag{9}$$

(c)、(d)两步建议读者自己从头到尾做一遍,相信会有助于加深理解.

* **11.12** 利用时间关联函数谱分解的性质,导出关于电路中热噪声的奈奎斯特定理原书(11.6.3)式.

解 由傅里叶变换关系

$$K_{VV}(s)=\int_{-\infty}^{\infty}\widetilde{K}_{VV}(\omega)e^{i\omega s}\mathrm{d}\omega,\tag{1}$$

$$\widetilde{K}_{VV}(\omega)=\frac{1}{2\pi}\int_{-\infty}^{\infty}K_{VV}(s)e^{-i\omega s}\mathrm{d}s,\tag{2}$$

利用 $K_{VV}(s)$的 δ 函数近似(见原书 11.6.1 小节)

$$K_{VV}(s)=C\delta(s)=2kTR\delta(s),\tag{3}$$

将(3)式代入(2)式,得

$$\widetilde{K}_{VV}(\omega)=\frac{kTR}{\pi}.\tag{4}$$

又

$$\overline{V^2}=\overline{V^2(t)}=K_{VV}(0)=\int_{-\infty}^{\infty}\widetilde{K}_{VV}(\omega)\mathrm{d}\omega,\tag{5}$$

根据原书公式(11.6.27),

$$\widetilde{K}_{VV}(-\omega)=\widetilde{K}_{VV}(\omega),\tag{6}$$

则(5)式化为(用 $\omega=2\pi\nu$)

$$\overline{V^2} = 2\int_0^\infty \widetilde{K}_{VV}(\omega)\,\mathrm{d}\omega = 4\pi\int_0^\infty \widetilde{K}_{VV}(\nu)\,\mathrm{d}\nu, \tag{7}$$

与电路热噪声的谱密度 $S(\nu)$的定义

$$\overline{V^2} = \int_0^\infty S(\nu)\,\mathrm{d}\nu \tag{8}$$

比较,即得

$$S(\nu) = 4\pi\widetilde{K}_{VV}(\nu) = 4kTR. \tag{9}$$

主要参考书目

[1] 王竹溪. 热力学. 2 版. 北京：北京大学出版社，2005.

[2] 王竹溪. 统计物理学导论. 2 版. 北京：高等教育出版社，1965.

[3] 汪志诚. 热力学·统计物理. 3 版. 北京：高等教育出版社，2003.

[4] 龚昌德. 热力学与统计物理学. 北京：人民教育出版社，1982.

[5] LANDAU L D, LIFSHITZ E M. Statistical physics: Part 1. 3rd ed. Oxford: Pergamon Press, 1980.

[6] HUANG K. Statistical mechanics. 2nd ed. New York: John Wiley & Sons, 1987.

[7] PATHRIA R K, BEALE P D. Statistical mechanics. 3rd ed. Amsterdam: Butterworth-Heinemann, 2011.

[8] KARDAR M. Statistical physics of particles. New York: Cambridge University Press, 2007.

[9] CALLEN H B. Thermodynamics and an introduction to thermostatistics. 2nd ed. New York: John Wiley & Sons, 1985.

[10] STANLEY E H. Introduction to phase transitions and critical phenomena. New York: Oxford University Press, 1971.

[11] REICHL L E. A modern course in statistical physics. Austin: University of Texas Press, 1980.

[中译本：雷克 L E. 统计物理现代教程：上册. 黄昀，夏蒙棼，仇韵清，等，译校. 北京：北京大学出版社，1983；雷克 L E. 统计物理现代教程：下册. 黄昀，夏蒙棼，仇韵清，等，译校. 北京：北京

大学出版社，1985.]

[12] ZEMANSKY M W, DITTMAN R H. Heat and thermodynamics. New York: McGraw-Hill Int. Book Co., 1981.

[中译本：泽门斯基 M W，迪特曼 R H. 热学和热力学. 刘皇风、陈秉乾，译，杨再石，校. 北京：科学出版社，1987.]

[13] GREINER W, NEISE L, STÖCKER H. Thermodynamics and statistical mechanics. New York: Springer-Verlag, Inc., 1995.

[中译本：顾莱纳 W，奈斯 L，斯托克 H. 热力学与统计物理学. 钟云霄，译，张启仁，审校. 北京：北京大学出版社，2001.]

[14] БАЗАРОВ И П. Термодинамика. 3-е изд. Москва: Высщая Школа, 1983.

[中译本：巴扎洛夫 И П. 热力学. 沙振舜、张毓昌，译. 北京：高等教育出版社，1988.]

[15] DE GROOT S R, MAZUR P. Non-equilibrium thermodynamics. Amsterdam: North-Holland Pub. Co., 1962.

[中译本：德格鲁脱 S R，梅休尔 P. 非平衡态热力学. 陆全康，译. 上海：上海科学技术出版社，1981.]

[16] KUBO R. Thermodynamics: an advanced course with problems and solutions. Amsterdam: North-Holland Pub. Co., 1968.

[中译本：久保亮五. 热力学：包括习题和解答的高级教程. 吴宝路，译，徐锡申，校. 北京：人民教育出版社，1982.]

[17] KUBO R. Statistical mechanics: an advanced course with problems and solutions. Amsterdam: North-Holland Pub. Co., 1965.

[中译本：久保亮五. 统计力学：包括习题和解答的高级教程. 吴宝路，译，徐锡申，校. 北京：人民教育出版社，1985.]